建筑给水排水工程设计基础知识

中国建筑设计研究院　编著

中国建筑工业出版社

图书在版编目(CIP)数据

建筑给水排水工程设计基础知识/中国建筑设计研究院编著.—北京：
中国建筑工业出版社,2012.10
ISBN 978-7-112-14468-6

Ⅰ.①建… Ⅱ.①中… Ⅲ.①建筑—给水工程—建筑设计 ②建筑—排水
工程—建筑设计 Ⅳ.①TU82

中国版本图书馆 CIP 数据核字(2012)第 194853 号

本书主要介绍了建筑给水排水工程的发展历程、建筑给水排水工程的基本内容和要求、设计岗位的划分及相应岗位的职责、设计文件应包括的内容和深度要求、建筑给水排水设计制图规范和电脑设计制图方法,特别对建筑给水排水工程设备机房的设计细则等内容进行了较为详细的论述,提供了相应的设计制图实例。

本书深入浅出、图文并茂,所述问题针对性强、内容实用,非常适合新从事建筑给水排水工程设计的工作者阅读和使用,也可作为技术培训教材和教学参考书。

＊　　　＊　　　＊

责任编辑：于　莉　田启铭
责任设计：董建平
责任校对：党　蕾　王雪竹

建筑给水排水工程设计基础知识
中国建筑设计研究院　编著
＊
中国建筑工业出版社出版、发行(北京西郊百万庄)
各地新华书店、建筑书店经销
文道思发展有限责任公司制版
北京建筑工业印刷厂印刷
＊
开本：787×1092 毫米　1/16　印张：15¾　插页：4　字数：420 千字
2012 年 10 月第一版　2012 年 10 月第一次印刷
定价：50.00 元
ISBN 978-7-112-14468-6
(22673)

本书编委会

主编　赵　锂　杨世兴　赵　昕　周　蔚
主审　赵世明　郭汝艳

前　言

近年来随着我国经济建设持续增长，作为经济建设的重要支撑工程，城镇化建设和基本建设也得到迅速提高。从事建筑设计的单位不论是数量上还是规模上均在增长，一批从院校毕业的优秀学生进入设计院，为我国建设领域注入了活力与动力。作为建筑领域的重要组成部分建筑给水排水工程也深受人们的广泛关注，从事建筑给水排水工程设计工作者的数量近些年也在快速增加。为满足他们希望尽快熟悉和掌握建筑给水排水工程设计方面的基本技能，从而提高工程设计质量的需要，中国建筑设计研究院组织了从事建筑给水排水设计工作多年、经验丰富并在行业有影响的专家、设计师编写了《建筑给水排水工程设计基础知识》。

中国建筑设计研究院作为中国建筑学会建筑给水排水研究分会、住房和城乡建设部建筑给水排水标准化技术委员会、全国给水排水技术信息网的理事长单位，在我国建筑给水排水设计领域与兄弟单位一起为建筑给水排水技术的发展作出了突出贡献。由本院主编的给水排水及与给水排水相关的国家与行业标准有：《建筑与小区雨水利用工程技术规范》GB 50400、《民用建筑节水设计标准》GB 50555、《民用建筑太阳能热水系统应用技术规范》GB 50364、《住宅设计规范》GB 50096、《民用建筑机电工程抗震设计规范》（编制中）、《饮用净水水质标准 》CJ 94、《管道直饮水系统技术规程》CJJ 110、《游泳池水质标准》CJ 244、《游泳池给水排水工程技术规程》CJJ 122、《游泳池用压力式过滤器》（已报批）、《公共浴池水质标准》CJ/T 325、《公共浴场给水排水工程技术规程》CJJ 160、《建筑屋面排水系统技术规程》（编制中）；参编的给水排水及与给水排水相关的国家与行业标准：《城镇给水排水技术规范》（已报批）、《建筑给水排水设计规范》GB 50015、《建筑中水设计规范》GB 50336、《二次供水工程技术规程》CJJ 140 等。主编出版的给水给排水设计手册：《建筑给水排水设计手册》（上、下册）第二版、《民用建筑给水排水设计技术措施》、《游泳池给水排水工程技术手册》、《建筑给水排水实用设计资料（一）》等。

《建筑给水排水工程设计基础知识》总结了中国建筑设计研究院建院 60 年的工作实践和经验，对建筑给水排水工程的发展历程、建筑给水排水工程的基本内容和要求、设计岗位的划分及相应岗位的职责、设计文件应包括的内容和深度要求、建筑给水排水设计制图规范和电脑设计制图方法、特别是所涵盖的建筑给水排水工程设备机房的设计细则等内容进行了较为详细的论述，提供了相应的设计制图实例。

本书深入浅出、图文并茂，所述问题针对性强、内容实用，非常适合新从事建筑给水排水工程设计的工作者阅读和使用。也可作为技术培训教材，或相关专业的教学参考书。

在本书编制过程，钱梅、李建业、郝洁、侯远见同志协助完成了大量工作，在此表示感谢！

由于编著者水平有限，本书中一定存在错误和不足之处，敬请读者给予批评指正。

谨以此书作为中国建筑设计研究院成立 60 周年的献礼。

目　录

1 概 论

建筑给水排水工程和卫生设备工程是民用建筑和工业建筑等不可缺少的组成部分，它是为这些建筑提供安全、可靠、卫生、节水和舒适的工作环境和生活环境的一门专业工程学。

建筑给水排水工程在给水排水工程中处于上接城镇给水工程，下连城镇排水工程的承上启下的不可缺少而又独特的中间阶段。它将城市给水管网的水送至居住小区、工业企业、各种公共建筑和住宅的给水工程，按使用性质分配到各个配水点和用水设备，以保障国家及人民生命财产安全和满足人们生活、卫生的使用要求。与此同时又将使用后因水质变化而失去使用价值的污废水汇集、处理，循环使用或排入城镇排水管道，或收集排入建筑中水的原水管系统，以进行再生回用。它将水这一特殊产品推向市场进行销售，完成产品向商品转化，充分体现水的自身价值和产生经济、社会效益的重要环节，也是获取水这个特殊商品质量好坏，以及社会效益的水资源是否处于良性循环状态信息的关键部位，而且还是回收污水，保证水的循环持续进行的开始阶段。因此，它在水的循环中有着无法替代的作用。同时，建筑给水排水和卫生设备完善程度、技术水平先进程度，已经成为衡量社会经济发展、房屋建筑、人民物质生活水平高低和现代化水平的重要标志之一。

自新中国成立以来，建筑给水排水和卫生设备专业取得了很大的成就和进步，保证了社会主义建设和人民生活的需要。回顾我国建筑给水排水和卫生设备技术的发展，大体经历了以下 6 个阶段：第一阶段（1949～1957 年）为起步创业阶段；第二阶段（1958～1965年）为实践探索阶段；第三阶段（1966～1977 年）为调整充实阶段；第四阶段（1978～1991 年）为完善成熟阶段；第五阶段（1992～2006 年）为蓬勃发展阶段；第六阶段（2006 年～至今）为不断提高和创新阶段。

1. 起步创业阶段（1949～1957 年）

新中国成立初期（指 1957 年之前）除上海市尚有 1949 年前原上海市工务局制定的《卫生设备设计规程》之外，我国其他省市均没有建筑物内部的设计规程或规定。因此，当时的工程设计基本上是用前苏联的设计规范即"建筑法规"为依据。我国高等工科院校给水排水工程专业也是用前苏联《房屋卫生技术设备》一书作为建筑给水排水这一课程的教材。因此，不仅从设计理论、设计方法、设计程序、设计阶段的划分、设计文件的编制深度、绘图方法、设计质量管理制度及设计文件档案受理等，基本上沿袭前苏联的设计管理体系开展工作。从而为我国培养了一批具有较高工程设计能力和素质的建筑给水排水专业工程设计队伍，而且从专业技术范围讲已不是单纯的民用建筑的"房屋卫生技术设备"的范畴。实际工作内容除燃气供应、垃圾处理等内容，因我国设计单位内部专业分工分别划归采暖通风及建筑专业之外，建筑给水排水专业的工作内容已延伸到工业建筑、工厂区、居住区等范畴内给水排水工程方面全方位的内容。

2. 实践探索阶段（1958～1965 年）

随着第一个五年计划中的工程项目建成并陆续投入使用，在使用过程中本专业的工程也不同程度出现了一些故障，给生产带来了一定损失，给人们的生活也带来一些影响。广大设计人员就此进行了认真总结和积极反思：从屋面雨水、建筑物内生活给水流量计算公式、排水系统的通气功能和中小型冷却塔设计计算等方面进行研究和新的探索。在此期间完成了：1）生活用水量观测与定额制定；2）卫生器具额定流量的测试与制订；3）屋面雨水流态的实验研究取得阶段性成果；4）不同级别湿地黄土地区给排水设计要求等科研成果，并在此基础上于 1964 年 6 月 1 日制定并颁布了我国自己的《室内给水排水和热水供应设计规范》GBJ 15－64。与之配套的高等院校教材《房屋卫生技术设备》、《给水排水设计手册》陆续出版发行。填补了我国建筑给水排水专业工程设计无规范、无教材的空白。这对指导全国建筑给水排水工程设计起到了统一、提高的作用，为确定我国建筑给水排水专业体系迈出了第一步。

3. 调整充实阶段（1966～1977 年）

在全国人民正满怀信心进行第三个五年计划经济建筑的时候，由于受当时国内形势的影响，基本建设的发展比较缓慢，整体工程设计项目不多。但我国自己培养的广大工程设计队伍的工程技术人员，正处在风华正茂、意气风发、锐意进取的时期。他们不受当时形势的影响，在第二阶段反思探索取得成效的基础上，开始研究吸收世界各国的先进技术和理论，如高层建筑竖向分区供水、排水系统通气、特殊单立管排水和中小型冷却塔蜂窝填料等，并用于具体工程设计当中去，且取得了成功。我国自行研制的聚苯乙烯塑料珠轻质滤料、65 型屋面雨水斗、微孔空心过滤棒直饮水设备等，在实际工程中的应用均取得了很好的效果。

根据技术发展和基本建设发展的需要，建设主管部门组织力量对《室内给水排水和热水供应设计规范》GBJ 15－64 进行了较全面的修编。修订的原则是将原规范侧重于工业建筑的内容向民用建筑和工业建筑都能兼顾的方面转变，以适应民用建筑不断发展的需要。第二版《室内给水排水及热水供应设计规范》TJ 15－74 在 1974 年 6 月 1 日正式发布施行。此后，高等工科院校以民用建筑为重点的教科书"室内给水排水工程"作为试用教材出版发行。该教材除了保留了卫生工程方面的内容，还充实了消防供水方面的内容。

4. 完善成熟阶段（1978～1991 年）

从 1978 年我国实行改革开放政策开始，国民经济得到了快速发展。建筑业也迅速崛起，各类大型及高层民用建筑的建设不断增加，国外一些先进产品不断引进和我国的新技术不断涌现，如：1）变频调速水泵供水；2）水泵橡胶隔振垫，可曲挠接管；3）游泳池臭氧消毒；4）换热器从"层流加热"改为"紊流加热"提高热效率达 70%；5）排水铸铁管柔性接口；6）中水技术；7）气体灭火技术；8）生活热水系统阻垢；9）医院污水处理；10）屋面雨水 79（87）型雨水斗等，促使建筑给水排水工程的理念也在转变。博众家之长，使我国建筑给水排水设计技术有了长足的进步。1986 年 6 月中国工程建设标准化协会建筑给水排水专业委员会在山东省泰安市成立。1987 年 3 月中国土木工程学会给水排水学会建筑给水排水委员会在西安市成立。这两个学术组织的成立，为建筑给水排水专业有组织有计划进行全国性技术交流和制定相应的设计规范建立了组织保证。这就表明了本专业由"室内给水排水和热水供应"阶段迈进了"建筑给水排水"阶段，从此建立起了我国自己的建筑给水排水专业体系。基本专业内容明确为以下5个方面：1）建筑物内部的给水排水和卫生工程；2）建筑物内部的消防工程；3）建筑小区的给水排水及消防工程；4）专用建筑和特殊地区给水排水工程；5）建筑水处理工程。严格地讲称"建筑给水排水"并不确切，因为工业建筑的"给水排水"并未全面详尽涵盖。由于工业给水排水涉及工业内容繁多，要求各不相同，不能一一举例。所以建筑给水排水其重点是民用建筑给水排水。

与此相呼应，1988年4月1日发布的第三版《室内给水排水和热水供应设计规范》正式更名为《建筑给水排水设计规范》GBJ 15—88。高等工科院校原教科书《室内给水排水工程》更名为《建筑给水排水工程》。至此，经过几代从事建筑给水排水工程科研、教学、设计、施工和管理的广大技术人员的摸索、探讨、研究、总结，适合我国国情的建筑给水排水技术体系已完整地建立起来并开始进入全面发展时期。

5. 蓬勃发展阶段（1992～2006年）

随着改革开放的深入发展，国民经济持续快速发展。人民生活水平的不断提高，人民对生活品质和环境保护意识的不断追求和加快，对建筑给水排水提出了新的更高要求。国家也对节水、节能、防污染等方面出台了相关的技术政策。从事建筑给水排水专业的工程设计人员，设备器材制造商迎难而上，不断推出了：1）新的供水水质标准；2）制定了不同城市规模、不同地区的生活饮用水标准；3）生活给水管道设计秒流量计算公式；4）防污染管道倒流防止器；5）节能节水措施、设备、器材；6）中水系统；7）无负压（亦称叠压、无吸程）增压稳流供水设备；8）虹吸流屋面雨水设计计算；9）硅藻土过滤技术和设备；10）高层及大型公共建筑给水排水热水等管道系统图制图方法的创新；11）新型管材（各种塑料管、不锈钢管等）；12）新的设计规范、规程、标准的陆续发布实施；13）新的建筑给水排水设计手册的出版发行；14）国家标准图从单一非标准加工转变为设备选用、安装技术和非标准设备加工相结合；15）CAD技术的普及和发展，完全结束了手工绘图年代，提高了设计效率等方面的新理论、新技术、新设备和新材料，不仅对工程设计和施工质量起到了保证作用，也体现了建筑给水排水技术的快速提高和发展。

6. 技术创新阶段（2006年至今）

2006年经国家科技部、建设部和民政部批准成立的中国建筑学会建筑给水排水研究分会为从事我国建筑给水排水工程的科研、教学、设计和经营管理的科学技术工作者之间进行学术交流、为海峡两岸同行的学术交流、为同世界同行业学者的交流提供了广阔的学术交流平台和组织保证，推动了建筑给水排水技术的不断创新。

鉴于我国年人均用水量不足发达国家的1/4，水资源在我国人均量为2100m³，仅为世界人均水资源量的28%。不仅水资源的分布不均衡，而且现有水资源的被污染较严重，水的利用率较低，在我国当前经济和城镇水平不断快速发展的形势下，节约水资源显得极为重要。据有关资料介绍，我国仅有49.3%的水资源可供饮用。全国约600个大城市中有100多个城市经常断水，还有400多个城市也因季节原因出现临时性断水。为此，广大建筑给水排水工程科技工作者为节约水资源作出了极大的努力。制定了我国首部《民用建筑节水设计标准》GB 50555—2010、《建筑与小区雨水利用工程技术规范》GB 50400—2006、《绿色建筑评价标准》GB/T 50378—2006、《节能建筑评价标准》GB/T 50668—

2011、《民用建筑绿色设计规范》JGJ/T 229—2010、《管网叠压供水技术规程》CECS 221—2007。与此同时，在住房和城乡建设部标准定额司的领导下，于 2011 年 11 月 26 日在北京成立了住房和城乡建设部建筑给水排水标准化技术委员会。这就为我国建筑给水排水行业的工程建设规范、规程，以及建筑工业产品标准的制定和质量建立了可靠的技术支撑和质量保证体制。为推动建筑给水排水工程以促进最好的社会效益、经济效益和安全适用等为核心的建筑给水排水技术不断提高、创新和持续发展提供了更广阔的平台。

2 建筑给水排水工程设计基本内容

2.1 建筑工程的分类

2.1.1 建筑工程的涵义

建筑工程是指建造房屋、桥梁、铁路、道路、水利等工程的总称。

2.1.2 建筑工程的分类

1. 房屋建筑

1）民用建筑；
2）工业建筑。

2. 工程建筑

1）铁路；
2）公路；
3）水利；
4）特种工程。

2.1.3 民用建筑的分类

民用建筑按使用功能一般分为居住建筑和公共建筑两大类：

1）居住建筑可分为如下两类：

（1）住宅建筑：住宅、老年公寓、别墅等；

（2）宿舍建筑：职工宿舍、职工公寓、学生宿舍、学生公寓、士兵宿舍等。

2）公共建筑可分为如下12类：

（1）教育建筑：托儿所、幼儿园、中小学校、中等专业学校、高等院校、职业院校、特殊教育学校等；

（2）办公建筑：行政办公楼、专业办公楼、商务办公楼、计算数据中心等；

（3）科学研究建筑：科研楼、实验室、天文台（站）等；

（4）文化娱乐建筑：图书馆、文化馆、博物馆、展览馆、档案馆、剧院、礼堂、电影院、音乐厅、海洋馆、游乐厅（场）、歌舞厅、摄影棚、网吧等；

（5）商业建筑：旅馆（酒店）、公寓、餐馆（餐饮中心）、银行、邮政、电信、商场、超级市场、物流中心、菜市场、洗浴中心、美容中心、殡仪馆等；

（6）体育建筑：体育馆、体育场、游泳馆（场）、冰上运动场（馆）、训练馆（场）、健身中心（房）、俱乐部等；

（7）医疗建筑：综合医院、专科医院、社区医疗所、康复中心、急救中心、疗养院等；

（8）交通建筑：铁路客运站、铁路货运站、汽车客运站、港口客运站、空港航站楼、城市轨道客运站、停车库等；

（9）政法建筑：公安局、检察院、法院、派出所、看守所、监狱、海关、边防检查站等；

（10）纪念建筑：纪念碑、纪念馆、纪念塔、故居等；

（11）宗教建筑：教堂、清真寺、寺庙等；

（12）园林景观建筑：公园、动物园、植物园、旅游景点建筑、城市和居民区建筑小品等。

2.1.4　工业建筑的分类

1）机械工业：如装备制造；通用机械制造；船舶制造；航空制造；汽车制造；农机制造；机车制造；机械电子等。

2）冶金工业：如钢铁冶炼；有色金属；稀土冶炼等。

3）轻工工业：如造纸业；家用电器；食品业；医疗器械。

4）纺织工业：如棉纺织业；毛纺织业；麻织业；化纤纺织业；染织业等。

5）信息工业：邮电通信；计算机；传媒等。

6）化学工业：化学制品；化学原料等。

7）石油工业：采油业；炼油业；输油业等。

8）电子工业：半导体；计算机等。

9）建筑材料：水泥；玻璃纤维；防腐涂料；陶瓷等。

10）采矿工业：煤炭；铁矿；有色矿等。

11）电力工业：火力发电；水力发电；核电等。

2.2　建筑给水排水工程体系

建筑给水排水工程包含民用建筑、工业建筑、建筑小区等。由于工业生产的类别较多，各自对给水水质的要求不同，而且差异较大，排放出来的污水成分也很复杂，难以找出其通用性。因此本"基础知识"的内容以民用建筑作为主要论述和研究对象。

2.2.1　建筑给水排水的范围

1）建筑物内部的给水排水和水处理工程；

2）建筑物内部的消防给水和灭火工程；

3）建筑小区的给水排水和水处理工程；

4）特殊建筑内部的给水排水工程。

2.2.2　建筑给水排水工程体系

建筑给水排水工程体系如图 2-1 所示。

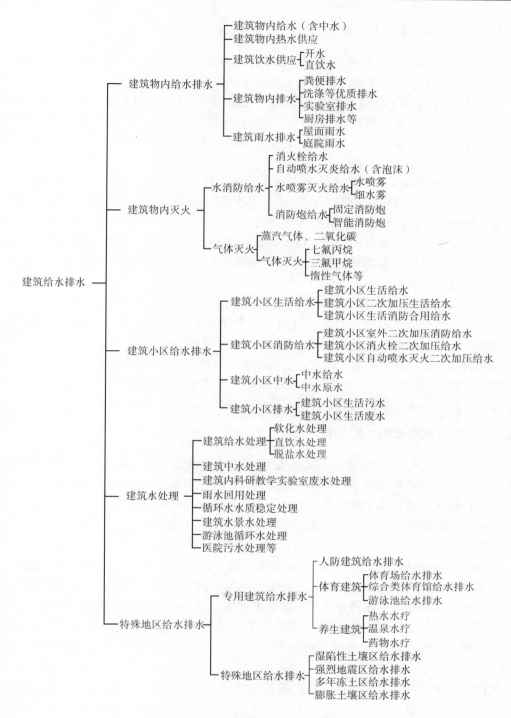

图 2-1 建筑给水排水工程体系

2.2.3 建筑给水排水工程的定位

1）建筑给水排水工程是给水排水工程中不可缺少而又具特色的组成部分。它与城镇给水排水工程、工业给水排水工程并列而组成完整的给水排水工程。

2）建筑给水排水工程又是民用建筑和工业建筑不可缺少的组成内容。它和建筑学、建筑结构、建筑供暖及空调、建筑电气、建筑燃气等工程共同组成为供使用的建筑物整体。它是为这些建筑提供安全、可靠、卫生、节水、环保的卫生条件、工作环境和舒适的生活环境的一门专业工程学科。

3）建筑给水排水工程在给水排水工程中处在上接城镇给水工程、下接城镇排水工程的承上启下不可缺少的中间阶段。它将城市给水管网的供水送至居住区、工业企业工厂区、技术开发区、创业园区内的各类住宅建筑、公共建筑和工业建筑内，并按使用性质和要求分配到各个配水点和用水设备，以保障满足安全生产和人民生活、卫生使用及要求。与此同时又将使用后因水质变化而失去使用价值的污水、废水进行汇集排入城市排水管道，或经过处理再生后回用。

4）建筑给水排水将水这个特殊产品推向市场进行销售，完成产品向商品转化，充分体现水资源的自身价值和产生经济、社会效益的重要环节，也是获取水这个特殊产品好坏，以及社会效益的水资源是否处于良性循环状态的关键部位，而且还是回收污水、保证水的循环持续进行的开始阶段。因此，它在水的循环中有着无法替代的作用。

5）建筑给水排水和卫生设备的完善程度、技术水平的先进程度，已经成为衡量社会经济发展、房屋建筑、人民物质生活水平高低和现代化水平的重要标志之一。

2.2.4 建筑给水排水的发展历程

1）在新中国建国以前，我国高等院校没有给水排水这个专业设置，更没有建筑给水排水工程，也没有采暖通风空调工程。而只是在建筑工程系或土木工程系里设有一门"建筑设备"选修课。这是由于那时生产力还不发达，国家基本建设很少，人民在为温饱而艰辛劳动中，只要能有房屋居住已经很满足了，不能奢望建筑物内的给水排水及卫生设备。因此，该门选修课也不被老师和学生们重视。

2）新中国建国后，由于当时的国际形势所限，我国又无自己专门的教材，只能用前苏联"房屋卫生技术设备"这门课作为建筑给水排水的一门专业课程。在工程设计中也以前苏联的技术资料和前苏联援建工程的图纸为依据。由于我国与前苏联的气候条件、生活习惯不同，当工程建成投入使用后就出现了不少问题：如①设计用水量不能满足使用要求；②建筑物内排水管道系统通气功能不良；③工业厂房屋面雨水在室内检查井向外冒水等。

我国广大建筑给水排水专业人员，随着国民经济的不断发展，特别是政策开放以后，基本建设工程的大量兴建，经过认真反思，不断探索、不断研究、不断提高、不断完善，终于创立了符合我国国情的建筑给水排水工程和专业工程设计队伍，制定了大量的工程设计规范、规程和通用的标准图图集。

3）自1987年后，我国陆续建立了建筑给水排水不同层次的学术、技术学会及协会：全国给水排水技术情报网；中国土木工程学会给水排水分会建筑给水排水委员会；中国建筑金属结构协会给水排水设备分会；中国建筑学会给水排水研究分会；中国工程建设标准化协会建筑给水排水专业委员会等（这已在本"基础知识"第一章有叙述，在此不再赘述），为建筑给水排水专业的学术交流及技术推广建立了广阔的平台。

2.3 建筑给水排水工程有关规范

2.3.1 设计规范、规程的特点

1）设计规范、规程是贯彻实施国家技术、经济政策的具体体现。

2）设计规范、规程涉及的学科和专业较多，它是对不同专业的技术问题进行了综合权衡、统筹兼顾、相互协调的结果。

3）设计规范、规程的定性和定量指标、参数的规定，均受当地自然环境条件和当前经济发展水平影响。

4）设计规范、规程是为了保护国民财产、人民生命安全，维护社会公众利益，保证工程设计质量而规定的所有从事工程设计的工作者进行工程设计必须遵守的重要技术依据。

5）设计规范、规程来源于科技成果和实践经验的总结。

2.3.2 设计规范、规程的作用

1）保证工程质量、加快建设进度、节约能源和原材料、合理使用建设资金，提高投资效益；

2）推广新技术、新成果的应用，促进工程技术进步，提高企业在市场上的竞争和应变能力；

3）促进资源合理利用，保持生态平衡，维护人类社会当前和长远利益；

4）促进经济全面发展，提高经济效益，保护国民财产和社会公众利益，保障人民卫生健康和生命安全；

5）为现代化建设的科学管理奠定基础；

6）促进国际技术交流，消除技术障碍。

2.3.3 设计规范、规程的分类

1. 按性质分类

1）基础规范：是所有规范、标准编制时都应遵守的规范。如《标准化工作导则 第1部分：标准的结构和编写》GB/T 1.1－2009 等。对本专业讲《建筑给水排水制图标准》GB/T 50106－2010 则是基础规范。

2）通用规范：在某一个工程领域都应遵循的规范。对本专业而言，如《建筑给水排水设计规范》、《建筑设计防火规范》、《高层民用建筑设计防火规范》、《住宅设计规范》等。

3）专业规范：具有较强的专业使用范围，如《体育建筑设计规范》、《剧场建筑设计规范》、《图书馆建筑设计规范》、《游泳池给水排水工程技术规程》等。

2. 按管辖层分类

1）国家规范：由国家质量监督检验检疫总局和行业主管部门共同批准颁布的规范。其编号为"GB×××－××××"；由住宅和城乡建设部主管的工程建设类国家标准、规范的编号为"GB5×××－××××"，它在全国范围内适用。

2）行业规范：由国务院行业主管部门批准颁布的规范。各行各业主管部门都有自己的编号，如由住房和城乡建设部主管的工程建设规范的编号为：建筑工程类为"JGJ×××－××××"，城镇建设类为"CJJ×××－××××"等，它仅在本行业内适用。又如机械行业为"JB×××－××××"；食品工业为"QB×××－××××"。

3）地方规范：由各省（市）行政主管部门批准颁布的规范。编号因地区而不同：如北京市为"DBJ×××－××××"，上海市为"DGJ×××－××××"等。

4）企业规范：各生产企业自行编制的产品标准。

5）协会规范：这是我国特有的一种规范，一般不具约束力，仅为推荐（亦称选择）的性质。如工程建设类的编号为"CECS×××－××××"。

3. 按约束程度分类

1）强制性规范：国家强制性规范编号："GB×××－××××"；行业强制性规范编号："JGJ×××－××××"及"CJJ×××－××××"等。

2）推荐性规范：国家推荐性规范编号："GB/T×××－××××"；行业推荐性规范编号："JGJ/T×××－××××"及"CJJ/T×××－××××"等。

3）地方性规范。

2.4　建筑给水排水工程的基本要求

建筑给水排水和卫生设备工程是工业和民用建筑工程不可缺少的组成部分，它是为这些建筑物内的人们提供安全可靠、卫生舒适的工作、生产、学习和生活环境的一门专业工程学。为此，建筑给水排水工程的设计、建造应满足如下五方面的基本要求。

2.4.1　卫生环保

1）供给人们居住、工作、学习和活动的建筑物内的给水水质应符合现行国家标准《生活饮用水卫生标准》GB 5749 和国家现行行业标准《饮用净水水质标准》CJ 94 的要求。不得对使用者的健康造成重大威胁。

2）输送生活饮用水的管材和设备应符合现行国家标准《生活饮用水输配水设备及防护材料的安全性评价标准》GB/T 17219 的要求，不对输送的水质产生二次污染。

3）管道交叉连接不得产生污染，且管道连接严密不漏水、不透气：

（1）从生活饮用水管道上接至生产用水、绿化用水以及游泳池、冷却塔、喷泉等补水的接管不得对生活饮用水产生回流污染；

（2）从生活饮用水管道上接至饮水器、洗碗机、贮水池（箱）、锅炉、加热设备、密闭水容器、水箱、空调设备等用水设备的接管不得对生活饮用水产生回流污染；

（3）厨房、冷库、饮水器、水池、水箱、洗碗机等排水、溢流水及泄水等应单独排除。不得与生活污水管道直接连接；

（4）生活饮用水管道不得与非饮用水管道相连接；

（5）用水器具配水口不得被任何液体或杂质所淹没。

4）确保建筑物内有良好的环境：

（1）给水设备机房、污水设备机房及其他水处理设备机房等应分开设置，并各自均应有良好的通风、照明和排水措施，以及不对临近用房有不良影响，如噪声、振动、不良气体的影响；

（2）排水系统不仅应排水通畅、不出现杂物沉淀和堵塞管道的现象，而且还应保证有害气体不进入室内，损坏房间内的空气质量。为此，应设通气管与大气相通，保证器具排水存水弯内水封不被破坏；

（3）各种管道特别是污水管道应有防止管道外壁结露的隔热措施，以防止结露水珠掉入室内设备、设施上；

（4）室外地面以下的污水、废水及雨水，应及时提升予以排除，防止停留时间过长水质腐败。

5）不符合排入城市污水管网或天然水体的污水应进行局部处理。处理工艺流程和构筑物、设施的处理效果应满足排放或再利用要求，处理站位置应远离人员密集场所。

6）卫生洁具每次冲洗不仅要冲洗水量小，而且应干净、不倒流，并能将水封内的存水全部更换成新水。

2.4.2　安全可靠

1）建筑物内应设有完善的消防灭火系统和设施，并确保火灾发生时能有效工作。

2）给水排水设备，如热水锅炉、水加热设备、贮热设备、气压供水设备、气体灭火贮气设备等，应配置防爆、防过热、防冻裂和防止水锤破坏等措施，且在安装过程中不得影响建筑结构的强度。

3）给水排水设备、管材、管件、阀门及附件等应经久耐用、无缺陷，并应满足管内流动介质在最高工作压力下能保证适当的使用年限，以防频繁大规模改造。

4）管道的位置和固定不能发生因碰撞、火灾而出现断裂、变形和影响正常使用的情况。

5）输送含有腐蚀性流体、穿越有腐蚀气体房间、埋入有腐蚀的土壤的管道应具有相应的防腐功能，对敷设在特殊土壤（如沉陷土、永冻土）地区的管道应采用防冻裂和沉陷等措施。

6）对容易引起燃烧、爆炸等不同排水成分的排水管道不允许互相连接。

7）高层建筑、超高层建筑的雨水排出管应设消能设施，防止涌水至地面影响到行人和行车安全。

8）生活热水的配水点应有防烫伤使用者的措施。

2.4.3　使用舒适方便

1）卫生洁具的配置数量和形式应满足不同人群的生活需要和使用特点，符合人体生理功能。卫生洁具的材质应牢固、耐腐蚀，表面光滑、不吸附污物、不结垢和易清洗。

2）供水充足：应满足卫生洁具或设备正常工作的水量、水压最低需求，且压力稳定。

　　3）生活热水的温度不得低于 50℃（我国住宅规范规定 45℃）以防军团菌滋生。但最高不超过 60℃；公用洗碗机和洗衣机按工艺要求定。

　　4）给水排水系统的水量、水压、流速、设备运行噪声值等均应在允许限值之内。

　　5）转动设备在运行时所产生的振动、噪声、水雾等不得干扰和影响人们的正常工作和生活。

2.4.4　符合节水、节能、减排原则

　　1）在满足人们正常生活和工作的情况下，消耗最少的水量。合理地确定不同用水对象的用水定额，不宽打窄用，也要满足基本要求；尽量一水多用或循环使用；

　　2）充分利用城市自来水的供水压力，减少加压给水设备的容量和能耗；

　　3）因地制宜，尽量考虑污水、废水、雨水等非传统水源的回收再利用；

　　4）二次加压供水设备的运行能随用水负荷的变化而变化，而且在最佳效率范围内运行。水泵数量和容量符合建筑物用水特点；

　　5）选用节水型用水器具和不同用水对象分别装设用水计量设备。

2.4.5　方便施工、检修和维护

　　1）给水排水系统从设计上对吊顶内、管沟内、竖井内等处的管道应留有合理的操作空间和间距，确保满足施工、检修、维护的最低要求；

　　2）排水管道系统的设计应有合理的坡度，保证管内无固体沉积和淤塞，并应在适当的位置设置检修用阀门、清扫口、检查口；暗装管道应留有检修门、检修口，以方便清通；

　　3）给水系统（含生活、生产、消防、热水、中水等）应合理地设置检修阀门，以保证管道故障检修时尽量缩小影响的供水范围；

　　4）不同给水系统的管道应设有明显的颜色标志，保持一定的安装和维修间距。

3 建筑给水排水工程设计质量要求

建筑工程项目的建设关系到人民生命和财产安全，而且需要多部门密切配合和协作，为了保证工程质量，设计应分阶段进行，而不同的设计阶段所研究和解决问题的侧重点是不同的。

3.1 初步设计

3.1.1 设计质量要求

1）符合审查批准的建筑工程项目可行性研究报告、方案设计、设计任务书和工程项目设计合同要求。

2）符合现行的国家、行业和地方设计规范和标准的要求：

（1）基础性规范、标准；

（2）通用性规范、标准；

（3）专业性规范、标准。

3）符合政府的有关法令和法规。

3.1.2 设计质量特性

初步设计应具备如下七个方面的质量特性：

1）功能性：明确建筑工程项目的用途、规模、能力以及相应的各种指标要求，还包括环境景观要求：

（1）总平面功能要求内容：

①全面考虑、合理布置、妥善解决好整体工程项目的功能分区、园林绿化、建筑防火、竖向（标高）设计、环境保护以及预留发展等。

②符合城市规划要求，包括：用地范围；建筑红线；建筑物层数与高度；机动车与非机动车的停车数量和位置等。

③节约用地、节约投资、节约能源等良好效果。

（2）单体建筑设计功能内容：

①合理地确定建筑物的平面布局、景观。

②对消防、卫生、环保、抗震、节能、人防、净化等方面采取的技术条件和措施。

③合理地确定计算原则、计算软件、参数系数等。

④合理地确定：水、热、气、电（含电信）等的用量、来源、污水排放、有关参数和市政基础设施的必要条件；设备专业（水、暖通空调、动力、电力、电信等）的系统设计、设备机房面积和位置、管网综合布置、供应方式、计算数据、设备选型、材料选用和

运行效果等方面的技术条件和措施。

2）安全性：将伤害和损坏的风险限制在可接受水平内的能力。安全性包括：地震、洪水、雷电、冰雹、风灾、爆炸、腐蚀性、放射性、基础下沉、结构变形失稳、三废污染和有毒介质泄露等自然灾害或人为灾害等对建筑工程和人民的生命财产所造成的伤害或损失。

（1）总平面：满足建筑防火、防爆、卫生防护、绿色环境和地震减灾等方面的法规要求。

（2）单体建筑的安全内容：

①建筑耐火等级、防火（防烟）分区与分隔、安全疏散等。

②内部装修、防污染、防毒害、防高温、防噪声等。

③防寒、防震和人防防护等。

④满足现行规范、标准对消防设施、人防防护及环境保护等安全设防要求。

⑤满足现行规范、标准对安全用电、防雷等安全设施的要求。

3）经济性：经济性是指合理的工程建设寿命周期费用和投入使用后的经济效益。

（1）应体现经济与优化技术相对协调统一。

（2）严格掌握和控制工程建设规模、功能性质、使用范围、设计标准、建筑材料、营造做法、技术经济指标及工程造价投资。

（3）建筑设备的系统设计、管网布置、设备选型与配置，以及运行、维护、检修等指标和技术经济性能先进、优化。

（4）工程概算定额与取费标准吻合。严格控制超规范、超标准、超投资，以达到预期效益。

4）可信性：可信性是指建筑工程投入使用后，能满足任一随机时刻均处于可工作、可使用的状态，以及在规定条件下具有完成规定功能的程度和按程序进行维修并恢复到规定状态的能力程度。具体体现在如下几个方面。

（1）可用性及内容：

①设计文件（设计单位输出的文字说明、图例、图标等）的内容，符合国家建设方针、现行设计规范和标准以及设计合同中的要求。

②设计文件中的各种技术措施，符合现实的客观条件，切实体现因时制宜、因地制宜和因工程制宜的原则。

③设计文件中所采用的新技术、新材料、新工艺、新设备，应有阶段性试验成果和相应级别的技术鉴定或评审类似工程中运用和实践证实经验等。

（2）可靠性及内容：

①在规定的条件和时间内，切实满足既定的建筑功能和使用功能要求。

②设计文件应优先采用标准化、通用化、定型化的图样、构件和设备。严禁选用国家和主管部门明令淘汰的产品。

③设计文件所采用的基础资料和依据，如地形地貌、地质勘察、水文气象、供水、供热、供电、燃气、通信、排污以及材料设备、设计软件、概算定额、取费标准等必须切实可靠。

④建筑工程中有关节能、节水、节地、节材、环保、消防、卫生、人防等方面的设计

内容，应确保初步实施、配套完成，并按时交付使用。

（3）维修性和维修保障性及内容：

①设计文件中的材料选用、设备选型应尽量采用国家主管部门定点生产或列入推荐名录、通用和定型图集的产品。

②设计文件中要明确表达需要考虑维修的重点部门、部件、设备和管线等具体内容和要求，并提供维修条件和措施的保证。

③设计文件中应考虑必要的备品、备件，以及设置适当的储存面积和维修场所。

5）可实施性：是指建筑工程项目的设计符合施工安装、施工制作等作业技术条件的能力，以及施工安装、制作等单位合理期望的满足程度。其内容包括：

（1）设计文件的编制内容应符合《建筑工程设计文件编制深度规定》（2008 年版）的要求；

（2）设计文件应完整齐全，做到图面清晰、文字通顺、说明简要明确。设计项目无遗漏，专业内容无矛盾；

（3）设计文件表示方法应符合《房屋建筑制图统一标准》GB/T 50001、《建筑给水排水制图标准》GB/T 50106 等的规定；

（4）设计应在调查研究的基础上，认真考虑适应施工条件、施工能力和方法，以及建筑工程项目所处的场地位置、周围环境等实际情况，务求施工方法的可行与合理；

（5）设计中采用的特殊材料和设备的供应渠道和特殊施工方法，其施工条件应提前加以明确和落实；

（6）对分期建设或改建、扩建的工程项目，在设计文件中对工程原状、新老交接等有关方面的内容，应以图形和文字等形式，作必要的表达与说明。

6）适应性：是指建筑工程适应外界环境变化的能力。其内容包括：

（1）总体规划分期建设的工程项目，设计应全面考虑，统筹安排、一次完成、分步实施，保证全部工程建设能顺利衔接和整体效益；

（2）总体规划和总平面设计，对于后续新建工程项目或改建、扩建工程项目的发展远景、水、电、热、气等的供应条件、道路交通的调整取向等，应充分提前考虑，使其具有适应发展的余地和可能性，并满足合同规定要求；

（3）在设计中，应认真考虑工程项目建设和使用的各种隐含需要及合同规定的和可以预见的合理要求，以尽可能地提高工程设计的适应能力。

7）时间性：是指建设工程项目的设计文件交付的期限，以及建设进度、竣工交付时间、投入使用时间等，从设计角度能满足业主要求的能力。时间性内容如下：

（1）整体工程设计文件的交付期限应满足合同规定要求；

（2）设计文件应满足设计审查、施工准备、主要设备材料订货和采购等方面的时间要求；

（3）设计中所采用的方案、实施方法、材料、设备等，应考虑整个工程项目的施工安装的时间周期，以利于相互配合，确保工程进度的有效进行。

3.1.3 建筑给水排水专业在方案设计和初步设计阶段的任务和内容

根据工程项目性质、特点和任务书要求、建筑设计方案图纸和结果设计特点，确定建筑给水排水工程的设计方案。主要内容如下：

1) 计算工程项目的生活用水量、消防用水量、污废水排水量、雨水排水量及非传统水源的使用量等。方案设计阶段可用估算方式计算，初步设计阶段应按规范规定列表计算。

2) 确定设置管道系统的种类、系统分区。

3) 确定排水管道的制式（合流制、分流制）。

4) 估算（方案设计时）确定本专业设备机房的面积、层高、位置及数量。

5) 确定水源来源方向及排水（污水、雨水）的去向。

6) 有建筑水处理（含非传统水源回用处理）者，绘制水处理工艺流程图。

7) 根据工程项目内容绘制建筑小区或单体项目各种管道的管道系统图。

8) 确定本工程所需给水排水设备的容量及管道材质。

9) 编制本工程项目的给水排水工程所需要的主要设备器材表。

10) 需要特殊说明和下阶段设计需要解决的问题。

3.2 施工图设计

3.2.1 设计质量特性

1) 施工图设计文件应根据批准的初步设计文件进行编制；

2) 施工图设计文件主要为施工单位进行施工安装、非成品设备制作和建设业主设备采购提供图样和要求；

3) 施工图设计文件是竣工验收和投入使用后维修保养的依据。

3.2.2 设计质量要求

1) 施工图设计文件的内容，必须符合批准的初步设计文件内容及审批文件要求。

2) 施工图设计文件应满足初步设计文件规定的功能性、安全性、经济性、可信性、可实施性、适应性和时间性的相应要求，并对其进行补充完善。并达到如下要求：

（1）安全性：

①设计文件的设计和计算必须正确无误；

②构造做法合理可靠；

③有关安全性的描述和表达，必须具体、确切、完整、清楚，以满足确保安全的要求。

（2）经济性：

①工程预算应控制在批准的初步设计概算总投资额之内；

②如工程预算超过工程概算，应认真分析原因和说明理由，并必须控制在规定的可调整幅度（一般为 5%）之内。

（3）可实施性：

①设计文件必须符合《建筑工程设计文件编制深度规定》（2008 年版）的要求；

②设计文件的内容必须协调一致，配套齐全；

③图面质量良好，没有影响施工安装进度和造成经济损失的错、漏、碰、缺等现象。

（4）实践性：

设计文件（包括设计变更或补充文件）应按合同规定按时提供给建设业主。

3.2.3 建筑给水排水专业在施工图设计阶段的主要任务和内容

1）根据已批准的方案设计或初步设计对其进行完善和细化。施工图设计阶段应以设计图纸为主，并应满足施工安装、编制工程预算、非标准设备加工制造及设备材料采购要求。

2）设计图纸：

（1）根据建筑、结构专业的设计条件图绘制各楼层的给水排水管道平面图，确定管道井的尺寸、位置、数量。如管道种类繁多，可将给水排水与消防给水管道分开绘制。

（2）根据本专业各楼层管道平面图分别绘制不同管道系统的管道系统图。

（3）确定不同管道系统的管道材质。

（4）根据本专业管道系统图和管道材质进行管道水力计算，确定管道的直径、系统流量。

（5）根据水力计算结果进行给水排水设备、配套设施的选型及建筑物构筑物尺寸的确定。

（6）向相关专业提供如下配合资料：

①设备机房位置及平面图、剖面图、设备耗电量、设备、设施的重量及机房通风要求；

②管井位置及尺寸大小；

③消火栓位置、自动喷水灭火系统信号阀、水流指示器、电动阀末端试水装置等位置；

④管道穿梁、剪力墙位置、标高及尺寸大小；

⑤给水排水构筑物（水池、水箱、排水坑等）平面图、剖面图。

3）编制施工图设计说明

编制要求和内容详本书第6.7.2节和第6.7.3节的叙述。

4 设计岗位及职责

4.1 岗位划分

4.1.1 岗位划分原则

一个建筑工程项目的设计不仅由多个专业密切配合才能很好地完成，即使在同一个专业也需要多人共同合作完成。为了保证建筑工程项目的设计质量，使设计工作有序进行，对设计工作过程设置了相应的工作岗位，做到分工明确、各负其责。这是完全必要的，实践证明是切实可行的。

4.1.2 岗位划分

一般工程项目的设计从保证工程质量的角度出发，设计岗位可以划分为如下五个岗位程序层次：

1）工种（专业）负责人；

2）设计制图人；

3）设计图纸校对人；

4）设计审核人；

5）设计审定人。

4.2 岗位职责

4.2.1 工种（专业）负责人的岗位职责

工种（专业）负责人是对工程项目中本专业的设计负全责的主体责任人。其岗位职责如下：

1）认真执行本单位质量管理体系文件及本单位签发有关技术质量管理文件中的规定，对工程项目设计中本专业的质量和管理负主要责任。负责和设计主持人等一起制定工作进度。

2）对本专业设计项目在技术上负主要责任。重大技术问题应事先和审核、审定人进行交流、讨论并取得一致意见。

3）当工程项目设计人为两人及两人以上时，应负责编制本工程项目的统一技术条件；确定所采用有效版本的规范、规程、标准、标准图、通用图，有效版本及计算机应用软件。

4）依据各设计阶段的进度计划及住宅和城乡建设部颁布的《建筑工程设计文件编制深度规定》（2008 年版）制定本专业相应的作业计划和人员配备计划，组织本专业各岗位人员完成各阶段设计文件的工作。

5）根据设计任务书的要求，负责收集本工程所在地区的有关场地、环境、气象条件以及市政管道、消防、环保、人防等部门的要求和相关资料。

6）组织该工程项目设计组成员和审核人、审定人、主任工程师（总工程师）、专业组成员参加设计方案讨论，最后确定实施的方案工作。

7）负责编写各设计阶段的设计说明书，组织完成计算书的编制。

8）负责做好与各专业的配合协作，验证其他专业提供的资料和本专业提出的资料；负责保存涉及建筑结构安全、防火要求及设备荷载等重要资料原件和相应的《互提资料单》等资料及归档。

9）负责检查设计、校对人在设计工作中所负担的技术责任是否达到要求。

10）负责复核所负责的工程项目全部图纸。按照本单位发布的建筑工程设计审查要点进行审查，审查后填写《校审记录单》。

11）承担创优或绿色建筑工程项目时，应负责制定和实施本专业的创新技术内容和创优措施。

12）负责做好管线综合，参加图纸会审、会签工作并解决会审中出现的各种技术问题。

13）配合设计总负责人（设计主持人）和项目经理向施工单位进行施工图纸交底，负责处理设计更改，解决施工中出现的问题，做好洽商及修改记录，参加工程验收。

14）负责收集整理本专业设计依据性文件、设计过程形成的质量记录，随设计文件归档。

4.2.2　设计人的岗位职责

1）在工种负责人指导下进行工作。对本人所承担设计的内容、文件的进度和质量负责。

2）根据工种负责人分配的工作熟悉工程项目的设计资料、了解设计要求和设计原则。正确进行设计计算、设计制图，满足设计深度要求，并做好本专业和其他专业的配合工作。

3）配合工程项目设计进度，制定详细的作业计划，并按照岗位要求完成各阶段设计工作；图纸在送交校对人校对前，应认真自校，减少差错，保证图纸出手质量。

4）做到设计正确无误，符合本专业现行的规范、规程、标准及统一技术条件要求；选用计算公式正确、参数合理及运算准确、无误、可靠。

5）正确选用本专业的标准图、通用图，保证满足设计条件要求。

6）对制图人交底清楚，并负责审查制图人所绘图纸。

7）设计人应负责进行本人设计部分的设计计算内容、整理该部分计算书，完成后交工种负责人。

8）对校核人、工种负责人、审核人、审定人提出的校审意见逐条进行落实，并在

《校审记录单》上写明处理结果。

9）受工种负责人委派赴施工现场处理有关问题，并将处理结果及时向工种负责人汇报，填写的《设计补充、更改通知单》应交工种负责人和审核人审核并签署。

4.2.3 制图人的岗位职责

1）根据设计人的设计要求和提供的设计资料，按《建筑给水排水制图标准》GB/T 50106 和本单位有关规定进行图纸绘制，并保证制图质量和进度。

2）图纸绘制完毕后应进行自校，确保图样无差错。

4.2.4 校对人的岗位职责

1）在工种负责人的领导下，负责设计文件的校对工作，对设计文件的完整性负责。

2）校对人应充分了解设计意图。对所承担校对的设计文件（图纸、计算书）进行全面校对，避免图纸错、漏、碰、缺和计算书的差错。

3）校对的每张图纸均须填写《校审记录单》，校对过的计算书要有迹可查（一般用红色笔打一记号）。

4）必要时核对相关专业所提交的设计配合资料，防止专业间的矛盾。

5）校对人应逐条检查设计人对《校审记录单》中校对人提出问题的落实情况。

4.2.5 审核人的岗位职责

1）审核设计文件（包括图纸和计算书）的正确性、完整性及深度是否符合《建筑工程设计文件编制深度规定》（2008 年版）、规划设计条件、设计任务书、各相关部门的审批文件等的要求和规定。

2）审核设计方案、技术措施和计算书是否符合国家方针政策、国家及当地政府的规定、国家、行业和地方的规范、规程、标准及统一技术条件要求。

3）审查专业界面接口是否协调统一，系统设计、设备选型是否合理、经济。

4）填写《校审记录单》；对修改结果进行复查，在图纸审查栏内签字；设计人如无正当理由拒绝修改，审核人有权不在图纸审核栏内签字。

5）负责检查设计、校对、工种负责人在设计工作中所负的技术责任是否达到要求。

4.2.6 审定人的岗位职责

1）负责指导方案设计、初步设计和施工图设计，并与工种负责人共同决定设计中重大技术问题的做法，审定本专业统一技术条件。

2）审查工程项目设计策划、设计输入、设计输出、设计评审、设计验证、设计确认等各项程序的落实。

3）审查设计文件（包括图纸和计算书）是否符合规划设计条件、任务书、各设计阶段审批文件和现行的规范、规程、标准等要求。特别审查是否违反强制性规范条文和其他有关工程建设的强制性标准。

4）审查设计是否符合国家和地方各级政府的相关规定和批准文件的要求。

5）审查设计文件是否满足《建筑工程设计文件编制深度规定》（2008 年版）的要求，

图纸文件及各项记录表单是否齐全。

6）评定本专业工程设计成品质量等级；对审定出的不合格品按《不合格品的控制程序》进行评审与处置。

7）当审定人与工程负责人在技术问题上有分歧意见时，应按本单位《院（公司）技术委员会和专业组工作条例》的规定处理。

8）填写《校审记录单》；对修改结果进行验证合格后，在图纸审定栏内签字；如设计人、工种负责人无正当理由拒绝修改，审定人有权不在图纸审定栏内签字。

5 设计实施

5.1 设计阶段的确定

5.1.1 设计阶段的确定原则

1）工程项目规模大，技术要求复杂，投资额大，涉及其他行业的问题较多，社会影响较大的项目，一般按三阶段开展设计工作。

2）工程项目规模一般，技术要求比较简单，涉及其他行业的问题少，市政条件能承受的工程项目，经主管部门同意，可以在方案设计文件获得有关部门批准后，直接进行施工图设计。

5.1.2 几点说明

1）我国在第一个国民经济建设的五年计划期间和改革开放初期还实施过在初步设计之后，施工图设计阶段之前，增加了一个技术设计阶段，其目的要求：

（1）满足设备订货要求，这是为了适应计划经济的要求。

（2）适应全部工程的工程项目的总包指标，分项招标，设备采购和安装招标。

2）在英美等国的设计院（公司）没有施工图设计这个阶段。他们将技术设计阶段就称为施工图设计。他们认为施工图设计阶段的内容和要求，均由中标的设备和管道安装专业公司根据设计单位的技术设计来完成。这和目前我国实行的就工程中某一单项工程（如水处理工程、气体灭火、水景等）先进行招标，并由中标专业公司进行细化设计有相似之处。

由于英美等国无施工图设计阶段，我国目前的部分施工企业尚不具备细化设计能力，因此，在改革开放初期就一度出了国外设计项目，由建设单位再委托国内设计院进行二次施工图设计，国外施工企业称此项工作为施工放样图设计阶段。

3）在我国为了严格的控制工程造价和工程质量，对一些有影响的大型工程项目在方案设计之后实行了一个"扩大初步设计阶段"，将有关设备、材料采购等内容纳入到该扩大初步设计阶段。

5.1.3 实施原则

1）建设工程项目发包方与设计承包方依据本书第 5.1.1 节和第 5.1.2 节的原则，结合工程设计进度要求协商确定设计工作的阶段划分。

2）建设工程项目设计阶段确定后，应在"合同"中进行明确的约定。

5.2　设计准备

5.2.1　人员安排

1）设计单位负责人根据工程项目规模、特点确定项目经理和项目设计主持人，这两项的人员可为同一人承担。整体型民用建筑工程的设计主持人一般由建筑专业的设计人员担任；以机电设备为主的工程项目，一般由相应的机电专业的设计人主持。

2）项目经理根据工程项目的规模、特点、复杂程度等提出各相关专业，如建筑、结构、给水排水、暖通空调、电气、建筑经济等专业的专业负责人，即图签中的工种负责人建议名单，与各设计工作室或专业主管负责人协商并最终确认或调整。

3）工种负责人根据工程项目的工作量、进度和技术复杂程度等要求，向本工作室主管负责人提出配备参与设计人员的数量和建议名单，并最终确认。

4）工种负责人对已确认参与设计的人员进行设计内容和绘图分工。

5）各设计工作室专业主管或专业负责人安排工程项目技术审核人和技术审定人。

5.2.2　制定工程项目设计进度

1）设计工作进度计划由项目经理主持，各专业工种负责人参加，以会议形式确定。

2）设计进度除明确管道综合日期、图纸会审会签日期、出图日期外，更应明确各专业互提设计过程相互配合设计资料的日期。

3）工种负责人根据设计配合进度，对参与设计的人员提出成图送校审人的日期要求。为保证校审工作质量，一般工程项目应保证参与校对、审核、审定等人员各有一天的工作时间；较复杂的工程项目，应保证上述参与人员有不少于两天的工作时间。

5.2.3　工种负责人的准备工作

根据工程项目复杂程度，在工程尚未全面开展前，可安排参与本工程项目的成员和专业主管负责人参加设计方案讨论和同类建成项目的参观调研。

5.3　设计资料的收集

5.3.1　设计基础资料的收集责任

设计基础资料由工种负责人负责收集，收集方式如下：

1）通过设计规范、设计手册收集工程项目所在地相关自然条件和气象条件，具体内容见本书第5.3.2节；

2）通过项目经理或设计主持人向建设单位收取本书第5.3.2节无法收集到或需要核实的资料。

23

5.3.2 设计基础资料的收集内容

1. 工程项目所在地的有关文件及规定

1）工程项目所在地政府关于工程建设的节能、节水、环保、卫生和消防等方面的规定及要求；

2）工程项目所在地的地方设计规范、规程、标准图；

3）工程项目的设计委托任务书、设计要求或招标文件；

4）工程项目的可行性研究报告（如有时）。

2. 工程所在地的水文地质和工程地质（必要时）条件

1）工程项目所在地的坐标系和海拔标高系及具体数值；

2）土壤性质：

（1）是否有湿陷性土、膨胀土、多年冻土；

（2）最大冻土深度；

（3）最高及最低地下水位。

3）地震烈度。

3. 气象条件

1）风玫瑰图或主导风向；

2）冬季及夏季的气压；

3）气温：最冷月、最热月和年平均月温度；

4）不同季节的相对湿度；

5）不同季节的日照时间；

6）暴雨强度公式或降雨量。

4. 给水水源和水质

1）给水水源的性质（地下水、地表水）和给水水质的可靠性（有无断水及每日断水时间）；

2）给水水质能否满足《生活饮用水卫生标准》GB 5749 的要求，水的硬度（暂时硬度及永久硬度）、全年不同季节的水温等；

3）城镇给水管网体制及形式：

（1）是否为分质供水、分压供水；

（2）给水管网的形式（枝状、环状）；

（3）供水方式（全日不间断供水、每日定时供水）。

4）工程项目周围给水管网现状图或规划图（应示出城镇消火栓的位置和管径）；

5）允许工程项目的接管点意向及接管要求和该位置处的最高和最低供水压力。

5. 排水（污水、雨水）

1）城镇排水管网体制（雨污分流、雨污合流、雨污废分流）；

2）工程项目周围排水管网现状图或规划图（应有管径、检查井编号、坐标、管径、标高等）；

3）市政主管部门对工程项目生活污水排入市政排水管有无设置化粪池的要求和接管标高等方面的要求；

4）工程项目建设地无市政排水管网的时候：

（1）排入附近天然水体（河流、湖泊、小溪等）的水质、排入位置等要求；

（2）天然水体的最高水位、最低水位、常年水位、水流方向；

（3）天然水体有无结冰现象及结冰期的起止时间。

6. 热源

1）市政或区域热网类型（高压蒸汽、高温热水）及特性：

（1）蒸汽压力；

（2）高温热水时应收集：

①冬季的供水温度、回水温度、供水压力、供水与回水压力差；

②夏季的供水温度、回水温度、供水压力、供水与回水压力差。

（3）热力网供热制度（季节性、全年性）和计费标准；

（4）工程项目周围供热管网现状图或规划图，供水及回水管径；

（5）热力站设计分工要求。

2）无市政热力网时：

（1）燃料种类（燃气、燃油、燃煤、电）及保证率；

（2）利用太阳能或热泵供热时的相关气象及环境资料。

7. 再生水

1）市政再生水供水水质、供水压力；

2）工程项目周围市政再生水供水管网现状图或规划图、管径、水压等；

3）允许工程项目所用中水的接管点位置；

4）市政中水是否允许直接利用既有供水水压。

8. 消防

1）消防车的最大供水压力；

2）利用天然水源时的要求（消防车道，取水点等）；

3）室外消火栓形式（地下式、地上式）；

4）消防部门对建筑内消防设计的要求：

（1）消防给水管道系统是否允许采用减压阀进行竖向分区；

（2）不同系统消防贮水池和消防水泵是否允许合并设置；

（3）消防水泵泵轴与消防水池最低水位的关系要求；

（4）超高层建筑供水安全要求（如消防水泵接合器与接力水泵是否允许串联连接）。

5）消防车从水池取水的设置要求。

5.4 方案设计阶段

5.4.1 工种负责人的工作内容

1）仔细阅读工程项目的可行性研究报告或设计任务书，弄清工程项目的建设地址、建筑性质、建筑规模及设计要求。

2）收集和了解工程项目所在地的自然条件，气象条件以及工程项目所在地的供水、排水、供热、供气等现有条件或规划条件等设计基础资料。

3）仔细阅读建筑专业提供的设作业件图，详细了解建筑面积、层数、高度、体形、功能组成和划分等。

4）根据建设单位、市政管道给水排水条件，环保及卫生部门要求，结合建筑设计要求，按相关设计规范、规程、标准等要求，提出本专业的方案设计。

5）编写本专业的方案设计说明。

5.4.2 本专业方案设计的基本内容

1）根据设计任务书明确工程项目所需给水排水专业管道系统的设置种类。

2）估算出该工程项目不同功能的用水量、排水量、热水用水量及用热量等。

3）提出给水、排水及消防灭火等系统设计方案（含分区数量）说明或图样（复杂工程）。

4）提出节水、减排、环保及节能等措施。

5）接收其他专业对本专业的设计要求资料。

5.5 初步设计阶段

5.5.1 工种负责人的工作内容

1）组织本工程项目设计组成员仔细阅读本工程项目方案设计或设计任务书，了解工程项目的性质、规模、设计要求。

2）向工程项目业主确认建设标准。

3）向工程项目业主索取本工程项目周围市政管道工程现状图或规划图，并让其明确相关管道接管位置及要求和收集设计基础资料。

4）与参与本工程项目的设计人员共同讨论并提出本专业的设计方案。

5）向本院（公司）技术委员会申请组织设计方案讨论会。

6）确定设计组成员的分工内容。

7）编写本专业初步设计说明书。

5.5.2 设计人的工作内容

按工种负责人的分工和设计方案讨论会所确认的设计方案和技术条件，结合建筑专业提供的作业条件图开始设计计算和制图。

5.5.3 专项内容的设计原则

本工程项目中需相关专业公司配合的内容如直饮水、中水处理、雨水利用、游泳池池水净化等，可找1～3个专业公司或设备供应商配合确定如下问题：

1）水处理的工艺流程及设备配置；

2）设备机房面积和高度；

3）设备耗电量、耗热量等。

5.6 施工图设计阶段

5.6.1 工种负责人的工作内容

1) 组织设计组成员熟悉和了解初步设计文件（初步设计说明书、初步设计图纸及计算书）、设计任务书、初步设计审批意见和要求。

2) 工种负责人负责制定本工程项目统一技术条件，并送审定人审核，最后发至设计人和制图人。统一技术条件应写明统一采用的规范、规程、标准图册、计算公式及参数、产品样本、图幅、绘图表示方式、图纸比例、图例、字型、文字尺寸、术语等。

3) 工种负责人将工程项目划分为若干部分，并分配给设计人。工程项目的分部（项）划分要界面明确。工种负责人负责各部分之间的协调。

4) 负责对本院（公司）内各专业、对外业主及相关职能主管部门的联系和协调工作。确认本专业向其他工种所提设计配合资料。

5) 负责编写设计总说明、主要设备器材表、图纸目录、使用标准图目录、通用详图目录，并同时承担工程项目的全部或部分设计制图、设计计算工作。

6) 负责工程项目全部设计图纸的汇总、编号和校对，确认完整、无差错后，将全部图纸送设计审核人、审定人进行审查。

7) 负责检查各级校审意见落实情况。

8) 如工程项目为多个单位合作设计，应按合同明确的分工界面审查合作内容的衔接。确保工程项目设计完整不漏项。

9) 负责参加管道综合、图纸会审、会签，并将最后成品图送项目经理或设计总负责人统一晒印。

10) 负责整理全部设计文件（设计图纸、计算书、校审记录单、各项输入文件等）的归档。

5.6.2 设计制图人开展设计制图工作的程序

1) 设计人接到任务后，应核对建筑提供的条件图是否满足国标图《民用建筑工程互提资料深度及图样（给水排水专业）》05SS903 的要求，如不满足，通过工种负责人向建筑专业提出，让其补充。

2) 设计人查看建筑提供的作业图中本专业所有机房位置、面积、高度是否满足施工图的要求，如卫生间管井尺寸是否满足立管安装要求；洁具平面位置是否满足管道敷设要求（如洁具下水口下有无垂直穿结构梁；洁具之间距离是否满足排水管件组合尺寸等）。

3) 设计人根据国家现行的设计规范、规程和本工程项目的"统一技术条件"进行具体设计、计算和制图：

(1) 进行负荷计算，并根据计算结果进行设备机房所需设备、构筑物的选型；

(2) 根据所选设备、设施等规格尺寸绘制本专业设备机房及卫生间详图（平面图、剖面图、节点图等）；

(3) 经工种负责人审核同意后，按本院（公司）关于各专业互提配合资料格式，向有关专业提供本专业的技术要求和条件资料；

（4）设计人在设计过程中除应与参与本工程项目的本专业的其他人员密切配合外，还应主动与其他专业之间进行过程工作配合，如发生作业图版本变化影响到本专业设备机房面积、层高或位置等问题时，应及时告知工种负责人并及时研究予以妥善处理；

（5）根据《建筑给水排水制图标准》GB/T 50106 和《建筑工程设计文件编制深度规定》（2008 年版）的要求，以建筑专业最终版本作业图绘制本专业施工图设计图纸。参照国标图集 09S901《民用建筑工程给水排水设计深度图样》S901～S902 绘制；

（6）设计人对自己绘制的图样进行认真自校并修改，将修改后的成品图纸分别送校对人、工种负责人校核。

5.7 设计配合资料

设计应根据不同设计单位内部专业设置情况的不同确定各相关专业在不同设计阶段应提供的设计配合资料。在具体工程项目中，应按设计阶段、设计周期、配合程序，合理地确定不同配合时间应提供的设计配合资料的深度。在设计过程中，设计人应本着积极主动、顾全大局、保证工程设计质量的原则，加强与其他专业之间的沟通和配合，以确保设计顺利进行。

5.7.1 设计配合资料应满足的要求

1）均应以书面文字或电子版的形式按规定的格式提供。提供资料责任人应为工种负责人（专业负责人），配合资料由工种负责人签字确认方为有效。同时还应取得接受工种方的签字认可。

2）配合资料的内容应符合本院（公司）质量管理条例所规定的深度要求，并应反映该设计阶段本专业的设计成果。设计资料可以分阶段提供，但应遵守对上一次资料的深化、补充、完善的原则。如有较小修改，以文字和图示形式予以说明。

3）提出之后的设计配合资料如出现严重不准确、不完整或错误需要进行较大修改时，应在第一时间及时主动告知相关专业。如修改影响到相关专业设计的正常进行，则应向设计主持人反映，以便协商设计进度是否进行调整。

4）如因业主、主管部门意见等特殊原因对设计造成重大修改时，应及时报告工程项目经理、设计主持人和单位经营计划管理部门以确定该工程如何进行。

5.7.2 本专业向建筑专业提供的作业图及资料

本节以下各条的内容是从本专业总体上要求向有关专业提供的资料内容，没有进行设计阶段的区分。

1）设备机房所在楼层的楼层平面图，该图应全数绘出水池（箱）间（含水泵间）、水箱间（含加热泵间）、换热器间、各种水处理间的位置、面积、高度、地面标高、门（窗）尺寸和材质、排水沟尺寸等；

2）管道竖井的数量、位置、平面尺寸、检修门要求等；

3）各楼层消火栓平面位置、留洞尺寸；

4）地下层潜水泵坑的数量、位置、工艺尺寸；

5) 本专业专用管沟、排水沟的位置、工艺尺寸、人孔位置和尺寸等平面图、剖面图。

5.7.3 本专业向结构专业提供的资料

1) 水箱、水池、潜水泵坑等构筑物位置和标有工艺尺寸、构造形式、水池标高、人孔位置和尺寸等的平面图、剖面图、节点图；

2) 超过结构允许尺寸的管道穿剪力墙、构筑物池壁和顶板、梁、楼板、地下室外墙、基础（地梁）等洞口位置、洞口（或套管）尺寸和标高；

3) 本专业所需全部设备位置、自重和运行重量、设备基础尺寸、屋顶冷却塔基础和管道支座等位置。

5.7.4 本专业向暖通空调专业提供的资料

1) 生活热水系统的需热量、蒸汽压力要求；

2) 供热管道的接管位置及标高要求；

3) 接至空调专业冷冻机房或管道井或冷却塔进水管、出水管的位置和管径；

4) 给水排水用设备机房、水处理站房的位置、通风排气和温度、湿度等要求。

5.7.5 本专业向电气专业提供的资料

1) 本专业设备（各类水泵、冷却塔、电开水器、电热水器、电锅炉等）的位置、用电量和电压（含单机和总装机）及用电等级；

2) 水池、水箱内的不同水位控制要求；

3) 各种给水排水系统的控制要求，在线控制仪器仪表点位置（如消火栓、水流指示器、各种探测器）、远距离操作控制、报警要求；

4) 本专业设备机房用电设备平面布置，机房分隔等平面图；

5) 设备机房、水净化及水处理站房等特殊照明要求。

5.7.6 本专业向经济专业提供的资料

1) 设备规格性能（技术参数）数量及相关说明；

2) 本专业施工图设计全部图纸。

5.7.7 本专业向总图专业提供的资料

1) 城镇给水管、污水管、中水管道、雨水管、热力网等引入管或排出管的位置；

2) 小区或建筑物周围的各种室外管道平面布置图，管道高程资料；

3) 主要给水排水构筑物，如室外独立设置的水泵房、蓄水池、水塔、污水（或中水）处理站房、冷却塔及泵房、化粪池、隔油池、降温池等位置、平面尺寸等；

4) 小型给水排水构筑物，如水表井、阀门井、检查井、雨水口、消火栓、水泵接合器、洒水栓井等位置。

5.7.8 与专业设计公司配合的工作内容

1) 直饮水、生活给水的软化、游泳池池水的循环净化、中水处理、水景水处理等系统的水质标准、水量、循环周期、工作周期、水消毒方式；

　　2）厨房、洗浴、园林浇灌、洗衣房、本专业锅炉房、水景等设置位置；

　　3）虹吸屋面雨水、雨水回收利用等屋面平面图、设计重现期、校核重现期；

　　4）太阳能及热泵供热系统的屋面面积、机房位置和面积；

　　5）冷却塔的技术参数及当地气象参数；

　　6）特殊消防系统：气体消防、消防炮、太空间智能灭火、泡沫灭火、水喷雾、高压细水雾等机房位置及面积、消防灭火范围。

5.8　管道综合

5.8.1　管道综合的目的

　　1）不同专业的管道布置合理有序、整齐美观；

　　2）方便有序施工、文明施工；

　　3）便于投入使用后维修和故障管道的更换；

　　4）保证建筑内的有效空间。

5.8.2　管道综合的原则

　　1）满足不同专业各种管道的技术要求。如重力流管道应满足必须的坡度，以达到水流通畅；

　　2）保证安全。如电力、通信、自控等线路应与输送液体的管道分开布置，中水给水管应有明显的标志等，以防止管道渗漏造成安全事故及误饮误用；

　　3）单层布线时，优先安排重力流管道、大管径管道，然后依次安排小管径管道，设保温的管道宜安排在容易施工的位置；

　　4）分层布线时，热力管道如蒸汽、热水等应安排在上层，冷水管如给水、消防、排水等管道依次向下安排；

　　5）应留有管道交叉连接、特殊管件（如伸缩节等）等安装、检修空间和安全距离。

5.8.3　不同管道的位置、标高发生矛盾时的调配原则

　　1）小管径管道让位于大管径管道；

　　2）可转弯的管道让位于不能转弯的管道；

　　3）新设计的管道让位于已建成的管道；

　　4）临时性管道让位于永久性管道；

　　5）压力流管道让位于重力流管道。

5.8.4　管道综合主持人

　　1）单体工程项目，一般由设计主持人负责召集各专业的工种负责人（也称专业负责人）进行核对、调整或由设计主持人进行综合，对出现碰撞部位提出调整意见，各专业负责人提出具体可否意见。

2）总平面工程，一般由总图专业的工种负责人负责综合不同专业管道布置和标高，并对发生重叠、交叉碰撞处提出调整意见，并取得相关方的确认。

3）本专业不同设计人负责的管道设计，由本专业工种负责人负责综合调整，并由设计人修改。

4）仅有机电各专业参与的工程项目，由机电专业主管负责人指定该项目管道数量较多的专业的工种负责人负责综合各专业的管道。

5.9 设计图纸校审会签

设计文件（设计说明、图纸和计算书）的校审是工程设计质量的重要保证，是设计过程中不可缺少的步骤。

5.9.1 设计文件校审的"三校二审制度"

1."三校"

1）自校：由设计制图人自行进行，即设计制图人对自己绘制的图纸按该工程项目的统一技术措施要求进行校对，检查是否满足设计条件和规范规定；计算公式和计算过程有无差错、图纸表达方式是否满足"制图标准"要求；平面图与剖面图、系统图的尺寸、管径、标高、位置等是否一一对应。

2）互校：校对人一般由工作室负责人确定。由校对人按本院（公司）制定的设计图纸校对提纲对工程项目的全部或部分设计图纸进行全面校对。确保计算准确，符合规范及统一技术条件。图面表达前后是否一致，有无错、漏、碰、缺。

3）总校：由工种负责人对工程项目全部设计文件进行一一校对。按本院（公司）的设计图纸校审提纲进行。检查设计文件的表达是否符合设计意图、规范、规程、设计深度和有关部门要求；各专业配合资料的落实是否正确齐全、标准图选用是否恰当；设备及材料选用是否满足使用要求和有无明令被淘汰的产品等。

2."二审"

1）审核人审：审核人一般由院技术委员认定的主任工程师或高级工程师按本院（公司）的设计图纸校审提纲进行。重点审查设计文件是否齐全，是否符合国家有关法规、规范（含地方规范）规定；设计标准、设备选型是否合理及有无错漏、安全措施是否得当、市政接管是否符合要求及设计深度是否恰当。

2）审定人审：审定人一般由院总或院技委会核准的高级工程师按本院（公司）的设计图纸校审提纲进行。主要审查设计文件是否符合规划条件、任务书或设计阶段审批意见，设计说明是否正确齐全，能否满足施工安装及设备采购要求；有无违反相关规范、标准的强制执行的条文和国家明令淘汰的产品等重大问题。

5.9.2 校审人员应例行的程序

1）各级校审人员均应如实签写《校审记录单》并签字；

2）各级校审人员在图签栏签字时，应对修改结果进行验证。

5.9.3 图纸会签

1）会审的图纸必须是各专业内部已完成本"基础知识"第7章所要求的全部工作，并经过校对、审核、审定等程序修改后的最终版图纸。

2）图纸会审是指各专业之间对设计过程互相配合资料、管道综合协商修改意见等落实情况的核对和最后确认。

3）图纸会审各专业无异议、各专业负责人在其他专业图纸上进行会签，表示会审工作完成。

4）图纸会审、会签一般由项目设计主持人负责组织各专业的工种负责人参加。

5.10 设计文件校审内容

在第5.9节规定了保证工程设计质量而对设计文件的校审制度。在当前工程设计任重，设计进度要求紧的形势下，为了适应这一形势，制订不同岗位与其职责相适应的施工图设计图样校审应关注的内容是必要的。这不仅明确了各级岗位的具体职责，而且对减少设计文件的差错、缩短校审时间、保证设计质量具有重要意义。

5.10.1 校对人（含设计人自校和工种负责人总校）对设计图纸进行校审的依据

1）国家颁布的有关规范、规程、标准。

2）国家相关部（局）和各省、市颁布的有关基本建设应贯彻执行的规定。

3）本院（公司）制订的《给水排水统一技术措施》。

4）设计任务书、相关主管部门的审批意见。

5）《建筑工程设计文件编制深度规定》（2008年版）。

5.10.2 校对人员对各工程子项首页应校对的内容

1）图纸目录与每张图纸的图签内容是否完全一致。

2）标准图、通用图或地方标准图的选用是否准确无误，并无遗漏。

3）设计图样所绘图的图例是否齐全，与统一图例是否相符。

4）设计说明及每张图样中的附注是否能满足本工程的要求和是否有遗漏的内容。所依据《规范》、《标准》的版本号是否准确。

5）主要设备、材料表有无差错，设备性能参数是否与设计说明和系统图图样标注性能参数一致。

5.10.3 室内给水排水设计文件的校审内容

1. 平面图

1）房间名称、轴线号、轴线距、室内外相对标高是否齐全；

2）图签填写是否齐全准确；

3）用水设备（包括卫生设备、工艺用水设备、墙壁式洒水栓、厨房用水设备、洗衣房用水备等）是否齐全（以建筑作业图及工艺资料为准，如需进行二次深化设计则不包含在内）；

4）防火分区界面是否表达清楚，复杂平面是否附带防火分区示意图；

5）消防设备（包括消火栓、报警阀和喷洒头、气体灭火、消防炮、大空间智能灭火喷头、水喷雾、水幕、雨淋、灭火器、水泵接合器等）位置、距离是否符合相关规范规定；

6）管道布置有无违反相关规范规定，如：穿风道、烟道、卧室、厨房等，以及上喷喷头与结构梁有无矛盾，各系统管道图例是否清楚、管径标注是否齐全；

7）各系统管道控制尺寸是否齐全无误；

8）各种管道编号（引入管、出水管、立管、消火栓、雨水斗等）是否齐全；

9）放大图与楼层平面图是否相符；

10）平面图（包括放大图）与轴测图（包括系统图）、立管图、剖面图、展开图的管道方向是否相符；管径大小是否一致；连接方法是否对应；

11）平面图和轴测图中的管道附件（如各种阀门、仪表、伸缩节、固定支架、疏水器、排气阀、套管、地漏、清扫口、检查口、通风帽等）是否齐全，位置是否合适；排水管道连接方式是否符合规范要求，连接处平面尺寸能否满足零件组合所需尺寸。

2. 各种管道轴测图（包括立管图、展开图、系统示意图）

1）轴测图与平面图管道位置和方向是否一致；

2）管道标高是否齐全及准确（与梁高有无矛盾），有无差错；

3）地面标高是否有误（特别注意卫生间地面低下 2cm）；

4）轴测图与平面图的立管编号、进出管编号、消火栓编号、雨水斗编号等是否一致；

5）轴测图管径与平面图管径是否相符，管长、坡度是否正确，有无遗漏；

6）图例绘制是否有错；

7）与卫生器具的连接管是否与安装图相互一致；

8）排水管道标高与零件组合尺寸是否一致；

9）管道进出口标高与室外地面标高差是否满足室外埋设深度及防冰冻的要求；

10）对技术措施的采用是否合适可提出不同意见与设计人或工种负责人商榷。

5.10.4 室外给水排水设计文件的校审内容

1. 总平面图

1）建筑物、构筑物、道路、红线外四周的城市道路、指北针（或带风玫瑰图）标高（建筑物设计标高和高度；道路设计标高）、复杂的地形地貌、建筑物编号（或建筑物名称）等是否齐全；

2）各种管道布置是否齐全，各系统管道的路由关系是否清楚；

3）设计意图是否表达清楚。在施工、加工、使用、维修方面有无困难；

4）水表井、检查井、雨水井、消火栓井、水泵接合器、接合井、隔油池、化粪池、洒水栓等的位置是否符合相关规范要求；

5）与其他专业的管道、地上及地下建筑物、构筑物的布置有无矛盾，距离是否合适（如人防进出口、人防通道、暖沟、电缆沟、电缆井、煤气井等）；

6）给水排水管道敷设在暖沟内是否将管沟平面及断面管道排列图画出；

7）小区从市政管网接出的小区给水及中水引入管、污水和雨水排出管位置是否表达清楚（井号、管径、标高、位置等）；

8）管道定位尺寸或坐标是否齐全。如分管道种类单独绘图时，相互标注尺寸是否有矛盾；

9）对原有管道及待建管道或预留管道位置是否交代清楚；

10）由室外干管至建筑物的引入管和排出管的位置、管径和建筑单体图是否相符；

11）排水管道所标注的标高或高程表中的数据是否有明显计算错误；

12）多根排出管接入同一座检查井的水流条件能否满足顺流要求。

2. 给水管道节点图

1）节点及阀门井的布置与总平面图是否符合；

2）节点与阀门井的管件及配件组装的是否经济合理，管理是否方便；

3）管径、管长是否标注清楚，是否准确；

4）阀门井的尺寸能否满足管件及配件组合尺寸的要求。

3. 给水排水管道纵断面图

1）标高、长度、管材、坡度、井号、水平距离及管线示意图是否与总平面图相符；

2）排水管道管底标高的计算有无出现倒坡等明显错误；

3）设计地面标高、原地面标高是否与总平面图一致；

4）井深尺寸是否正确，交叉的相关管道与总平面图是否一致，交叉标高有无遗漏；

5）管道覆土深度（特别是排水管道的起点埋设覆土深度）是否符合要求，是否经济合理；

6）平面示意图中垂直转角是否正确；

7）给水管上的排气阀及泄水阀设置位置是否恰当；

8）支管有无遗漏，标高是否准确。

4. 在管道平面图中标注管道标高的图样

1）总平面图中地面标高设计线清晰时，只校审各种管道的检查井标高是否齐全（特别是多根管道接入井，管径变化井）；

2）有无排水管道倒坡；

3）管道覆土深度是否符合相关规范要求；

4）雨水口和其他小型给水排水构筑物的位置是否恰当；

5）阀门控制井的控制范围是否恰当；

6）本专业管道在管道交叉处的标高有无矛盾。

5.10.5 详图校审内容

1. 平面图

1）放大图所示内容与所在图纸是否一致（包括建筑部分）；

2）详图、放大图上管道阀门、附件和设备、洁具、基础等定位尺寸是否齐全准确；

3）平面图和剖面图，平面图和轴测图是否相符；

4）单线管道上下转弯处是否表示清楚；

5）设备编号与名称数量对照表是否一致。

2. 剖面图

　　1）剖面图中建筑、结构部分表示是否齐全。要注意地下部分也要表示齐全（如水泵基础、集水坑等）；

　　2）剖面图与剖切面可视部分是否相符（包括轴线及各部分尺寸）；

　　3）剖面线范围内的内容是否表述齐全、准确和可行（即构筑物、设备基础、管道阀门、附件、支架等是否满足安装操作要求）。

3. 轴测图

　　1）投影方向与平面管道走向是否一致，管道标注是否准确；

　　2）管道标高变化、接入管位置和顺序与平面图是否一致，标注标高是否可行；

　　3）管道上的阀门、附件、立管编号与平面图是否一致和齐全、准确。

4. 展开图

　　1）管道主管、配水管上与各配水点及排水点的数量、位置、顺序是否一致，有无遗漏；

　　2）配水点、排水点接受方式是否与洁具形式一致；

　　3）管径标注是否齐全、准确，与平面图是否一致。

5.10.6　计算书的校审内容

1. 室内给水排水计算

　　1）检查选用的公式及采用的技术参数、数据是否正确；

　　2）校对计算结果及验算过程有无差错；

　　3）如用查表法计算是否写出书名、页次、表号；

　　4）生活给水系统要校对计算简图（选择最不利点的系统计算）：各类卫生洁具的数量、流量、管段压力损失、全系统计算是否完整准确；

　　5）生产给水系统，要看工艺用水资料（包括单位时间用水量及用水情况），暖通专业提供的用水资料、总人数、班次、最大班人数及系统计算是否完整无误；

　　6）排水系统计算要有管段流量、管径、坡度、充满度等内容；

　　7）雨水计算要注意重现期的选择是否合适，降雨强度计算公式是否是最新推导的；

　　8）化粪池、降温池等构筑物的选型计算是否齐全准确；

　　9）进行消防计算应注明建筑物耐火等级，生产类别，体积等计算条件是否齐全；

　　10）热水计算应校对热交换器容积及加热盘管面积的计算及选择；热水循环系统计算及循环泵选择等是否与设计图所标示的参数相符。

2. 室外给水排水计算

　　1）给水管网分析：流量分配、管网损失、闭合差是否符合规定，计算是否无误；

　　2）雨水计算是否完整，采用公式与数据是否合适；

　　3）化粪池的选型与计算是否合适、齐全、准确。

5.10.7　对图面质量的要求

　　1）图纸表示方法、简繁程度、比例大小特别不当时，应提出来与设计人或工种负责人商榷修改。

2) 图面布置疏密程度特别不合理时，应提出来与设计人或工种负责人商榷修改。

3) 制图方法、制图线型、字型和大小是否符合国家颁布的制图标准和单位的规定。

5.11 施工图外审（审查）

施工图设计外审始于 2000 年，是贯彻国务院关于《建设工程质量管理条例》的一个具体措施。为此，建设部发布了建设【2000】41 号文"建设部关于印发《建筑工程施工图设计文件审查暂行办法》的通知"。

5.11.1 施工图审查单位的资质和要求

1) 施工图审查是政府主管部门对建筑工程勘察设计质量监督管理的重要环节，是基本建设必不可少的程序，工程建设各有关方必须认真贯彻执行。由此可看出它是确保施工图设计质量新增的不可缺少的程序。

2) 施工图审查单位是经过建设行政主管部门认定的独立审查单位。

3) 施工图审查单位不得对本单位或与本单位有直接利益关系的设计单位所完成的施工图设计文件进行审查。

4) 审查单位和审查人对其审查的图纸承担审查责任。

5.11.2 建筑给水排水工程设计人员配合"施工图设计审查"的要求

1) 仔细阅读、了解和熟悉住房和城乡建设部颁布的关于《建筑工程施工图设计文件审查要点》，以及工程项目所在地建设行政主管部门有关当地工程项目施工图设计文件审查的补充规定。

2) 建筑给水排水工程设计中，应将"施工图设计审查要点"作为工程项目设计中各级技术岗位设计、图样校审的内容纳入各级技术岗位的职责内。

3) 对于施工图审查单位提出的意见应逐一落实修改。对于某些意见有不同理解时，应及时与施工图审查人沟通、协商达到认识统一。

5.12 出图与设计文件归档

5.12.1 图纸印晒及交付

1) 图纸会签完成后，由设计主持人或项目经理将各专业全部图纸交图档室，图档室交图纸印晒部门按设计合同规定的份数分专业进行印晒和装订；

2) 图纸印晒装订完成后，由项目经理或设计主持人通知业主领取或派人送达业主；

3) 设计图纸接收人应查验签收；

4) 存查图应为 2 份，一份归档；另一份交各专业设计负责人，作为施工配合之用。

5.12.2 归档的设计文件内容

1) 存查和设计底图蓝图；

2）设计计算书；

3）各审校程序的图纸校审记录单；

4）设计配合资料；

5）图纸外审意见及处理意见。

5.13 施工图设计交底

5.13.1 施工图设计交底的组织

1）施工图设计交底（亦称设计图纸会审）一般由建设单位（业主）或代建单位（业主的全权代表）负责组织；

2）参加人员为建设单位或代建单位、施工单位、设计单位、质量监理单位四个单位的相关人员。

5.13.2 施工图设计交底的程序

1）设计单位介绍该工程项目的设计意图、系统特点、施工要求、特殊技术特点的技术措施和注意事项；

2）施工单位提出该工程项目设计图样中存在的问题（如不明确的内容、遗漏的内容、图样中的差错，与其他专业碰撞问题等）和需要解决的技术难题。随后通过四方面协商研究提出解决的办法。

5.13.3 施工图设计交底的方法

1）分阶段进行：①工程的地下部分与地上部分分施工段进行；②单体建筑分栋号进行；

2）分专业进行：按建筑、结构、给水排水、空调供热、供电等分专业进行。

5.13.4 施工图会审内容

1）工程设计是否符合国家、当地政府的方针、政策、规定以及国家、行业、地方的规范和标准；设计是否经济合理；

2）设计是否符合目前施工技术装备条件；

3）特殊材料设备如市场购买不到可否用替代产品；

4）建筑设备、管道安装与建筑结构有无矛盾，各专业之间有无错、漏、碰、缺和不一致的地方；

5）设计说明和图样是否齐全、清楚、明确，两者有无矛盾；

6）图样尺寸、坐标、标高、管线连接、管线交叉是否正确；

7）设备安装详图、节点构造大样图是否齐全、清楚和可行。

5.13.5 施工图设计交底的内容

1）设计单位各专业对工程项目的主要特点、工程内容、采用的新技术的要求和具体措施、质量标准等进行说明。就给水排水专业而言,要对建筑内的管道系统种类、重要技术要求、施工过程中应注意的技术特点、施工顺序的建议等进行说明。以便施工单位明确设计意图,从而做到贯彻"按图施工"的原则。

2)设计单位各专业还应就施工图设计中尚未落实的设计资料、相关专业设计公司或其他设计单位参与本工程项目部分设计内容的配合等问题提出要求。

3)指出相关专业公司进行设计的内容要求及界面划分。

4)回答参加图纸会审各单位各专业针对施工图设计文件中有关影响施工正常进行所提出的疑难技术问题、图纸中尚未明确的问题、图纸中的差错、与其他工种的矛盾以及其他问题等,并予以解释和确认。

5)对施工监理单位为保证工程质量提出的施工设计图纸中尚未明确的质量要求及质量标准问题等进行协商,并形成统一认识。

6)对建设单位提出的图纸修改意见进行讨论、协商,并形成统一意见。

5.13.6 图纸会审纪要

1)设计技术交底结束后应签署"图纸会审纪要",图纸会审纪要一般由质量监理单位、施工单位进行整理,并以表格的形式书写,交与会人员签名认可。"与会单位、专业"均应留存至少一份备查归档。表格格式如表5-1所示。

图纸会审纪要 表5-1

工程名称		…年…月…日	
参加单位		设计单位	
		建设单位	
序号	图号	存在问题	会审结论

2)"图纸会审记录"由质量监理单位或建设单位签发,并连同设计单位按"图纸会审纪要"修改的图纸、确认的意见、设计变更通知书及施工图设计图纸,一并作为工程项目施工的依据。

5.13.7 施工技术核定

1)会审后的设计图纸在施工安装的过程中也不是绝对不变的,如遇下列问题仍可对图纸进行变更处理。

(1)图纸差错或与实际不符,或施工条件限制不能实现;

(2)材料品种、规格难以按设计要求采购;

(3)建设单位因某种原因对使用功能作局部调整,设计图纸须作相应修改;

(4)施工单位职工提出的合理化建议等。

2)施工过程中,因上述原因需要对图纸进行变更时,应由施工单位签发"施工技术核定单或变更通知单"，并应经建设单位、施工单位、质量监理单位、设计单位等程序办理变更签署手续。

3）没有设计资质的专业专项设计公司的某些专业设计图纸，应经工程主体设计单位审查认可，方能进行施工。

4）建设单位（业主）对工程项目的使用功能要做改变或调整，由建设单位出具书面要求，设计单位确认并按程序进行设计变更。

5.14 施工配合

5.14.1 施工配合人员的确定和工作内容

工种负责人或工种负责人指定参与该工程项目的设计人员参加施工过程的例行会议。参加人应仔细记录会议中涉及本专业施工中出现的设计缺陷、不同专业之间需协调的问题，提出具体处理意见。

1）因设计考虑不周出现的问题，由设计单位出具设计变更通知。

2）施工单位提出的合理化建议，设计单位认为可行，则由施工单位出具变更要求，设计单位会签确认。

3）建设单位提出的重大技术问题如改变设备选型、改变管道材质、房间功能变化等问题由建设单位出具变更通知或提出相应要求，设计单位确认可行后，也可由设计单位出具设计变更通知，但在变更通知中明确有"根据建设单位要求"等字样。

5.14.2 施工配合的其他工作内容

1）审查设备采购招标文件是否符合设计要求，参加建设单位或建设单位委托代理人组织的设备采购招标评标会议。

2）审查和签署建设单位确认的相关专业公司单项安装工程（如建筑水处理、厨房、水景、洗衣房、喷灌浇洒等）的设计图纸。

3）参加重点隐蔽工程验收，并签署确认。

4）参加给水排水设备系统的调试。

5.15 工程验收

工程验收的分类

工程验收是保证工程质量的重要阶段。工程验收一般分为：1）单项验收；2）隐蔽工程 验收；3）竣工验收三个部分。

1）单项验收指由相关专业公司承包的分项工程，如消防给水系统、各种水净化处理系统、气体灭火系统、水处理系统等的验收。

2）隐蔽工程验收是指埋入地下、墙槽、楼板垫层内等处的管道及构筑物的过程验收，只有完成此道工序方可进行下一道工序的施工。

3）竣工验收是工程施工全过程的最后一道程序，也是检验工程项目施工安装质量的最后一项工作。

（1）竣工验收应在工程施工全部完成，即经各单项验收合格、隐蔽工程验收合格。并按规定时间连续运行期间各项要求正常并取得有关部门验收合格之后，而且各项验收文件齐全的条件下进行。

（2）验收要求：

①外观检查

a. 各种管道的位置、标高、坡度、阀门型号和耐压等级、附件形式、仪表、管道材质和耐压等级、防腐油漆、保温隔热材质和误差、管道支架位置和形式等是否符合设计要求；

b. 给水排水设备的规格和性能参数、基础做法和标高及尺寸、安装方式和误差是否符合设计和产品要求。

②水压检查

a. 贮水容器如水加热器、气压水罐、压力过滤器、分水器、集水器等成品产品以制造厂的出厂压力试验合格证为准，施工现场一般不再重复进行水压试压。

b. 各种管道的水压试验包括如下两个方面：

a）强度试验：检查施工中使用管道的耐压是否与设计要求相符。管道支架是否牢固；

b）严密性试验：目的是检查施工安装质量，管道接口是否严密不漏水、不渗水。

c. 各种管道水压试验以建设单位、质量监督单位和施工单位签认的水压试验报告为准，设计单位一般可不参加此项验收工作。仅对水压试压报告进行核对检查，以确定是否符合设计要求。

d. 污、废水管道系统应分楼层进行闭水试验，检查管道强度和管道接口严密性。合格后再进行主干管和立管的通球试验。首层的排出管还需进行通水试验。

e. 屋面雨水管进行灌水和通水试验。

③系统冲洗检查

a. 以设计或相关《规范》规定的流量、流速对管内进行冲刷洗净，保证管内无任何影响通水的污杂物质，以验证管道系统的通水能力是否满足设计要求。

b. 生活饮用水管道系统还须进行消毒，符合要求方能交付使用。

c. 排水系统以通球试验证明排水管道水流通畅。

④功能检查

a. 功能检查一般针对给水设备和建筑水处理系统。

b. 检查内容：

a）管道通水能力是否能满足设计要求；

b）各种水泵的运行技术参数、安全性、工作泵与备用泵的自动切换、系统控制信号的灵敏及切换、减振降噪措施等是否灵敏可靠；

c）各种阀门动作准确、灵活可调、开启锁定装置是否可靠；

d）各种仪器仪表指示准确，且灵活可调，指示误差是否在运行允许范围内；

e）各种水净化或处理系统的设备配置及相关配套设施、控制系统（包括信号显示、传送等）、系统运行的各项技术参数等按规定连续运行的记录是否符合设计要求。水净化或处理效果检测次数符合设计或有关部门要求。

6 设计文件内容

6.1 设计文件内容

6.1.1 初步设计阶段建筑给水排水工程包括的内容

1）设计说明书；

2）设计图纸（图样内容根据设计阶段可按本书第 6.5.2 节和第 6.7.1 节的规定确定）；

3）主要设备器材表；

4）设计计算书（供内部校核和归档）。

6.1.2 施工图设计阶段建筑给水排水工程包括的内容

1）图纸目录；

2）施工设计说明；

3）设计图纸（图样内容根据设计阶段可按本书第 6.5.2 节和第 6.7.1 节的规定执行）；

4）主要设备器材表；

5）设计计算书（供内部校审和归档）。

6.2 设计文件深度要求

6.2.1 建筑工程设计文件的深度释义和要求

1）通俗而言就是工程设计文件（包括设计说明、设计图样）应该反映的基本内容是保证工程项目设计质量和为施工安装创造条件的基本要求。住房和城乡建设部 2008 年颁布的《建筑工程设计文件编制深度规定》是对工程设计文件的最低要求，作为设计工作者应该认真执行。

2）设计文件的编制必须符合国家有关法律法规和现行的工程建设标准、规范的规定，对现行工程建设强制性标准、规范、当地政府的规定和地方工程建设标准规定等均应遵守。

6.2.2 各设计阶段设计文件编制深度应遵循的原则

1）方案设计文件：

（1）满足建设单位（业主）建设规模、建筑功能及有关主管部门的审批或评审要求；

（2）满足编制初步设计文件的要求。

2）初步设计文件：

（1）符合方案设计文件和审批意见要求；

（2）满足主管部门、各专业部门、使用者的要求；

（3）满足编制施工图设计文件的要求。

3）施工图设计文件：

（1）满足设备、材料招标采购要求；

（2）满足非标准设备制造要求；

（3）满足施工安装和建成后业主维修管理要求；

（4）合作设计或部分内容分包设计（如土建、机电、水处理和景观等）时，应满足工程中相互关联处各分包设计单位的要求；

（5）因地制宜的正确选用国家、行业和地方的建筑标准图；

（6）重复利用其他工程的设计图纸时，应按本工程具体条件对所用工程的设计图纸进行核算和修改，确保满足本新建工程的质量和需要。

4）建筑给水排水专业的设计文件的内容和深度均应符合住房和城房建设部发布的《建筑工程设计文件编制深度规定》（2008年版）的规定。

6.3 方案设计

6.3.1 方案设计阶段的设计文件应包括的内容

1）在建筑工程项目设计中，给水排水专业为配套工种，故一般以设计说明作为给水排水业的设计文件；

2）在机电专业单项工程的项目中除应有设计说明书外，还应有必要的设计图纸。

6.3.2 方案设计阶段设计说明书应表述的内容

1. 给水工程设计

1）水源类别：市政给水或自备水源（地下水、地表水）。

2）用水量：以工程项目为单位叙述最高日用水量、最大时用水量、平均时用水量。

3）系统简述：叙述系统种类、各种系统压力分区及二次供水设施设置原则。

2. 生活热水工程设计

1）热源类别：市政热网、太阳能、热泵、自建锅炉、电力等；

2）供应范围：建筑小区、单体建筑、单体建筑中的局部部位等；

3）以工程项目为单位表述，设计小时耗热量和设计小时热水量；

4）系统划分：热水系统划分（集中式、局部集中、分散等），系统压力分区及设备配置原则。

3. 节水、节能、减排

1）建筑中水：原水性质（污水、废水、雨水等）；中水原水量；中水用水量；供水范围；系统划分及中水处理站；

    2）冷却水循环冷却系统；

    3）其他具体措施：如太阳能热水、热泵热水、余热利用等。

6.3.3 建筑水处理系统

    1）中水或厨房污水的处理量、处理工艺流程及设计参数；

    2）游泳池和水景的池水净化处理系统的水质标准、循环处理水量、净化处理工艺流程及设计参数；

    3）管道直饮水系统：直饮水水量、水质标准、水处理工艺流程及设计参数。

6.3.4 污水排水工程设计

    1）污水排水量：污水量，废水量。

    2）污水系统：系统划分（污废水合流还是分流）。

    3）污水局部处理：除油处理、实验室污水处理、锅炉排污处理、排放处理。

6.3.5 雨水排水工程系统

    1）雨水量：

    （1）暴雨强度公式；

    （2）屋面雨水：重现期 $P＝\cdots a$；

    （3）室外场地雨水：重现期 $P＝\cdots a$。

    2）雨水系统：屋面雨水排水水流态（两相流、虹吸流）、室外雨水合流还是分流。

    3）雨水综合利用的措施：直接利用、间接利用。

6.3.6 需要说明的其他问题

    1）合作设计的界面划分；

    2）分项设计的分包界面划分；

    3）其他。

6.3.7 方案设计的图纸

    1）各专业综合项目仅出方案设计说明即可。如为机电专业单项工程应有设计图纸。

    2）图纸内容：本专业专项内容平面图，系统示意图。

6.4 初步设计

6.4.1 给水排水专业初步设计应包括的设计文件

    1）设计说明书；

    2）主要设备器材表；

    3）设计图纸：所需的图纸详见本书第 6.5.2 节；

4）设计计算书（供内部校审和归档）。

6.4.2 初步设计给水排水专业设计说明书应说明的内容

1）工程概况：应对下列内容作出简要叙述：

（1）工程地理位置及地形地貌情况；

（2）工程性质：是新建、还是扩建、改建的住宅区、开发区、校园区、文化中心、体育中心等；

（3）项目组成：是住宅、还是单体单功能的公共建筑、还是单体综合性公共建筑（说明组合内容如商业、公寓、办公、酒店，并说明各自所在楼层）等；

（4）工程规模：占地面积、总建筑面积（地上建筑面积、地下建筑面积、人防面积等）及建筑高度；

（5）反映建设项目规模的主要技术指标：酒店、医院、疗养院和宿舍等建筑的床位数；剧院、影院、会议中心、体育场馆等座位数；医疗门诊数、不同功能用途的建筑层数划分等。

2）设计依据：应列出下列各项文件：

（1）设计任务书或方案设计审批意见或可行性研究报告；

（2）执行的设计标准、规范，并注明名称、编号、年号、版本号；

（3）有关协调会、评审会会议纪要、管理公司要求；

（4）市政管道工程条件图资料和参数；

（5）建筑及其他有关专业的设计作业图和资料。

3）设计范围：应明确下列相关内容的属性：

（1）用地红线内设计内容：室外工程管线、水处理构筑物、景观、园林喷灌等；

（2）建筑物内设计内容：给水排水工程、消防灭火工程等；

（3）合作设计的内容及界面划分；

（4）分期建设的区域划分；

（5）本专业负责审查和配合的专业公司设计内容：如厨房、水景景观、游泳池、康体、洗浴、洗衣房、气体灭火等。

4）建筑室外给水排水工程，应对下列各项内容作出具体说明：

（1）小区给水排水管道与市政给水排水管道连接的数量及参数，可参照表6-1的格式列出。

小区管道与市政管道连接参数表 表6-1

序号	管道名称	小区引入管排出管				市政（或室外现状）管道				备注
		方向	数量	管径（mm）	最大流量（m³/h）	街区名称	管径DN（mm）	标高（m）	压力（压差）（MPa）	
1	给水管									
2	污水管								—	
3	雨水管								—	
4	中水管									市政（自设）
5	热媒管									高温热水
										蒸汽

注：给水管的流量在备注中说明已包括（或未包括）中水水量及室外消防水量。

（2）水源

①采用市政给水管供水时应说明下列各项内容：

a. 接管方位、管径、数量及供水压力；

b. 供水可靠性：全日 24h 供水；定时供水时的时段及持续时间。

②自设水源时应说明下列各项内容：

a. 地下水：水质、水温、供水能力、水处理（消毒、除铁等）；

b. 地表水：水文、水体水质情况、取水方式、净水工艺、净水构筑物工艺参数、设备选型及性能参数、运行要求等；

c. 水源设计的分工界面。

（3）用水量

①一般应采用表格的形式列出本工程项目的各栋建筑物，各项用水项目的名称、用水人数（或用水单位数）、用水定额、用水持续时间、用水量等内容。不同的用水种类应分开列表表示，如为建筑小区，则生活饮用水冷水用水量按表 6-2 格式表示。

生活用水量计算表　　　　　　　　　表 6-2

序号	用水项目名称	使用人数（或单位数）	单位	用水定额（L）	小时变化系数（K）	每日用水持续时间（h）	用水量（m³）			备注
							最高日	平均时	最大时	
1	xx 号住宅		每人每日							
2	xx 号住宅		每人每日							
3	商场		每 1m² 每日							按面积计
4	中小学校		每人每班							
5	社会服务站		每人每日							
6	幼儿园		每儿童每日							
7	物业管理		每人每日							
8	地下车库冲洗		每人每日							
9	冷却塔补水		按循环水量 1.5%～2.0%计							
10	道路洒水		每 1m² 每次							按每日 1 次计
11	绿化浇水		每 1m² 每次							按每日 1 次计
	合计									
12	未预见水量	小区：按本表序号 1～11 项之和的 15%计；单体建筑按本表序号 1～11 项之和的 10%计								

注：表内用水项目视工程具体情况增加或减小。

②单体建筑物除按表 6-2 计算出该建筑物的总用水量外，还应按表 6-3 的格式计算各竖向分区的用水量。

建筑内生活用水量计算表　　　　表 6‑3

分区编号	服务楼层	用水项目名称	使用人数（或单位数）	单位	用水定额	每日用水持续时间（h）	小时变化系数（Kn）	用水量（m³）			备注
								平均时	最大时	最高日	
低区	B1～3F	商业									
		洗衣房									
		厨房									
		停车库									
中区	4F～14F	办公									
		厨房									
		……									
		……									
中高区	F15～F25	酒店									
		厨房									
		宴会厅									
		……									
高区	F26～F36	公寓									
		会所									
		厨房									
		……									
……	……	……									
		……									
		……									

　　注：竖向分区数根据具体工程项目增减。

　　（4）北京地区市政能源规划指标（供参考）

　　①北京市区民用建筑近期市政能源规划指标，如表 6‑4 所示。

　　②建筑类型说明，如表 6‑5 所示。

　　③指标分类及使用问题说明，如表 6‑6 所示。

　　（5）系统说明应说明下列各项内容：

　　应根据工程项目和具体情况说明给水系统的种类，并按不同管道系统分别说明。

　　①生活给水系统的划分及组合情况：说明室外管道种类；室外生活消防用水合用还是分开单独应用；如为分开系统说明分设原因及供水方式；说明小区二次加压、分区、分质供水的管道种类及分区原则；分区、分质供水设施的容量、技术参数、设置位置及控制方式等；如是改建或扩建的单体项目，应说明原有系统可否利用。

　　②消防给水系统（详见消防专篇）

　　（由于该项内容有专篇，故采用这样的说明方式）。

　　③软化水系统：对供水硬度有特殊要求的建筑，如五星级酒店等应有此系统的说明，内容包括：供水范围；设计参数：水量、硬度要求；软水制备方式和制备工艺、设备选

型；供水方式：分区原则；水、暖专业合用锅炉房锅炉用水由暖通专业负责。

④管道直饮水系统：应说明：供应范围；直饮水水量；设计参数：原水水质、直饮水水质标准；制水工艺及设备选型；系统划分等。

5）节水及减排

在以往的工程设计中都将节约用水的冷却塔循环水冷却系统、中水回用系统、游泳池池水净化处理和循环水系统等均采取各自并列分别说明的方式进行说明。为了更鲜明的突出节水减排这一个概念，建议采取下述的编排方式对其进行说明：

（1）对于有关设备的冷却用水，仅对水温有所提高，而对水质影响轻微，可以对其进行冷却后的水继续使用，既能满足设备对水质、水温的要求，又能节约大量的冷水用水，故应大力推广采用，对这样的系统应说明如下内容：

①明确设计参数：冷却水量、设备要求的进水温度、设备冷却后的出水温度、设备进水的水压要求和循环水水质要求；

②工程项目所在地的基本气象参数：空气干球温度 θ（℃）、空气湿球温度 τ（℃）、大气压力 P（Pa）、夏季主导风向、风速或风压、冬季最低气温；冷却塔应选用历年平均不保证50h的干球温度和湿球温度，并应与所服务的空调系统设计选用的空气干球温度和湿球温度相一致；

北京市区民用建筑近期市政能源规划指标　　　　表6-4

序号	能源名称	单位	建筑物使用性质										
			普通住宅	高级住宅	办公科研	商业	宾馆饭店	医院	大专院校	中小学校	托儿所幼儿园	道路浇洒	绿化
1	供水	L/($m^2 \cdot d$)	6.5	7～10	10～15	7～16	17～20	14～18	15	6～10	6～10	3～4.5	1.5～2
2	污水	L/($m^2 \cdot d$)	6.2	6.7～9.5	9.0～13.5	6.3～14.4	16.2～19	12.6～16.2	13.5	5.4～9	5.4～9	—	—
3	热水	W/m^2	5.8	11.6	5.8	5.8	17.4	11.6	5.8	5.8	11.6	—	—
		kcal/($m^2 \cdot h$)	5	10	5	5	15	10	5	5	10	—	—
4	雨水		居住区雨水排除综合径流系数为0.55～0.65										
			商业区雨水排除综合径流系数为0.65～0.80										

注：1. 表中单位中"m^2"除道路浇洒和绿化为占地面积，其余均指建筑面积（该注为原文件的注）；

2. 本表只摘录了与本本专业有关的能源指标；

3. 该能源规划指标摘自"首都规划建设委员会办公室"、"北京市城乡规划委员会"（97）首规办规字第127号文"关于印发《北京市区民用建筑近期市政能源规划指标》的通知。"

建筑类型说明　　　　表6-5

建筑类型	建筑类型说明
普通住宅	《北京市"九五"住宅建筑标准》平均每套建筑面积为58～72m^2
高级住宅	高档住宅、公寓和别墅，人均建筑面积40m^2以上，各种配套设施完善
办公、科研类建筑	机关、事业、科研单位的建筑（编者注：含企业单位的商务办公、金融单位的办公）
商业类建筑	百货商场、菜市场、便民商店和服务及餐饮业类建筑
宾馆、饭店	星级饭店、宾馆和普通招待所

续表

建筑类型	建筑类型说明
大专院校	综合性大学、专科学院，学校内设学生宿舍
中小学校	中学、中专、小学，中小学校无学生宿舍，中专学校设学生宿舍
托儿所、幼儿园	包括日托和全托两种类型
医院	综合医院、专科医院

指标分类及使用说明 表 6-6

指标名称	建筑类型	包含内容	指标说明
供水指标	普通住宅	厨房、卫生间及洗浴用水	
	高级住宅	厨房、卫生间及洗浴用水、庭院绿化和洗车用水	一般高级住宅取下限值，涉外公寓和别墅取上限值
	办公科研建筑	卫生间、浴室、食堂、庭院绿化、空调冷却和洗车用水	办公类建筑取下限值，科研类建筑取上限值
	商业类建筑	卫生间、浴室、食堂、庭院绿化、空调冷却和洗车用水	一般商店取下限值，大型商场取上限值
	宾馆、饭店	卫生间、浴室、食堂、庭院绿化、空调冷却和洗车用水、洗衣房和游泳池用水	一般宾馆、招待所取下限值，高档星级饭店取上限值
	医院	卫生间、浴室、食堂、庭院绿化、空调冷却和洗车用水、洗衣房用水	一般医院取下限值，大型综合医院取上限值
	大专院校	卫生间、浴室、食堂、庭院绿化和洗车用水	
	中小学校	卫生间、浴室、食堂、庭院绿化和洗车用水	中小学校取下限值，中专学校取上限值（编者注：中小学校有住宿者，可取上限值）
	托儿所、幼儿园	卫生间、浴室、食堂、庭院绿化和洗车用水	日托取下限值，全托取上限值
生活热水指标	同供水	同供水	生活热水为全年生活热水指标，指标中考虑了二次热网损失
污水量指标	同供水	同供水	1. 污水指标为由供水指标乘以污水排除系数而得； 2. 住宅、宾馆、饭店的污水排除率为 0.95，其他类型民用建筑污水排除率为 0.9； 3. 污水量指标按年平均日计算。同一类型建筑污水量指标选用方法同给水指标
雨水排除指标	同供水	同供水	1. 雨水排除径流系数指标为规划区综合径流系数； 2. 居住区雨水排除径流系数为 0.55～0.65，商业区雨水排除径流系数为 0.65～0.8。建筑密集、铺装面积大的规划小区采用指标上限，反之采用指标下限

③冷却塔的形式（逆流式、横流式、封闭式）、技术性能（冷却水量、耗电量、噪声等级、飘水量、材质等）、冷却塔设置位置；

④冷却塔的系统形式：单元制（冷却塔与冷冻机一一对应）；多塔并联制（多台冷却塔与多台冷冻机并联）；运行方式（季节性运行、全年运行）；

⑤冷却塔补水水源：市政自来水直供；消防水池水泵房内另设补水水泵；高位水箱；

⑥循环冷却水水质稳定措施、管道保温防冻措施等。

（2）中水系统应说明下列各项内容：

①设计依据：采用的设计规范、当地政府规定；

②中水水质：市政中水或自制中水的中水水质标准，市政中水供水压力及是否需进行二次处理；

③水量平衡表（表格格式见表6-7、表6-8）或水量平衡图；

④自制中水：中水原水性质、设计参数（原水水量、处理后水质标准等）、处理流程、构筑物和设备选型、设施运行时间、站房面积和位置；

⑤系统压力分区及服务范围，以表6-9所示表示；

⑥安全措施：防误用和防感染措施及管道标识等。

（3）游泳池循环净化水处理系统应阐述如下内容：

①游泳池的性质、用途、服务对象；

②池水要求的水质标准；

③设计参数：按表6-10要求列出；

④绘制池水循环净化处理工艺流程；

⑤说明系统控制要求；

⑥机房面积、位置。

中水原水水量计算表   表6-7

序号	原水来源项目	使用人数或单位数	单位	中水原水量	小时变化系数（K）	每日用水持续时间（h）	中水原水水量（m³）			备注
							最高日	平均时	最大时	
1	住宅									
2	办公									
3	酒店									
4	员工洗浴									

注：表中中水原水量为给水用水量定额与建筑中水设计规范规定回收百分数的计算值。

中水用水量表   表6-8

序号	用水项目	使用数量	用水定额	每日用水持续时间（h）	小时变化系数（K）	用水量（m³）		
						最高日	平均时	最大时
1	住宅冲厕	××人	××L/（人·d）·21%	24	2			
2	办公冲厕	××人/班	××L/（人·班）·60%	8	1.5			
3	商业冲厕	××m²	××L/m²·50%	12	1.2			
4	汽车库地面冲洗	××m²	××L/（m²·次）	2	1			
5	绿化浇洒	××m²	××L/（m²·次）	2	1			
6	道路冲洗	××m²	××L/（m²·次）	2	1			

注：1. 不同建筑的中水用水定按《建筑中水设计规范》GB 50336—2002中规定的"各类"建筑物分项给水百分率计算确定；

2. 道路冲洗、绿化浇洒用水量定额按《建筑给水排水设计规范》GB 50015—2003（2009年版）规定确定，并每日按一次计。

中水供水系统分区及供水量　　　　表 6 - 9

序号	供水方式	服务范围	中水用水量（m³）			供不设施
			最高日	平均时	最大时	
1	市政管网直供	×层以下，室外绿化、水景补水				—
2	地区减压供水或变频机组供水	×层～××层				1. 减压阀分区、阀后水压、（MPa）； 2. 贮水箱（m³）变频供水泵组×组（带气压罐）
3	高区变频机组供水	×层～××层				贮水箱（m³），变频供水泵组×组（带气压罐）

游泳池池水循环净化系统设计参数　　　　表 6 - 10

序号	项目	单位	技术参数	备注
1	游泳池尺寸	m	$L \times B \times h$	
2	游泳池面积	m²	$L \times B$	
3	游泳池水容积	m³		
4	池水循环周期	h		
5	附加系数	—		
6	池水循环流量	m³/h		
7	池水循环方式	—		
8	过滤器形式	—		
9	过滤速度	m/h		
10	加药装置	—		
11	设计池水温度	℃		
12	加热设备形式	—		
13	采用的池水消毒剂	—	臭氧＋氯	
14	消毒方式	—	全流量、分流量	
15	消毒剂投加量	mg/L		
16	均衡池容积	m³		

（4）儿童游泳池、戏水池、按摩池和水景系统等也应按游泳池要求一一列出。

（5）雨水利用

①雨水利用方式：直接利用、间接利用、直接与间接利用相结合系统；

②回收利用范围；

③直接利用：回收雨水的用途和回收量的确定；回收面积和回收方式；雨水回收重现期的确定；绘制雨水回收利用工艺流程图；设备选型及系统运行控制；机房面积和位置；

④间接利用：地面渗透；室外边缘地低于道路面；雨水井设渗漏管。

6）建筑室外排水工程设计应说明下列各项内容：

（1）排放条件

①对排入城镇市政排水管网的项目应说明：市政排水管网体制；排入管渠的方位、管径（或断面尺寸）、允许排入点数量、标高、位置或检查井编号；

②对排入天然水体（如江、河、湖泊、海域等）或排水明渠的项目应说明：排放水质要求；水体的水文情况（流量、洪水位、常年水位、枯水位等）；排入点位置。

（2）本工程项目设计采用的排水制度应说明：①雨水与污水分流还是合流；②粪便污水与洗涤废水是合流还是分流；③排水方式：重力流排放还是提升后排放；④提升构筑物和提升设备设计参数、设备选型、构筑物形状、占地面积和位置等。

（3）污水排水系统：

①排水量：可按排水建筑内80%～95%的给水用水量计算，列出最高日排水量、最大小时排水量和平均小时排水量。

②污水管道系统

a. 设有污水处理设施时应说明：污水处理出水水质标准；处理技术参数：处理规模、处理方式、工艺流程；处理构筑物配置、设备选型；污水处理站房（或构筑物）面积、位置等；

b. 本工程项目污水排出管数量及位置。

（4）雨水排水应说明下列各项内容：

①采用的暴雨强度公式或暴雨强度（对于无此资料的城镇可借用最临近城市的该项资料，但要说明借用城镇名称）；

②设计参数：室外地面排水设计重现期、集水时间、径流系数、汇水面积；

③本工程雨水排出管数量、位置及相应的雨水排水量。

7）建筑室内给水排水工程设计

（1）给水系统

①生活给水系统应说明的内容：

a. 水源：内容同本书第6.4.2节第4款第2项；

b. 用水量：内容同本书第6.4.2节第4款第3项；

c. 系统供水的分区原则：分区划分（以层数分，或以功能分）、分区方式（竖向分区还是平面分区）；

d. 二次加压供水构筑物（水池、水箱）的容量、供水设备的选型、设备控制方式及机房位置；

e. 水质防污染、防冻、防腐、防结露、防振动、防噪声等措施；

f. 水量计量范围及计量方式。

②消防灭火系统应说明如下内容：

a. 根据各类《防火设计规范》说明应设置的灭火系统的种类：如消火栓灭火系统、湿式自动喷水灭火系统、预作用自动喷水灭火系统、水幕（保护或隔断）喷水系统、雨淋灭火系统、水喷雾灭火系统、泡沫灭火系统、高压细水雾灭火系统、消防炮灭火系统、智能型主动喷水灭火系统、气体灭火系统及灭火器配置等；

b. 分系统说明：设计标准（危险等级）的确定、设计参数、系统组成、系统控制方式；

c. 不同消防灭火系统的服务范围和对象；

d. 说明消防设施内容：如消防水池、消防水箱、消防水泵及增压稳压设施的容量及构筑物尺寸、设备选型等；

e. 消防设施机房位置。

③生活热水系统应说明如下内容：

a. 生活热水供应的范围、系统选择（全建筑集中式还是分散局部集中式、或是完全局部供应系统）及热源类型（蒸汽、高温热水、太阳能、热泵、电力、热网等）；

b. 生活热水用水量：以计算表格的形式列出建筑小区不同建筑物或单栋建筑不同用水项目的名称、用水人数（使用单位数）、用水单位、用水量定额、小时变化系数、用水持续时间、用水量等，表格格式如表 6-11 所示；

生活热水（60℃）用水量表　　　　　　　　　　　　表 6-11

序号	用水项目名称	使用人数或单位数	单位	用水量定额（L）	小时变化系数（K）	每日用水持续时间（h）	用水量（m³）			备注
							最高日	平均时	最大时	
1	低区									
2	高区									

注：1. 表内生活热水用水量已包括在本条表 6-2 内；

　　2. 如为建筑小区，则表中用水项目名称改为建筑物名称。

c. 生活热水设计小时耗热量和热水量（60℃）应以表格的形式列出，表格格式参考表 6-12（表格尺寸以 mm 计）；

生活热水设计小时耗热量和热水量（60℃）　　　　　表 6-12

序号	用水项目名称	低区	中区	高区	……	备注
1	设计小时耗热量（kW/h）					
2	设计小时热水量（m³/h）					

d. 说明生活热水管道系统形式（上行下给式、下行上给式）；循环方式（自然循环、强制循环；立管循环、干管循环、支管循环）及运行方式（全日制、定时制）；

e. 说明设备选型及系统防腐、保温措施；

f. 如采用太阳能或热泵热水系统应说明设计依据、设计参数、供应能力、系统形式及运行条件、辅助热源等。

④饮水系统应说明如下内容：

a. 直饮水系统：如在给水系统已有说明，此处可不再说明；

b. 开水供应是分散设置开水器还是采用集中设开水炉制备，开水管道分层或分区供应。

（2）污水排水系统

①说明系统选择（粪便污水与洗涤废水合流还是分流）、系统划分（哪些重力流，哪些是水泵提升排放）；

②说明污水排水量，按本书第 6.4.2 节第 6 款第 3 项规定表述；

　　③局部污水处理：说明厨房污水、锅炉排污、医院污水、汽车洗车污水及其他有害有毒污水等需处理的水量、处理方式、处理工艺及设计参数。

　　（3）雨水排水系统

　　①工程项目仅为单体建筑物时，应说明暴雨强度公式或暴雨强度（如当地无此资料，则说明借用哪个城镇的公式）、设计重现期和集水时间、汇水面积；

　　②屋面雨水排水系统的选择：虹吸流系统还是两相流系统；雨水如何综合利用；

　　③高层建筑及超高层建筑屋面雨水排水系统的消能措施。

　　（4）特殊地区给水排水设计应说明下列各项内容：

　　①地区性质：地震区：烈度；湿陷性黄土区：湿陷等级；多年冻土地区：冻土深度；膨胀土地区：膨胀量等级；

　　②防管道断裂、防漏水措施。

　　（5）分期建设的工程项目应说明下列各项内容：

　　①近期与远期的规模；

　　②近期与远期结合原则。

　　8）管材选用，推荐按表6-13格式列出。

本工程选用管道性能表 表6-13

序号	管道名称		管道材质	管道耐压等级（MPa）	备注
1	室外生活给水管	$DN{\leqslant}80$		××	
	室外生活消防给水管	$DN>80$			
2	室内生活给水管	立管、干管			
	室内生活热水给水管	支管			
3	室内污废水管	$DN<50$			
	室内污废水通气管	$DN{\geqslant}50$			
4	室内雨水管	虹吸流			
		重力流			
5	室内室外二次加压消防给水管	消火栓			
		自动喷水			
		雨淋			
		水幕			
6	气体灭火送气管				
7	压力排水管				
8	中水给水管				
9	直饮水供水管				
10	冷却水循环供回水管				
11	游泳池循环水供回水管				
12	室外污水管				
13	室外雨水管				

9）设备和主要器材表推荐按表6-14格式列出。

设备和主要器材表   表 6-14

序号	设备器材名称	性能参数	单位	数量	备注
1					
2					
3					
...					
...					

10）初步设计应提请解决和明确的问题

鉴于目前工程项目建设实际情况，在进行设计时有些设计内容建筑设计单位内容难以全部完成，需与相关单位配合共同完成。由于时间上的原因在初步设计过程中还不能明确。对于此类问题在设计说明中应明提出。如：

（1）专业公司（水处理、洗衣房、厨房、太阳能热水系统、景观及洗浴中心等）的配合原则；

（2）合作设计范围及界面划分的确认；

（3）酒店等级标准；

（4）项目建成后管理公司的要求。

11）施工图设计阶段开始前应解决和明确的问题

对于在初步设计阶段尚未解决的问题，在初步设计中应明确提出。如：

（1）市政供水（含中水）的确切压力；

（2）市政热力网技术参数：供水及回水温度、压差、热力网检修时间及持续时间段和允许本工程接管点位置；

（3）市政管道技术条件：

①允许本工程污水接入市政污水管的污水检查井编号、管径、标高、坐标；

②允许本工程雨水排水接入市政雨水管的雨水检查井编号、管径、标高、坐标；

③允许本工程污水排入水体的水质要求和该水体的最高、常年及枯水等水位资料等。

6.5   初步设计图纸

6.5.1   初步设计图纸组成

1）以系统原理图为主，平面图为辅。故图纸目录应以生活给水、生活热水、管道直饮水、生活污水、雨水排水、消防给水（消火栓、自动喷水等）、水处理等依次排列在前，平面图在后的方式编排。系统图的表述方法和内容应符合给水排水国家标准图集 S901～S902 的图样要求。

2）中水处理站、游泳池水净化处理、直饮水深度净化处理、医院污水处理等建筑水处理内容，宜按所选设备及相关设施外形绘制处理工艺流程图。

3）建筑水处理工艺流程也可以采用绘制方框图的形式表示。

6.5.2 图纸内容

1) 单项单功能的简单单体工程项目初步设计一般可不绘制图样图纸，而以设计说明代替。

2) 总平面图应根据工程项目的情况绘制下列图样图纸：

(1) 单体建筑应绘制管道局部总平面布置图样。该图样应示出引入管、排出管的位置及与建筑物周围市政接管或建筑小区的相关管道布置。

(2) 建筑小区总平面图应绘制下列图样图纸：

①绘制出小区内各种管道平面布置图和小区的总引入管、总排出管和水处理构筑物的位置，管道种类较多时，可按使用功能分类分开绘制；

②小区设有集中式二次加压的生活给水（含中水）、生活热水、消防给水及中水给水等系统时，应分别绘制各管道系统的全部单体建筑在内的小区总系统原理图图样；

③设有集中水处理时，应绘制水处理工艺流程图图样。

3) 单体建筑应绘制下列各项的图样图纸：

(1) 各种管道的系统（如给水系统、生活热水系统、污水系统、中水系统、雨水系统、各种消防系统、循环水冷却系统、太阳能热水系统、热泵热水系统等）原理图；

(2) 主要楼层平面图：如人防层、本专业机房（泵房、换热器间、中水站房、水处理站房、潜水排污泵坑等）所在楼层及首层、管道层、标准层、屋面等应分别绘制相应图样；

(3) 设备机房（如水池、水箱、水泵、热交换站、游泳池水净化处理间、中水处理站、直饮水净化站、软水站、太阳能、热泵等）所在楼层平面无法表示清楚时，宜另绘制构筑物、设备主要管道平面布置图和工艺流程图图样；

(4) 管道种类较多时，则平面图可按系统功能要求分开绘制。如给水排水管道与消防给水管道分开绘制。

4) 图纸应表达如下内容：

(1) 建筑室外给水排水管道总平面图

①根据总图专业提供的条件图表示出全部建筑物、构筑物、道路、管道等位置，并标出主要定位尺寸或坐标、地面标高、比例、指北针（或风玫瑰图）及主要技术经济指标（如绿化面积、道路面积、铺砌面积和建筑物、构筑物编号名称对照表等）；

②绘制出本专业各种管道（如给水、消防、二次加压管、热水等）的平面布置图及消火栓、水泵接合器和小型构筑物（如水表井、阀门井、检查井、隔油池、化粪池、水塔、水池、水处理站等）的位置（坐标或定位尺寸）；

③标注出各种管道干管管径；

④绘制出本工程项目的引入管、排出管位置，并标注出排出管最末端检查井管道标高。有条件时应示出接入市政管道或现有管道允许连接点阀门井、检查井的位置、编号、管径、标高。

(2) 绘制小区给水及污水处理厂（站）的给水排水局部放大总平面图

①绘出水处理构筑物、建筑物平面布置图，并标注出建筑物、构筑物相对位置坐标或定位尺寸；

②绘出水处理工艺流程断面图，并标出管道和构筑物的水位标高关系；

③列出建筑物、构筑物编号及名称一览表，表中应注明建筑物和构筑物形式、主要参数、主要设备及其性能参数；

④建筑物为满足概算要求宜绘制单体平面图、剖面图，如业主无要求可不对外出图。

（3）室内建筑给水排水管道平面图及系统图

①各种管道系统图应标注出：楼层地面标高和楼面层次编号；各立管位置及与环形管的接管关系；给水排水设备（如水箱、水池、水泵、换热器等）的设置位置、标高和技术参数；水池、水箱等最高和最低水位标高；主要附件（如报警阀、减压阀、各种阀门、消火栓、伸缩节等）的位置；干管管径和引入管、排出管管径、标高、穿外墙轴线号、室内外标高；

②平面图应绘制出地下层、地面层（首层）、标准层、设备层（或管道转换层）、避难层、管道和设备复杂的楼层（如管道竖向分区横干管所在层）、屋面层等层的平面图，并标出建筑引入管、排出管的位置、管径；

③上述第②项平面图中表示不清的设备机房（水池、水泵房、换热器站、水箱间、水处理间、水景机房、冷却塔、热泵热水、太阳能热水等）应另绘制设备机房的设备及主要管道的放大平面布置图。

6.6 专篇设计说明

为了适应各专业主管部门对初步设计的审批，有关部门和地区要求初步设计文件将消防、节水节能、环境保护、卫生防疫、人民防空等内容设立专篇说明。专篇内容由建筑、给水排水、暖通空调、电力供应等专业的上述内容合并组成，这些内容与给水排水初步设计说明允许有重复。

6.6.1 消防篇中给水排水专业的内容

1）工程概况：同本书第 6.4.2 节第 1 款给水排水设计要求。

2）设计依据：内容同书第 6.4.2 节第 2 款给水排水设计要求，但所涉及的消防规范不应遗漏。

3）消防水量：应说明该建筑项目的防火类别及危险等级，并按表 6-15 列出工程项目中所含消防系统的灭火用水量。

消防用水量标准及一次灭火用水量   表 6-15

序号	消防系统名称	消防用水量标准（L/s）	火灾持续时间（h）	一次灭火用水量（m³）	备注
1	室外消火栓系统				由城市给水管供水
2	室内消火栓系统				由消防水池供水
3	自喷水灭火系统				由消防水池供水
4	自动消防炮系统				由消防水池供水
5	雨淋灭火系统				由消防水池供水

序号	消防系统名称	消防用水量标准 （L/s）	火灾持续时间 （h）	一次灭火用水量 （m³）	备注
6	水幕保护系统				由消防水池供水
7	水喷雾灭火系统				由消防水池供水
8	高压细水雾灭火系统				由消防水池供水
	合计				由专用消防水池供水
	本工程一次灭火用水量				

4）消防水源应说明下列各项：

（1）室外消火栓给水由城市供水水压直接供给或由消防车从消防水池取水供应，或由消防水池经加压水泵加压供水（此情况将表6-15中备注栏改为"由消防水池供水"）。

（2）消防水池容积的组成：由室内外消火栓、自动喷水、雨淋、冷却塔补水等系统的用水量组成，或是由室内消火栓、自动喷水系统组成，或是由室内消火栓、雨淋、水幕、自动喷水等用水量组成。

（3）消防水池和消防水箱的位置和有效贮水量。消防水池是否合格。

（4）单一室外消防水池容量、位置、消防车取水口与水池底标高。

5）水消防系统应分系统按下列要求说明：

（1）消防体制：低压制、高压制、临时高压制。低压制是否为与生活给水合用管道。

（2）防火类别：①防火类别；②危险等级的划分、技术参数及设计采用的类别。

（3）压力分区的原则和数量。

（4）消防设备和装置的配置原则（加压水泵、稳压增压装置、报警阀类型和数量、消防炮等是分区配置还是各区共用）以及系统控制。

6）气体灭火系统

（1）保护对象和范围及灭火剂类型。

（2）防护区划分及数量。

（3）气体灭火设计参数。

（4）钢瓶间或灭火装置等房间位置和占地面积。

（5）该系统一般由专业公司进行二次细化设计，但设计应提出相应的技术参数。

7）消防水炮

（1）固定消防炮灭火。

（2）智能型主动喷水灭火。

（3）设置范围及设计参数。

8）灭火器配置：灭火器配置应说明：①危险等级；②灭火器类型；③灭火器级别；④配置原则。

9）主要设备器材表宜按子项、按系统分别列出，格式如表6-16所示：

<table>
<tr><td colspan="7" style="text-align:center">主要设备器材表　　　　　　　　　　　　表 6-16</td></tr>
<tr><td>序号</td><td>设备器材名称</td><td>性能参数</td><td>单位</td><td>数量</td><td>运转情况</td><td>备注</td></tr>
<tr><td>一</td><td>低区消防给水系统</td><td></td><td></td><td></td><td></td><td></td></tr>
<tr><td>1</td><td>消防水池</td><td>……m³</td><td>座（格）</td><td>2</td><td></td><td>与高区合用</td></tr>
<tr><td>2</td><td>消防给水加压泵</td><td>Q=　H=</td><td>组</td><td>2</td><td rowspan="2">一用一备，互为备用</td><td></td></tr>
<tr><td>3</td><td></td><td>N=　n=</td><td></td><td></td><td></td></tr>
<tr><td>…</td><td></td><td></td><td></td><td></td><td></td><td></td></tr>
<tr><td>二</td><td>高区消防给水系统</td><td></td><td></td><td></td><td></td><td></td></tr>
<tr><td>1</td><td>消防水池</td><td>……m³</td><td>座（格）</td><td>2</td><td></td><td>与低区合用</td></tr>
<tr><td>2</td><td>消防给水加压泵</td><td>Q=　H=</td><td></td><td>2</td><td rowspan="2">一用一备，互为备用</td><td></td></tr>
<tr><td>3</td><td></td><td>N=　n=</td><td></td><td></td><td></td></tr>
<tr><td>…</td><td></td><td></td><td></td><td></td><td></td><td></td></tr>
<tr><td>三</td><td>气体灭火系统</td><td></td><td></td><td></td><td></td><td></td></tr>
<tr><td>1</td><td></td><td></td><td></td><td></td><td></td><td></td></tr>
<tr><td>2</td><td></td><td></td><td></td><td></td><td></td><td></td></tr>
<tr><td>3</td><td></td><td></td><td></td><td></td><td></td><td></td></tr>
<tr><td>…</td><td></td><td></td><td></td><td></td><td></td><td></td></tr>
<tr><td>四</td><td>灭火器</td><td></td><td></td><td></td><td></td><td></td></tr>
<tr><td>1</td><td></td><td></td><td></td><td></td><td></td><td></td></tr>
<tr><td>2</td><td></td><td></td><td></td><td></td><td></td><td></td></tr>
<tr><td>3</td><td></td><td></td><td></td><td></td><td></td><td></td></tr>
<tr><td>…</td><td></td><td></td><td></td><td></td><td></td><td></td></tr>
<tr><td>…</td><td></td><td></td><td></td><td></td><td></td><td></td></tr>
<tr><td>…</td><td></td><td></td><td></td><td></td><td></td><td></td></tr>
</table>

6.6.2　节水、节能篇

1）工程概况：详见本书第 6.4.2 节第 1 款。

2）设计依据：详见本书第 6.4.2 节第 2 款。

3）节水措施中应说明如下内容：

（1）采用何种形式节水型卫生洁具、二次供水设备及超压出流控制措施；

（2）有无非传统水资源再生利用措施，如利用城市中水或自建中水处理站及雨水利用；

（3）中水用途；

（4）空调用冷却水采用冷却后循环使用；

（5）采取何种措施对雨水进行综合利用；

（6）不同用水性质、部门、单位（如设备机房补水、冷却塔补水、厨房、洗浴区、商业住宅、办公等），应分设一级或二级计量水表；

（7）贮水池、水箱等是否设有溢流报警，为检修提供方便。

4）节能措施

（1）压力分区供水是否采用分区设置变频供水机组，保证系统高效运行；

（2）换热、加热设备是否为节能高效型产品；

（3）热水循环泵是否以供水、回水温度控制启、停；

（4）中水设施检修时，是采用设置中水原水超越管的措施还是开启站房内潜水排水泵的措施。

6.6.3 环境保护篇

1）工程概况：详见本书第 6.4.2 节第 1 款。

2）设计依据：详见本书第 6.4.2 节第 2 款。

3）减排防污染：

（1）减少管道淤塞的措施，如设化粪池、隔油池等；

（2）防止有害气体污染室内空气的措施：

①如污水泵坑宜为独隔间并设密闭防臭人孔盖和通往大气的通气管；

②室内污水排水系统设置通气管道系统（专用通气管、辅助通气管、器具通气管等），以及保持污水管道系统气压平衡措施。

（3）给水管道系统设倒流防止器、真空破坏器等装置，以防不同水质的管道误接、误用等；

（4）医院污水处理方式。

4）噪声、振动的控制措施：

（1）转动设备噪声、振动控制标准应满足《民用建筑隔声设计规范》GB 50018 和《城市区域环境噪声标准》GB 3096 的要求；

（2）所有水泵是否采用低噪声、高效型产品，设备基础、管道支架、水泵吸水管、出水管等处采取何种防振动传递措施；

（3）冷却塔是否选用超低噪声产品及采取对周围环境影响的措施；

（4）机房、建筑专业是否需对墙体、门、窗、隔板、吊顶等采取吸声、隔声处理。

6.6.4 卫生防疫篇

1）工程概况：详见本书第 6.4.2 节第 1 款。

2）设计依据：详见本书第 6.4.2 节第 2 款。

3）设备防疫：

（1）生活饮用水箱（含生活给水加压泵）应独立设置，且水箱、设备及相应管道材质防腐防渗功能、水箱内水的二次消毒措施及停留时间应满足规范要求；

（2）生活用水水箱容积大于 $50m^3$，应设 2 座（或 2 格），确保能定期清洗而不影响系统的供水；

（3）生活水箱设通气管的形式、通气管、泄水管、进水管以及人孔采取何种形式防污染及安全措施。

4）机房防疫：

（1）生活水泵房及生活贮水池与消防水池、水泵应分开设置。中水机房及污水泵坑应单独设置，并应有良好的通风。

（2）生活水泵房地面、墙面材质的防水、防滑、防霉要求。

（3）机房内无污水管道、无污水坑等污染源是否实现；机房内的通风、排水、照明等措施具体做法。

（4）管道防污措施：①管道材质；②倒流防止器或真空破坏器的安装位置；③空调凝结水排除方式；④中水管道标识及验收要求。

5）用水器具防疫措施：

（1）防交叉感染方式：公共卫生间采用非触摸（感应式，脚踏式，肘式等）型给水配件。

（2）器具水封保护要求（水封高度）及排水系统通气管的设置形式。

（3）中水取水装置标志及管道色标。

6.6.5　人民防空篇

1）工程概况：详见本书第 6.4.2 节第 1 款。

2）设计依据：详见本书第 6.4.2 节第 2 款。

3）人民防空的给水：主要说明①水源；②防护级别及防护单元的划分；③说明生活饮用水量并按列表方式说明，表格格式如表 6-17 所示。

人防生活饮用水量及水箱容积计算　　　　　　　　　　　表 6-17

战时功能	掩蔽人数（人）	口部面积（m²）	用水定额				贮水时间（d）		水箱容积（m³）	
			饮水[L/(人·d)]	生活用水[L/(人·d)]	人员洗消[L/(人·次)]	口部洗消[L/(次·m²)]	饮水	生活用水	饮水	生活用水
专业队掩蔽部			6	9	40	—	15	10		
人员掩蔽			5	4	—	—	15	10		
口部洗消			—	—	—	5～10	15	10		

4）人民防空防护区内柴油发电机的给水及贮水。

5）人民防空防护区内的排水：主要说明①排水种类（医疗、人员掩蔽、洗漱等）；②排水方式（提升排除）；③排水设施（集水坑、排水泵、通气方式、地漏等）。

6）人民防空防护区内各种管道的防爆波措施。

6.7　施工图设计

施工图设计文件的编制原则及深度要求，已在本书第 6.2.2 节的第 3 款作了阐述。为此，要在图纸上将该条的要求以及图样的形式表达清楚、完整、清晰和准确。可以毫不夸张地说，设计图纸中的图样是表达设计人员语言、理念的最佳形式。因此，在施工图设计阶段应遵守以图样图纸为主，设计说明为辅，这一基本原则。

6.7.1 施工图纸内容

施工图设计阶段设计说明不单独成册，它仅为设计图纸内容的一部分。其图纸由下列内容组成：

1）设计施工说明、图纸目录、图例、使用标准图及通用图、主要设备器材表等；

2）管道平面图（不同楼层均应分别绘制，但相同楼层可以标准层形式绘制，并说明所包含的楼层数及层次）；管道种类较多时，可将一般给排水管道与消防管道分开绘制；

3）管道展开系统原理图（不同管道应分开绘制）；

4）各种水处理系统的工艺流程图应分别绘制；

5）各种设备机房及卫生间等局部放大平面图、剖面图或管道轴测图；

6）节点或构造详图。

6.7.2 设计总说明的编写规定

1）施工图的设计总说明由设计说明、施工说明、运行管理说明三部分组成。实际工程中建议用"施工设计说明"这一标题比较确切。

2）设计总说明一般以工程项目为基准进行编写，将其所包括的全部子项目中共同性的内容和要求综合归纳后进行编写。个别子项目的特殊内容和要求（如水处理系统的技术参数、非标准设备的技术和材质要求等），应编写在该工程子项目的相关图纸内。

3）设计总说明的内容要根据工程项目的性质、功能组成、特点、国家和行业现行的标准和规范、政府法规、地方的标准和规范和当地具体情况等进行有针对性的编写，不应不加分析的采用（本单位）标准格式的设计总说明，以防止冲淡本工程项目的特点和造成对内容理解上的异议，从而给工程造成不必要的损失。

4）设计说明语言表述应简明清晰、重点突出，与本工程无关的内容不应出现。说明所用文字应符合国家文字改革委员会《汉字简化方案》中所公布的简化汉字。图文中的计量单位均应采用国家法定计量单位和符号。

5）多子项的建筑小区工程，建议建筑室外给水排水工程和建筑室内给水排水工程应分开编写。

6.7.3 设计总说明编写内容

1）设计说明应说明下列各项内容：

（1）工程概况：所叙述的内容和要求与本书第 6.4.2 节第 1 款相同。

（2）设计依据应包含下列各项内容：

①已批准的初步设计（或方案设计）和审批意见，并注明批件文号或日期；

②建设单位提供的补充资料（或补充设计任务书）；

③设计所采用的主要规范、标准，并注明名称、编号、年号和版本号；

④工程项目可利用的市政管道工程或设计依据的市政管道工程条件资料；

⑤建筑和有关专业（如工艺、结构、暖通空调、电气等）提供的条件图和有关资料；

⑥其他资料，如有关协调会的会议纪要等。

（3）设计范围：所要说明的问题和要求与本"基础知识"第 6.4.2 条第 3 款相同。

（4）给水排水系统

①说明本项目的给水排水系统所涵盖管道系统的种类；

②分管道系统说明下列相关内容：

a. 主要技术指标：用文字和数字等叙述的方式说明：最高日用水量、平均时用水量、最大时用水量；最高日排水量、最大时排水量；设计小时热水用水量、设计小时耗热量；中水原水水量、中水用水量；循环冷却水量；消防系统设计参数、用水量标准、一次灭火总用水量；雨水设计参数、雨水水流状态及雨水排水量等；

b. 系统控制方式及要求；

c. 建筑水处理系统：处理水量；设计参数；系统运行和操作说明。

③分系统说明：设备和构筑物选型及性能参数、运行要求；卫生洁具选型及技术参数。

2）施工说明应该包括以下内容：

凡不能用图样表达或为简化图纸对一些通用性的内容和要求，均以文字语言方式予以说明，如：

（1）管材、阀门、附件选型

①不同管道系统的管道材质、耐压要求及管道连接方式；

②管道阀门形式及耐压要求；

③管道附件（地漏、存水弯、倒流防止器、真空破坏器、不同构筑物人孔盖、雨水斗等形式、材质及技术参数。

（2）管道敷设

①管道敷设方式：明设、暗设方式（管廊、吊顶、埋地、埋楼板垫层等）、局部明设、全部暗设等；

②管道坡度要求；

③管道支架、吊架的间距，材质的规定；

④管道附件（如立管检查口、消火栓栓口等）安装高度；

⑤管道附件（如穿墙、构筑物壁、穿楼层板等）套管形式；

⑥管道防腐油漆性质、颜色及做法要求；

⑦管道和设备保温、隔热、防冻等材质、厚度、做法及防火性能要求。

（3）管道材质的卫生要求

（4）施工质量检测

①管道、设备、容器水压（含闭水、灌水）试验压力要求；

②给水管道、贮水设施的消毒、冲洗要求；

③水处理系统的功能试验、调试及测试要求。

（5）图样标注标高、尺寸的单位及标注方式的说明。

（6）建筑标高与海拔标高的关系。

（7）施工中还应遵守的相关标准、规范的名称、编号、版本号及年号。

3）给水排水设备运行管理要求

（1）建筑水处理的内容；

（2）建筑水处理系统的运行方式（24h 连续运行，间断式运行，定期定时运行、空时运行时的每日运行时间）；

（3）建筑水处理系统水质、设备在线监测内容及要求等。

6.7.4 建筑室内给水排水工程施工图平面图的重要性

1）建筑给水排水平面图是本专业的基础图纸，其基本作用如下：

（1）它是检查是否实现建筑内部人们生活、生产、卫生、生命财产安全、节水、节能减排等功能要求及规范规定的依据；

（2）它是确定本专业设置的水池、水泵房、热交换设备站、开水间、水箱间、中水处理站、直饮水制备站、游泳池水处理站、热泵热水、太阳能热水、雨水利用机房、冷却塔、报警阀门、管道竖井、潜水排水泵坑、雨水排水斗等机房位置、面积大小、房间高度等的依据；

（3）它是本专业进行管道、附件（如消火栓、喷洒水头、阀门、水流指示器、伸缩节、固定支架等）、管道预留孔洞等布置、确定尺寸大小、标高的依据；

（4）它是本专业绘制上述设备的机房、卫生间平面、剖面图放大图的依据；

（5）它是本专业向建筑、结构、暖通空调、电气和有关专业公司提供设计配合资料和技术要求的依据；

（6）它是本专业向管道综合主持专业提供管道综合的依据。

2）基于本条第1款的重要性，建筑给水排水平面图的绘制应对本专业的各项内容要表达全面、准确、清晰、简明，且不得有遗漏。

6.7.5 建筑室内给水排水平面图图样要求和图样中应表达的基本内容

1）平面图应绘制下列各楼层的平面图：

（1）单体建筑原则上各楼层的平面图应分别绘制。如各楼层房间分隔、布局相同时，可绘制一个楼层平面作为标准层，但要注明使用楼层层次及各楼层的建筑标高；

（2）非相同的楼层如地下层、高层建筑群房层、管道转换层、避难层、管道竖向分区的各区横管层、给水排水专业的设备机房层、屋面层等应分别绘制；

（3）无论首层（地面层）与其他楼层布局是否相同，均应单独绘制；

（4）对于在楼层平面图难以表达清楚的设备机房、卫生间等部位可以另行绘制局部平面及剖面放大图；

（5）给水排水专业设计范围内的各种管道原则上应绘制在一张图样图纸上，若管道种类较多、在一张图纸的图面上不易表达清楚时，或当地建设部门有规定时，可以分开绘制。但水灭火系统的管道系统、洁净气体灭火管道系统、灭火器配置等消防管道宜绘制在同一张平面图图样上；

（6）大体量的单体建筑在一张图幅内无法全部表示而采用分区或分段平面图样的方式表达同一层平面图样时，应在图面的右下侧或左下侧绘制该建筑分区或分段位置示意图，并标注分区或分段编号；

（7）各楼层的管道竖井、管道和管沟等局部放大平面图、剖面图，应尽量绘制在相应楼层的平面图的图幅内，以方便对照读图；

（8）各楼层管道均应以相同的图例绘制，且图例代号间距不宜超过40mm，以方便读图。

2）楼层平面图表达的内容应符合下列要求：

（1）楼层平面图的轴线编号、房间的划分（如防火分区、防火卷帘、防火门等）、房间设备设施的布局（如设备机房的水泵水箱、水加热器及卫生间卫生洁具的布置等）、房间的编号或名称应与建筑专业相一致。并按本书第7.4节的规定对其进行处理。如建筑专业绘制有轴线关系的防火分区示意图时，本专业可在同层平面图中引用。否则应以文字或代号的方式在图中予以明确表示。

（2）各楼层平面图图样中应标注本楼层的建筑地面标高，并应与建筑专业相一致。首层（地面层）还应标注出室外地面的相对标高。

（3）无吊顶的楼层宜将结构专业的主梁、次梁布置形式（即结构专业的模板图）及通风专业的通风管道位置、大小，以细虚线的形式在自动喷水灭火系统管道的楼层平面图中表示出来，以方便灭火喷洒水头及相关管道的布置和标高的确定。

（4）各楼层的管道应分别以图例的方式绘制出有定位尺寸的平面布置图样，同时还应绘制出各种立管及各种管道上的阀门、附件（如消火栓、报警阀、喷洒水头、固定支架、伸缩器等）的位置及定位尺寸、编号；对于不规则平面形状的楼层、标注尺寸有困难时，应在该楼层平面图图幅内加"附注"说明定位原则。室内进行二次装修设计时，如对管道附件位置进行调整时，应对喷洒水头距风口、灯位等冷源、热源的距离等以附注的方式提出具体要求，并书写在该图幅内。

（5）管道穿剪力墙、梁等处应标注预留洞口尺寸或套管的管径、定位尺寸、洞口或套管标高。如结构专业在该专业的图纸上已有标注时，给水排水业的图纸上可不再重复标注。但在该楼层平面图图幅内的"附注"中应说明："xx管道穿剪力墙、梁的预留洞口（或套管）位置、尺寸（或管径）、标高详见结施图纸"。如预留洞口尺寸小于结构专业要求安全标准范围时，应在给水排水专业的图样上进行标注。如图面不易表示清楚时，可对洞口（或套管）位置进行编号，并采用列表方式标示预留洞口（或套管）尺寸（或管径）、标高。

（6）对另绘制局部放大平面图的房间，如泵房、水池、水箱间、热交换站、饮用水制备间、各种水处理间、冷却塔、卫生间、报警阀组间、管井等，在楼层平面图图样中可将管道接入该房间内后断开。但房间内的设备、水池、水箱及器具布置应标示出来。并在该房间内或用引出线注明放大图图样所在图纸的图号。

（7）对由相关专业公司进行深化设计的内容，如气体灭火系统、虹吸流雨水排水系统、游泳池循环水净化处理系统、中水处理站、厨房给水排水、洗浴中心、洗衣房、水景、热泵热水、太阳能热水和雨水利用等，应在所在楼层平面图图样上注明房间名称、管道接口位置或预留洞口位置及标高，主要设备位置图等，可不详细布置管道。

（8）首层（地面层）或地下一层的平面图上应表示下列各项内容：

①首层（地面层）应在图面的左上角或右上角绘制指北针；

②绘出各种管道的平面布置图图样，并示出立管、管井、引入管、排出管的位置、穿墙防水套管形式、标注出管道管径，立管、引入管、排出管还应进行编号；

③标注出各种穿外墙管道的管径、标高及与建筑轴线或外墙面的定位尺寸；

④如设有消防给水系统时应绘出消火栓、喷洒水头的布置及定位尺寸，并标注出干

管、配水管管径和标高。

（9）建筑平面图一般为门窗洞口距楼层地面高度为 1.0～1.2m 处的水平剖切的俯视图，故管道的平面布置绘制位置应符合下列要求：

①建筑内的引入管、排出管：如有地下层时，应绘制在地下一层的平面图内；如无地下层时，应绘制在地面层平面图内；

②如有管道转换层时，各种管道横干管均应绘制在管道转换层平面图内，并示出横干管与相应立管的接管位置和立管编号，横管清扫口位置；

③卫生洁具的排水管与给水管按建筑平面的绘制原则应不再同一楼层平面图内，但为使卫生洁具、用水设备、雨水斗、热水管、给水管、排水管与卫生洁具或用水器具、雨水斗的相互关系明确，又是为本层相关设备、器皿服务的管道，为了方便读图则应将给水管、排水管绘制在卫生洁具或用水设备及雨水斗所在楼层（屋面层）的平面图图样内。

（10）楼层建筑地面标高有变化时，应在变化处标注清楚变化前后的标高。

（11）平面图管道标高的标注，按本书第 7.5.6 节要求标注，并符合下列原则：

①各种管道系统绘制轴测系统图时，平面图中不标注管道标高；

②各种管道系统绘制展开系统原理图时，平面图中应标注管道标高或在图内加注说明管道安装标高；

③凡管道系统安装高度在同一楼层有变化时，应在变化位置处用图例符号表示清楚，并分别标注出管道变化前与变化后的标高；

④排水管道应标注出起点、终点标高；如只标注排水管道起点或终点一处的标高时，则应标注出排水管的坡度坡向。

（12）平面图图样中管径标注方法：

①原则上标注在该种管道的上面或管道的左侧；

②管道种类较多时，可在图样空白处按本书第 7.5.8 节第 2 款的要求标注。

（13）楼层平面图中，应按火灾危险等级绘制出灭火器的设置地点、类型及数量。

（14）楼层平面图中的各种管道的立管均应进行编号，且应与相关上层及下层楼层相一致。

（15）标高、管径、定位尺寸、文字、数字等书写方向应与建筑轴线尺寸的书写方向一致。

6.7.6 建筑室内给水排水管道轴测系统图图样绘制要求和应表述的内容

1）各种管道系统的管道轴测系统图应按比例和图例分别进行绘制，如系统完全相同时，可绘制一个轴测系统图，但应将相同系统的系统编号全部示出，如图 7-66 所示；

2）图中应注明引入管或排出管的编号、系统的设计流量或总器具当量数、系统所需水压值；引入管及排出管的编号应与平面图相对应；

3）图中应绘出管道系统中的管道走向，管道附件（如消火栓、阀门、放气阀、通气帽、雨水斗、器具存水弯、地漏、清扫口、检查口、伸缩节、仪表、减压阀、固定支架等）按实际数量全数示出位置，并标注出管道控制标高或距地面的尺寸、立管编号、管径、管道坡度（设计说明中已有表述者，图中可不标注管道坡度）；

　　4）如各楼层或若干层楼层的卫生器具、用水设备等布置形式、数量、接管方式、管径、标高完全相同时，在轴测系统图中可只绘制一个楼层的接管图，其他各楼层仅绘制立管的接出或接入管并断开，并以索引线方式注明"同某某层"字样，如图 7 - 67 所示；

　　5）由于比例限制、接管不易表达清楚时，可用引出方式绘制局部放大轴测图；

　　6）引入管、排出管应绘出穿外墙处墙线、轴线及轴线号、室内外地面线，并标注管道标高及室内外地面标高；

　　7）轴测系统图应绘出管道通过各楼层的全部楼层的地面线，并标注出各楼层地面标高、楼层层次号；

　　8）功能比较简单的单层建筑、低层建筑（4 层以下）、多层建筑（6 层及 6 层以下），宜按排出管绘制轴测系统图，不宜绘制立管系统图。

6.7.7　建筑室内给水排水管道展开系统原理图图样绘制要求和应表述的内容

　　1）各种管道系统的展开系统原理图应分别进行绘制，且可不按比例绘制。

　　2）应将建筑内全部楼层地面线绘出，并标注出各楼层层次编号和地面标高。

　　3）图样中应绘制立管与环管或横管的位置、连接走向（含立管偏转）、相互关系。管道系统还应绘制出管道附件（内容同本书第 6.7.6 节第 3 款）位置、形式（以图例表示）及安装高度，横支管与用水设备、用水器具的连接按实际数量绘出。

　　4）建筑内用水设备、用水器具的布局完全相同的楼层，可在展开系统原理图的立管上只绘制一个有代表性的楼层接管图，其他各层注明"同 xx 层"即可。也可只绘制接出管和接入管的接管位置，用引线说明详见 xx 图如图 7 - 61 所示。本推荐后者。

　　5）引入管、排出管应绘制穿外墙墙线、外墙轴线编号、室内外地面线，并标出室内外地面标高、编号、管径、设计流量（或用水、排水器具当量数）和水压参数值如图 7 - 60 所示。

　　6）图中应标注出立管编号、立管和横管管径。

　　7）水处理系统绘制工艺流程断面图时，应按《建筑给水排水制图标准》GB/T 50106—2010 的要求表述下列内容：

　　（1）绘出工艺设备、构筑物的剖面构造形状或外形图及接管关系图；

　　（2）标注出各工艺设备、构筑物名称、水位关系及标高；

　　（3）该图应按比例绘制。

　　8）水处理站房的平面图及剖面图应按比例表述下列各项内容：

　　（1）成品及非成品设备的水处理构筑物应分别绘制平面图及剖面图；

　　（2）图中应将结构形状、各细部工艺尺寸、构造特点、预埋套管的位置、形式、尺寸等一一表达清楚；

　　（3）标注出非成品构筑物材质、强度及特别构造要求；

　　（4）列表或用文字方式标注各水处理设备、构筑物的技术参数。

　　9）水处理系统绘制工艺流程图时，应参照本"基础知识"图 8 - 12 所示图样绘制。

　　10）其他设备机房：如热交换器间、直饮水净化处理机房、中水处理机房、游泳池循环水净化处理机房、雨水利用机房、热泵热水、太阳能热水、屋顶水箱间、开水间、潜水排污泵坑、集中管井、报警阀间、管道转换层和管道密集处及管沟剖面图等，均按本书第6.7.8节、第6.7.9节的原则绘制。

6.7.8 局部放大图

1）建筑物内对于管道较多的水泵房、水池、水箱间、热交换器、卫生间、水景、冷却塔、游泳池、热泵热水、太阳能热水、有关水处理设备机房及管井、水表间、报警阀间等，在楼层平面图中因图样比例限制，设备与管道关系难以表达清楚时，应按比例绘制局部放大图。

2）水池、水泵房和有关水处理设备机房等是以本专业为主体的机房，它们的平、剖面图图样是向建筑、结构、暖通空调和电气等专业提供设计配合资料的依据，故绘制时要求准确、清晰、简明。

（1）平面图图样中应表达下列各项内容：

①平面放大图要注明建筑轴线编号、建筑楼层地面标高，并与建筑专业作业图一致；

②平面图内的设备、器具的布置要求按设计选用的全部设备和水池、水箱数量，按比例表示出设备基础、水池、排水沟、潜水排水泵坑、配电及设备检修位置的平面位置、平面定位尺寸。如为卧式水泵则要示出电动机的位置；

③按图例绘出各种管道与设备、水池、器具等相互接管和标高的关系、定位尺寸，并对设备进行编号，标注管径、附件或预留接管口的位置尺寸；

④对设备及构筑物、其他装置进行编号。

（2）剖面图图样中应表达下列各项内容：

①剖面图的剖切位置选定要满足施工安装及各专业配合的要求，并尽量减少剖面图的数量；

②剖面图图样要表示出水池、水箱的高度、形状、池壁厚度、最低最高及报警水位、不同起泵水位、溢流水位、进出水池各种管道的标高，以及爬梯和水位计等形状要求，同时还应示出水箱、水池外形与建筑、结构的空间关系；

③剖面图图样还应表示出设备基础的形式（即有无隔振要求）和厚度、地面排水沟截面形式等；

④如设置固定起吊运输设备时，应在剖面图样中示出起吊设备的位置、设备自重和运转重量，并由结构专业协助校核结构做法和安全性。

3）如一个单体工程项目在施工图首页或次页列有"设备和主要器材表"，并包括了本专业各机房内的设备和器材内容者，则给水排水专业机房平面放大图可不再列"设备和主要器材表"，但应列出本机房的"设备编号与设备名称对照表"，以便前后对应，方便读图。

4）设备订货招标工作完成之后，还应根据中标生产厂家的中标设备的技术参数、外形尺寸与设计要求的技术参数及外形尺寸进行对照、核对，如有变化且能满足设计要求时，应按中标设备基础尺寸、接管标高等对设计进行必要的修改或确认后再进行施工。

5）水池（箱）和水泵房放大图样应表达下列各项内容：

（1）平面图图样：

①绘出水池（箱）平面形状、标注工艺尺寸及定位尺寸；

②绘出水泵机组基础外框图，并标注工艺尺寸及定位尺寸和泵组编号；

③绘出管道接管关系平面布置图及管道上的阀门、仪表等位置、水池（箱）人孔位置，并标注管径、定位尺寸等；

④各种定位尺寸应以轴线或建筑墙线为基准。

（2）剖面图图样

（3）绘出水池（箱）、水泵基础剖面图形状、与地面、房间顶板关系图，并标注标高或相互尺寸。

（4）绘出水池（箱）、水泵机组等管道接管关系、相互位置图，并示出阀门、仪表、水泵吸水口、穿池（箱）壁套管形式、过滤器、柔性短管、水泵轴线、水池（箱）进水、泄水、溢水、水位标尺、检修人孔、爬梯、通气管等位置，并标注出管径、标高或定位尺寸，标出水池（箱）内溢流水位、最低水位和最高水位、标高和容积。

（5）简单的水泵房（含水池），如绘制轴测系统并能将上述各项内容表达清楚时，可不再绘制剖面图。

（6）水泵房放大图应列出主要设备器材表，如项目施工图首页或扉页已有表述时，则可将主要设备器材表改为设备编号名称对照表。

6）循环冷却水构筑物放大图图样

（1）平面图应表述下列各项内容：

①绘出循环冷却水构筑物（如冷却塔）、循环水泵（按分工为本专业负责时）平面位置图和编号，以及相应的循环水管道、补充水管道等接管关系的平面布置图；

②标注出冷却塔、设备的工艺尺寸及定位尺寸、管道管径、地面或楼面标高；

③以表格形式或文字形式说明相关的设计参数、冷却塔形式和数量。

（2）剖面图应表述下列各项内容：

①绘出冷却塔、设备及其基础的形状、工艺尺寸；管道、阀门、仪表等与冷却塔的接管位置；

②标注出管道接管关系、管径、标高；加注说明冷却塔基础、管道支墩由供货商提交本单位结构专业确认后方可施工；

③如绘制系统图能将上述各项内容表达清楚时，可不再绘制剖面图。

7）水处理设备机房

（1）机房位置的确定原则：

①应尽量位于原水和处理水用水负荷较集中处；

②污废水再利用水处理机房设在建筑物内时，应设在比较隐蔽、满足不影响周围环境卫生、对噪声有严格要求、远离重要场所及建筑物的主要出入口的地方。但应方便设备、化学药品及其他物品与外界的运输和联系；

③小区污水处理机房独立建造时，应位于小区的下风处，并满足于建筑隔离、环境美化和被处理污废水自流进入处理机房的要求。

（2）平面图应表达出下列各项内容：

①绘出建筑墙、柱及定位轴线和尺寸及轴线编号、图名、比例；

②根据设计所选定的工艺流程、设备计算结果、水处理流程和设备外形尺寸按比例绘

制水处理间各工艺工序的全部设备、设施、构筑物等平面布置及定位尺寸；

③绘制并安排辅助配套用房，如配电和控制间、药品库、消毒间、值班间、化验间、贮藏间及卫生间等用房的位置和分隔；

④绘制出操作通道、地面排水沟、集水泵坑的位置、尺寸并提出要求；

⑤按图例绘制出设备、设施、构筑物、装置等之间的管道相互连接关系和走向及各种阀门、附件（如过滤器、除垢器、伸缩节、放气阀、消毒剂注射器、检查口等）的平面位置，并标注定位尺寸和管径；

⑥构筑物应绘出人孔、进出水接管、爬梯、通气管等位置、尺寸及定位尺寸；

⑦标注设备、设施、构筑物等外形尺寸、编号及管道管径；

⑧编写设备机房内设备编号与设备名称对照表，并注明设置数量；

⑨确定设备出入机房门的数量、位置、尺寸，标注机房内地面标高。

（3）剖面图应表达出下列各项内容：

①剖面图的剖切位置应选在管道与设备、构筑物关系复杂，并具有代表性的部位；

②应给出剖切部位处建筑墙及柱子轴线和尺寸、轴线编号、房间顶板及梁的形状、建筑标高、排水沟等，注明剖面编号及比例。图样比例应与平面图相一致；

③应绘出剖切方向处可见构筑物形状、设备设施外形及基础、管道和附件、仪表、地面排水沟和集水坑等相互接管关系、管径、标高和竖向尺寸；

④绘出设备、设施编号、详图索引编号或标准图号。

（4）水处理工艺流程应表达出下列各项内容：

①按外形绘出工程设计所选定的全部构筑物、设备、设施、装置等；

②按图例绘出全部构筑物、设备、设施等之间的管道连接顺序、管道分支关系、水或其他介质流动方向、管径；

③按图例绘出构筑物、设备及管道上的阀门、附件、监测仪表；

④标注出构筑物、设备、特殊阀门和附件编号；

⑤绘出构筑物、设备、特殊阀门、附件等编号与名称对照表。

8）安装图、节点详图

（1）应尽量选用已有的给水排水国家标准图，如《管网叠压供水设备选用与安装》06SS109、《小型潜水排污泵选用及安装》08S305 或当地地方标准图等；

（2）如无标准图可供选用，应按《建筑给水排水制图标准》GB/T 50106－2010 的规定绘制。

6.8 设计计算书

6.8.1 工程项目设计计算书的基本内容

1. 工程名称

2. 工程概况

1）工程性质：应说明属何种功能用途的工程，如：

（1）建筑小区或建筑组团等由哪些单体工程项目组成；

（2）单体建筑由哪些使用功能（如商业、办公、公寓、酒店、洗衣、洗浴等）、用房组成及相应的平面或楼层分布等。

2）工程规模应说明：

（1）建筑层数及建筑高度（低层、多层、小高层、高层、超高层等）；

（2）建筑面积：单一用途建筑与综合建筑分别叙述，每一用途建筑按下列要求注明服务人数或单位数。

①单一用途建筑：办公楼办公人数；歌剧院或体育场馆、会议中心等座位数；医院或旅馆床位数；医院门诊人数；交通或商业建筑日接待人数，停车库车辆数；图书建筑、展览建筑、纪念性建筑等日接待人数；住宅户数、公寓户数、宿舍居住人数等；

②综合建筑：由哪几种单功能用途组成，每种用途的使用人数或单位数。

3. 系统设置

根据工程项目情况按下列要求进行说明：

1）室外管道系统的设置种类：如生活消防合用给水管道；生活给水管道；室外消防给水管道；各种小区内二次加压的给水管道、生活热水供应管道、中水供水管道等；生活污水管道、生活废水管道、雨水排水管道等；

2）室内管道系统的设置种类：如生活饮用水系统，二次加压给水系统（含竖向分区系统），生活直饮用水、消防给水、生活热水、开水供应、中水供应及处理站、冷却塔循环水、生活污水、屋面雨水及其他水处理系统等。

6.8.2　给水管道系统计算内容

1. 说明本工程的水源情况

1）城市自来水：应说明水压、水质、水温；

2）自备水源：地下水、地表水、水质及水净化处理（如不属本设计范围可不说）等工艺。

2. 计算本工程的用水量

1）按照表6-2和表6-3的格式计算出建筑小区内各单体建筑（如住宅、公建及不同功能区）的生活饮用水水量。

2）表6-2和表6-3的使用说明：

（1）建筑小区与单体建筑的生活用水量的计算表格格式相同；但

①如工程项目为建筑小区，则表6-2中"用水项目名称"栏应为单体建筑物的名称：如××号住宅、办公、宿舍、旅店、医院、商场、幼儿园等。并以各单体建筑为单元进行用水量计算；

②如为单体综合性建筑，则表6-3中"用水项目名称"栏应为各功能单元的名称：如客房、办公、公寓、餐饮、商业、洗衣房、洗浴中心、健身中心、水上游乐中心、冷却塔、员工宿舍及停车库等。

（2）用水量是工程项目向城镇供水部门申请用水指标和确定工程项目设置贮水构筑物和给水加压设备容量、机房面积等的依据，而且在施工图设计阶段对这些内容均以初步设计为准，不再进行计算。所以应仔细计算，不得缺项。

3. 贮水构筑物计算

1) 生活贮水池

贮水池（箱）容积由调节容积和贮水容积组成。

(1) 调节容积按下列要求计算：

①建筑小区的供水水源可靠，无断水现象，则建筑小区贮水池应按《建筑给水排水设计规范》GB 50015—2003（2009 年版）第 3.7.2 条的规定"按小区最高日生活用水量的 15%～20%确定"；

②单体建筑物贮水池应按《建筑给水排水设计规范》GB 50015—2003（2009 年版）第 3.7.3 条的规定"宜按建筑物最高日用水量的 20%～25%确定"；

③综合建筑应根据不同功能建筑的用水计费标准分别计算各自贮水池的容积。

(2) 贮水容积按下列情况计算：

①《建筑给水排水设计规范》GB 50015—2003（2009 年版）对此无明确规定；

②在具体工程中建议可按以下情况确定：

a. 如小区或建筑物为双向供水者，且水源供水不间断，水量满足要求时，仅设吸水井，其贮水容积按不小于工作加压水泵 3min 的设计流量确定，以确保备用水泵切换时吸水管不进入空气为原则；

b. 如小区或建筑物为单向供水者，应按引入管道检修时所需时间确定贮水容积。该容积目前有三种计算方法：按 2～4h 的平均小时用水量计算确定；按 2～4h 最大小时用水量计算确定；按业主或物业管理部门要求计算确定。具体采用哪种计算方法由设计人根据工程实际情况选择；

c. 有特殊要求的建筑物，如五星级宾馆及重要数据库，按酒店管理集团及业主的要求计算确定。

(3) 确定贮水池（箱）的几何尺寸

①数量按《二次供水工程技术规程》CJJ 140—2010 及相关《防火设计规范》规定确定；

②每座或每格水池的尺寸按机房面积和高度确定。

2) 转输水箱容积

(1) 在超高层建筑物中方设此水箱。

(2)《建筑给水排水设计规范》GB 50015—2003（2009 年版）第 3.7.8 条规定，按转输水泵 5～10min 的流量确定。转输水泵的流量按所供供水区最大小时用水量确定。

3) 生活用水高位水箱容积

(1) 采用水池→水泵→高位水箱→用户供水方式时方设置此高位水箱。

(2) 按《建筑给水排水设计规范》GB 50015—2003（2009 年版）第 3.7.5 条的规定"按不小于最大小时用水量的 50%"计算确定其水箱的调节容积。

4. 管道水力计算步骤

1) 说明选用管道材质；

2) 初步设计阶段只计算干管、立管。施工图阶段要对干管、立管、支管全部进行计算；

3) 按分区系统分别绘制水力计算简图；

4) 按不同系统分别进行水力计算:

(1) 生活给水用管道应按《建筑给水排水设计规范》GB 50015—2003 (2009 年版) 第 3.6.1 条、第 3.6.1A 条、第 3.6.1B 条、第 3.6.10 条~第 3.6.15 条的规定,分段计算管道的设计流量和阻力损失;

(2) 生活消防合用管道应按《建筑给水排水设计规范》GB 50015—2003 (2009 年版) 第 3.6.2 条和第 3.6.10 条~第 3.6.15 条的规定,分别计算管道的设计流量和阻力损失;

(3) 住宅建筑生活给水管道应按《建筑给水排水设计规范》GB 50015—2003 (2009 年版) 第 3.6.3 条、第 3.6.4 条、第 3.6.10 条~第 3.6.15 条的规定和本"基础知识"中表 7-12 的格式分段计算;

(4) 非住宅类集中用水单一功能公共建筑按《建筑给水排水设计规范》GB 50015—2003 (2009 年版) 第 3.6.5 条、第 3.6.6 条和第 3.6.10 条~第 3.6.15 条的规定和本书中表 7-15 的格式分段计算;

(5) 非住宅类集中用水型综合建筑按《建筑给水排水设计规范》GB 50015—2003 (2009 年版) 第 3.6.5 条的规定计算时,由于"规范"未给出综合建筑的系数 α 数据,设计时应按《全国民用建筑工程设计技术措施·给水排水》(2009 年版) 第 2.4.9 条第 4 款规定的公式计算出该建筑物的系数 α 值。再按本条本款第 4 项的规定进行系统的计算。

6.8.3 生活热水系统

1) 说明生活热水的供应范围。

2) 计算生活热水用水量:按照表 6-18 的格式计算设计热水温度下的生活热水用水量。

(1) 说明计算参数:冷水计算温度和热水计算温度、热媒性质及计算温度。

(2) 如为建筑小区,则表 6-18 中"用水项目名称"栏为有生活热水供应的单体建筑名称,并将表名改为"本工程生活热水 (××℃) 用水量"。

(3) 如为单体建筑,则表 6-18 和表 6-19 中"用水项目名称"栏为不同功能用途层 (或区) 的名称。

(4) 高层建筑应按表 6-3 的格式计算各供水分区的热水量,并将"生活用水量"改为"生活热水用水量"。

3) 计算耗热量

(1) 说明本工程的热源种类和性质:如城镇热力网、区域锅炉、热泵、太阳能、自建锅炉等。

(2) 说明本工程所用热源的计算参数:如蒸汽压力、高温热水供水及回水温度、热泵及太阳能的供热温度。

(3) 说明耗热量计算公式并进行耗热量计算。

①按表 6-19 的格式计算设计热水温度下各单体建筑或各建筑不同功能用房的设计小时耗热量。

②建筑小区总设计小时耗热量及各单体建筑或不同功能用房的设计小时耗热量,应按《建筑给水排水设计规范》GB 50015—2003 (2009 年版) 第 5.3.1 条的规定计算。

生活热水(××℃) 用水量　　　表 6-18

序号	用水项目名称	使用人数或单位数	单位	小时变化系数（K）	每日连续用水小时数（h）	用水量（m³）			备注
						平均时	最大时	最高日	
1									
2									
3									
4									
5									
6									
7									
8									
9									

本工程设计小时耗热量计算表　　　表 6-19

分区编号	服务楼层	用水项目名称	使用人数或单位数	单位	每日使用小时数（h）	小时变化系数（K）	设计小时耗热量（kJ）	备注
低区	B3~3F	餐饮						
		洗衣房						
		厨房						
		……						
中区	4F~12F	办公						
高区	13F~21F	酒店						
		游泳池						
		洗浴中心						

注：竖向分区数按具体工程情况增减。

污水管道水力计算表　　　表 6-20

序号	管段编号		管长 L（m）	设计流量 Q（L/s）	管径 d（mm）	充满度 h/d	流速 v（m/s）	坡度 i（‰）	管底降落（m）	地面标高（m）		管内底标高（m）		埋深（m）		备注
	起点	终点								起点	终点	起点	终点	起点	终点	
1	2	3	4	5	6	7	8	9	10	11	12	13	14	15	16	17
1																
2																
3																
4																
5																

续表

序号	管段编号		管长 L（m）	设计流量 Q（L/s）	管径 d（mm）	充满度 h/d	流速 v（m/s）	坡度 i（‰）	管底降落（m）	地面标高（m）		管内底标高（m）		埋深（m）		备注
	起点	终点								起点	终点	起点	终点	起点	终点	
6																
7																
8																
9																
10																
11																
12																
13																
14																
15																
16																
17																
18																
19																
20																

4）管道系统水力计算

（1）说明选用的管道材质；

（2）按分区系统分别绘制计算简图；

（3）以建筑小区生活热水管道系统为单位按本书第 6.8.2 节第 4 款第 4 项的相关规定进行计算；

（4）以各栋建筑物为单位对该建筑物各分区的生活热水供水管和回水管道按本书第 6.8.2 节第 4 款第 3 项～第 5 项的相关规定进行计算；

（5）初步设计阶段可只计算供水及回水干管、立管管径的阻力损失，但应有基本的计算过程和计算结果。

5）热媒计算

（1）热源由城镇供热部门或小区（或建筑物内）集中热力中心提供时，只提供本工程设计小时需热量，由供热单位进行该项管径计算；

（2）热源由本专业自行解决时应按表 6-19 进行该项计算，应将该工程项目的总用热量和分区用热量换算为高温热水量或高压蒸汽量，以方便确定加热设备容量及热媒管径。

6）加热（或换热）设备及贮热设备

（1）应分区分系统进行计算；

（2）根据建筑物性质确定加热（或换热）设备形式和贮热时间；

（3）按燃料性质计算加热设备的容量（规格、型号）、换热面积和数量。

①采用太阳能供热时，应按《建筑给水排水设计规范》GB 50015－2003（2009 年版）

第 5.4.2A 条的规定计算集热器总面积、集热箱及集热水箱容量、贮热水箱及贮热循环泵的容量及辅助热源设备的类型、性能参数数量、所需楼层面积等；

②采用热泵供热时，首先确定热泵类型，再按《建筑给水排水设计规范》GB 50015—2003（2009 年版）第 5.4.2B 条的规定计算。热泵的设计小时供热量、贮热设备的容量及相应的设备数量和辅助热源的类型、性能参数、数量等；

③采用城镇、小区或建筑物内集中热源时：

a. 说明热源种类（高温热水、高压蒸汽、燃气）及技术参数（温度、压力）等；

b. 确定换热设备的形式；

c. 按《建筑给水排水设计规范》GB 50015—2003（2009 年版）第 5.4.6 条和第 5.4.7 条分别计算热媒与被加热的计算温度差、换热器的换热面积；

d. 按《建筑给水排水设计规范》GB 50015—2003（2009 年版）第 5.4.10 条确定热水系统贮水器的容积和数量；

e. 确定换热器或贮水器和换热盘管等所用材质。

7）生活热水循环水泵

（1）应按分区分系统计算。

（2）循环水泵容量：

①循环水泵流量按《建筑给水排水设计规范》GB 50015—2003（2009 年版）第 5.5.5 条和第 5.5.6 条的规定进行计算；

②循环水泵的扬程按《全国民用建筑工程设计技术措施·给水排水》（2009 年版）第 6.14.2 条的规定计算。

（3）确定生活热水循环水泵的性能参数、数量（含备用泵）、泵体材质及耐压要求、运行方式等。

6.8.4 生活排水系统

1）说明工程项目中排水工程的设置类型（室内：污水废水分流、污水废水合流，室外：雨水污水分流、雨水污水合流等）。

2）排水量计算原则：

（1）生活污水、生活洗涤废水合流制系统应按《建筑给水排水设计规范》GB 50015—2003（2009 年版）第 4.4.1 条的规定以表 6-2 的给水用水量的 85%～95%确定。

（2）生活污水与生活洗涤废水分流制系统，《建筑给水排水设计规范》GB 50015—2003（2009 年版）无明确计算参数，建议设计计算时按《建筑中水设计规范》GB 50336—2002 中表 3.1.4 的规定分别计算生活污水量及生活洗涤废水量。

（3）绿化和浇洒道路的用水量不计算在排水量之内。

3）管道水力计算

（1）小区生活排水管道根据管道系统类型、管道材料等分别按《建筑给水排水设计规范》GB 50015—2003（2009 年版）第 4.4.1 条、第 4.4.3 条、第 4.4.7 条和第 4.4.8 条的规定及表 6-20 的格式进行计算。

（2）单体建筑根据建筑物性质、管道材质等分系统按《建筑给水排水设计规范》GB 50015—2003（2009 年版）第 4.4.2 条、第 4.4.5 条、第 4.4.6 条、第 4.4.7 条、第

4.4.9 条～第 4.4.15 条的规定和本"基础知识"中表 6-20 的格式进行计算。

　　4）小型排水构筑物

　　（1）排水集水坑的容积应按《建筑给水排水设计规范》GB 50015—2003（2009 年版）第 4.7.8 条、第 4.7.9 条的规定计算确定。

　　（2）排水提升泵的选型应按《建筑给水排水设计规范》GB 50015—2003（2009 年版）第 4.7.7 条的规定计算确定。

6.8.5　雨水排水系统

　　1）列出采用的暴雨强度公式。对无暴雨强度公式的城镇，列出所借用临近该城镇的城市的暴雨强度公式，并说明所借用城市的名称。

　　2）分别确定屋面雨水排水和地面雨水排水的设计参数：设计重现期；降雨历时；径流系数汇水面积。

　　3）雨水系统水力计算：

　　（1）屋面雨水

　　①确定雨水水流状态形式：压力（虹吸）流；两相流系统；

　　②划分雨水汇水分区面积；

　　③布置雨水斗和雨水管道；

　　④计算各汇水分区的汇水面积（含侧墙计算面积）内的雨水量；

　　⑤根据该汇水区的雨水量确定雨水斗规格型号；

　　⑥绘制雨水计算简图；

　　⑦两相流雨水系统可参照表 6-21 的格式按系统计算管道直径；

　　⑧虹吸雨水系统设计应与虹吸雨水专业公司联系，由他们提供简易计算系统图，最终由中标专业公司进行详细设计和计算。

　　（2）地面雨水

　　①根据道路、地面设计标高（亦称竖向设计）和坡向、布置的雨水口划分汇水分区计算简图（应标出管道走向、各汇水区汇水面积等）；

　　②根据雨水口位置、建筑物内雨水排出管位置、市政允许接管道位置等布置室外雨水排水管道；

　　③根据小区内建筑物屋面面积、道路、广场面积及相应的表面材质、绿化面积等按《室外排水设计规范》GB 50014—2006 第 3.2.2 条计算或选用小区的综合径流系数；

　　④根据本条第 2 款选定的降雨历时，按本条第 1 款选用的暴雨公式计算；按《室外排水设计规范》GB 50014—2006 第 3.2.1 条的规定和本"基础知识"的表 6-21 的格式进行计算各管段的设计雨水量和管径；

　　⑤初步设计阶段可只计算各排出管的雨水量、管径及城镇雨水接管点的控制标高。

6.8.6　消火栓灭火给水系统

1. 室外消火栓灭火系统

　　1）说明小区性质，如住宅区、公建区、校园区、会议中心、体育中心、医疗卫生等。

　　2）根据水源条件确定室外消火栓一次灭火用水量及消防系统形式，如采用生活消防

表 6-21

雨水管道（非虹吸流）计算表

序号	管段编号		管长 L (mm)	设计降雨			径流系数		汇水面积（公顷）		计算流量 (L/s)	管径 (mm)	坡度 I (‰)	流速 (m/s)	设计流量 (L/s)	管底坡降 (m)	设计地面标高 (m)		管内底标高 (m)		埋深 (m)		备注
	起点	终点		历时(min)		强度 q	Ψ	Ψq	本段面积	累积面积							起点	终点	起点	终点	起点	终点	
				汇流时间	沟内时间																		
1	2	3	4	5	6	7	8	9	10	11	12	13	14	15	16	17	18	19	20	21	22	23	24
1																							
2																							
3																							
4																							
5																							
6																							
7																							
8																							
9																							
10																							
11																							
12																							
13																							
14																							
15																							
16																							

注：室内 87 型雨水斗系统采用此表格时，可删除第 18 栏至 23 栏。

合用低压制；还是室外专用低压制；或室外消防水池等。

（1）如为高层建筑按《高层民用建筑防火设计规范》GB 50045－95（2005 年版）第 3.0.1 条确定建筑物类型；并按《高层民用建筑防火设计规范》GB 50045－95（2005 年版）第 7.2.2 条和第 7.3.3 条的规定计算消防用水量和贮水量；

（2）如为多层建筑按《建筑设计防火规范》GB 50016－2006 第 8.2.2 条、第 8.4.1 条、第 8.6.3 条的相关规定计算消防用水量及贮水量。

3）管道水力计算：

（1）如为双向供水时：

①按只有一路枝状管供水条件进行小区引入管管径计算；

②以 100％消防用水校核按"①"项所确定的管径能否满足消防时所需管径要求。

（2）如为单向供水时，消防水池补水时间一般按不超过 48h 消防流量与生活用水设计小时用水量之和进行小区引入管管径的计算。

2. 室内消火栓灭火系统

1）说明建筑物的性质、规模、高度、火灾危险等级。

2）说明建筑物分类、消火栓灭火用水量及水枪的充实水柱。

3）按表 6－22 的格式计算建筑物内和小区消防用水量。

消防用水量 表 6－22

序号	消防系统	消防用水量标准（L/s）	火灾持续时间（h）	一次灭火用水量（m³）	灭火水源
1	室外消火栓				城镇自来水 室外水池 室内水池
2	室内消火栓				室内消防水池
3	自动喷水灭火				室内消防水池
4	雨淋灭火				室内消防水池
5	水幕冷却				室内消防水池
6	消防水炮				室内消防水池
	消防总水量				
	室内消防水池存水量				

注：消防系统根据具体工程项目情况增减。

4）计算消防水池及消防水箱容积：

（1）说明消防水是否包括室外消防用水量；

（2）列出计算过程和结果；

（3）说明高位消防水箱容积。

5）管道水力计算：

（1）绘制消火栓管网计算简图；

（2）如为小区，则绘出小区消火栓管网计算简图；

（3）如竖向有分区，说明竖向分区方式（如减压阀分区、加压泵分区、减压水箱分区等）；

（4）按《全国民用建筑工程设计技术措施·给水排水》（2009 年版）第 7.1.5 条的（7.1.5-2）式计算最不利处消火栓水枪喷嘴所需最低水压。在计算中应按《建筑给水排水设计手册》第二版中的表 6.2-15，表 6.2-16，表 6.2-17 和图 6.2-7 等选用相关参数；

（5）分系统计算管道阻力损失，建议以建筑物内最不利消火栓及系统的枝状管道的方式进行计算；

（6）按《全国民用建筑工程设计技术措施·给水排水》（2009 年版）第 7.1.5 条的规定计算减压孔板或减压稳压消火栓。

6）消防水泵：

（1）按表 6-22 中消火栓灭火用水量确定工作泵的数量并计算每台消防水泵的流量。

（2）计算消防水泵扬程：

$$H_p = h_q + h_g + h_z$$

式中　　H_p——消防水泵扬程（MPa）；

h_p——最不利点消火栓灭火水枪所需最低水压（MPa）；

h_g——消火栓管道系统阻力损失（MPa），以本款第 5 项第 5 小项计算值为准；

h_z——消防水池最低水位至最不利消火栓栓口的高度（MPa），以高度（m）折合成 MPa。

（3）水泵选型：

①应选用水泵特性曲线较平坦的水泵，以保证在系统流量小于设计流量情况下运行时所产生的超压可以保持在允许的范围；

②如选用切线泵时，应与离心泵进行耗能比较，如两泵并联，不应采用切线泵；

③选定水泵的性能参数、工作泵及备用泵的数量；

④如设置室外消火栓加压泵，同样按上述要求进行设计计算。

7）高位消防水箱及增压稳压

（1）消防水箱的容量根据建筑物分类按相关"防火设计规范"确定。

（2）消防高位水箱静水压不满足"防火设计规范"规定时，按下列情况设置增压稳压装置：

①增压型稳压增压：适用于高位水箱与最不利消火栓在同一层或低一层的建筑；

②补压型增压稳压：适用于高位水箱虽高于最不利室内消火栓，但该最不利消火栓处静水压不满足相关《防火设计规范》规定者。

（3）选定增压稳压装置：增压泵性能参数和数量；气压水罐的容积。

6.8.7　自动喷水灭火系统

1）说明建筑物的火灾危险等级和按何种火灾危险等级设计。

2）说明设计参数：喷水强度；作用面积；最不利喷头工作压力。

3）说明系统类型：湿式；预作用；雨淋；水幕；水喷雾等。

4）管道水力计算：

（1）绘制最不利作用面积管网计算简图；

（2）按分区、分系统绘制管道系统计算简图；

（3）按《全国民用建筑工程设计技术措施·给水排水》（2009年版）第7.2.16条的规定和表 6 - 23 的格式按系统计算系统设计流量、阻力损失和各防火分区或楼层配水干管上的减压孔板。

自动喷水灭火管道水力计算表　　　表 6 - 23

节点编号	管段	特性系数	节点水压 H（m）	流量（L/s）			管径 DN（mm）	管道比阻 A（L/s）	管段长度 L（m）	水头损失 h（m）	标高差（m）	计算公式 $h=ALQ^2$ $q=K\sqrt{10H}$
				节点 q	管段 Q	q^2Q^2						

　　5）消防水池容积计算：计算内容和要求与本书第 6.8.6 节消火栓灭火系统相同。

　　6）高位消防水箱容积和增压稳压装置计算：计算内容和要求与本书第 6.8.6 节消火栓灭火系统相一致。

　　7）自动喷水灭火系统加压水泵的计算内容和水泵选型等要求，与本书第 6.8.6 节消火栓灭火系统相一致。

6.8.8　其他自动灭火系统

　　1）雨淋灭火系统、预作用喷水灭火系统、水幕系统及开式喷水灭火系统等的计算内容和要求，均可按本书第 6.8.7 节的要求分系统进行计算；

　　2）水喷雾灭火系统、消防炮灭火系统、细水雾灭火系统，大空间智能灭火系统等：应明确设计参数，并由专业设计公司进行详细计算。

6.8.9　气体灭火系统

　　1）说明设置该系统的保护部位和使用性质；

2）说明防护区划分数量、每个防护区的面积、体积；

3）说明灭火气体种类；如七氟丙烷、IG541 混合气体、热气溶胶等；

4）说明气体灭火方式：柜式；火管式；管网式；

5）确定设计参数：灭火剂浓度；喷射强度；喷射时间；灭火剂设计用量；

6）管网计算：一般由相关专业公司根据设计所给出的设计参数进行详细计算。

6.8.10 循环水冷却系统

1）说明系统服务对象。

2）说明设计参数要求：冷却水量；冷却塔进水温度；冷却塔出水温度；冷却塔工作时间；冷却塔运行方式（全年运行、季节运行）；冷却塔工作方式（与被冷却设备对应配置、综合配置）。

3）工程所在地气象参数：干球温度；湿球温度；夏季主导风向；风压；大气压力；冬季最低气温。

4）冷却塔选型：

（1）型式：敞开式；逆流式；横流式；喷射式；密闭式。

（2）材质：塑料；不锈钢。

（3）工况校核：冷幅；冷效；噪声（单塔、多塔）；风压。

5）补充水量计算。

6）水质稳定方式：

（1）物理方式：电子水处理；静压水处理；内磁水处理。

（2）化学方式：加氯；旁流软化。

6.8.11 建筑中水

1）说明中水原水的来源。如

（1）建筑物内或小区内生活废水；

（2）建筑物内或小区内生活废水和雨水；

（3）建筑物内或小区内生活污水；

（4）需深化处理的城市中水。

2）说明中水的应用范围。如

（1）冲厕；

（2）绿化浇洒（编者注：运动场草皮，古树名木不宜用中水浇灌）；

（3）冲洗地面、广场、道路和车辆；

（4）冷却塔补水；

（5）水景补水；

（6）农林渔业用水等。

3）中水原水量计算：

（1）中水原水为生活废水时，应根据《建筑中水设计规范》GB 50336－2002 表 3.1.4 规定的分项给水百分数按 6－24 的格式进行计算；

（2）中水原水为生活污水时，应按表 6－2 中剔除绿化、道路等用水项目用水量之后的给水量。

中水原水水量计算表

表 6-24

序号	原水项目	使用单位数	给水可回用百分数	给水用水量（m³）			中水原水水量（m³）		
				平均时	最大时	最高日	平均时	最大时	最高日
1	住宅	人	38%～36%						
2	办公楼	人	40%～34%						
3	旅馆	人·d	62%～54%						
4	教学楼	人·d	40%～34%						
5	公共淋浴	人·d	98%～95%						
	合计								

注：生活废水指洗浴、洗脸、洗衣等排水。

4）中水用水量计算：

（1）用于冲厕时，根据《建筑中水设计规范》GB 50336—2002 第 3.1.4 条表 3.1.4 中不同性质建筑冲厕用水百分数计算确定。

（2）用于冲洗地面、广场、道路及浇洒绿化时，应按《建筑给水排水设计规范》GB 50015—2003（2009 年版）第 3.1.4 条、第 3.1.5 条的规定计算确定。

（3）用于冷却塔和水景补水时，应以相关专业所提资料为准。

（4）中水用水量按表 6-8 的格式列表计算。

5）中水原水量与中水用水量的平衡计算：

（1）计算中水原水量与中水用水量之差；

（2）说明水量平衡措施：

①在严寒、寒冷地区，冬季不浇洒绿化、不冲洗道路、广场时，多余中水的处理措施；

②中水原水量超出中水用水量较大时的处理措施；

③中水量不足时的补充水措施。

6）说明中水要求的水质标准：

（1）根据中水用途按《建筑中水设计规范》GB 50336—2002 第 4.2 节的规定确定；

（2）中水同时有多种用途时，应按要求较高的水质标准确定中水水质标准；

（3）如上述（1）中的中水水质标准不满足具体工程使用要求（如冷却塔补水）时，应与业主协商具体水质标准并进行再处理。

7）中水原水处理工艺的选定：

（1）工程项目自设中水处理站时，应按中水用水水质要求较高的项目确定中水供水水质。

（2）根据中水原水水质、中水供水水质标准按《建筑中水设计规范》GB 50336—2002 第 6.1 节的相关规定选用中水处理工艺流程及设备设施配置。

（3）采用城镇中水时，应了解城镇中水的水质标准，以确定是否需要设置再处理设施。

8）处理设备和设施计算：

（1）说明中水原水处理设施运行模式：连续运行；间歇式运行及每日运行时间。

（2）根据中水原水水处理工艺流程和运行模式，与专业公司配合计算各处理工序的设备、设施等装机容量、基本尺寸等。

9）中水供水管道系统水力计算：

（1）确定管道材质；

（2）初步设计只计算干管和主管；

（3）施工图设施应按本书第 6.8.2 节要求进行相关计算。

10）中水处理设备容量应按平均日水量（平衡计算中的水量）计算；处理完后的清水池容积应采用最高日用水量计算确定。

7 建筑给水排水工程设计制图

7.1 设计制图前的准备工作

7.1.1 仔细阅读设计任务书

1）了解工程项目的规模：建筑用地面积、建筑面积（地下地上面积分配）、建设层数和建筑高度等。

2）了解工程项目的性质：住宅、公建（商场、旅馆、办公、体育场馆、旅馆式公寓、影剧院等）。

3）了解工程项目功能组合情况：

（1）单一功能用途建筑：本书第 2.1.3 节及上述 2）建筑中的一种；

（2）多功能用途的综合性建筑：本书第 2.1.3 节及上述 2）中 2 种及 2 种以上单一功能用途的建筑组合在一栋楼内的建筑。

4）了解建设业主对工程项目建设标准的要求。如不同功能用途的面积分配、楼层要求、建筑设备的配置、造价控制和设计文件深度的特殊要求等。

7.1.2 了解城镇市政管道规划及现状

1）工程项目所在地区的市政管道（给水、污水、雨水、中水）规划或现状条件图；

2）市政给水管和中水管的管径及最低供水压力，允许所建工程项目的接管点；

3）市政污水管和雨水管的管径，允许所建工程项目污水管和雨水排出管接入的检查井井号、管径、标高；

4）市政主管部门对排入市政污水管道的污水水质要求（即是否要求需经化粪池处理）；

5）如无城镇污水、雨水管道时，污水、雨水排出出路及排放水质要求。

7.1.3 了解本工程项目是否有合作设计单位

1）合作设计单位的性质（国内设计院（公司）、国外设计院（公司））；

2）合作设计的分工内容和界面划分。

7.1.4 了解工程项目的设计进度

1）工程项目总进度的要求；

2）内部设计配合进度计划的安排。

最后，根据工程项目的性质、用途、内容等确定应执行的相关"工程设计规范"，并核对"工程设计规范"的有效性。

7.2 各专业设计作业图

7.2.1 建筑专业应提供的设计作业图

1. 设计作业图的内容

1）建筑物各楼层（含地下层、屋面层）的平面图；

2）建筑物的不同位置、不同方向的剖面图；

3）建筑物的正立面图、背立面图及侧向图；

4）大型公共建筑的分区（分段）组合图、防火分区划分图；

5）卫生间详图（施工图阶段）；

6）屋面隔热保温层厚度（施工图阶段）。

2. 设计作业图的识读

1）建筑物平面图图样在图幅中一般按上北下南的方向绘制。并在首层（±0.000）绘制有指北针。

2）建筑平面图一般为每个楼层从窗台以上约 200mm 标高处的俯视图。所以，应读懂建筑图样中门、窗的区别，以及楼梯上或下的关系和地面标高的变化。

3）在该楼层平面图中出现虚线时，表示在该平面水平剖视图中未能剖切到，但在该层具有的内容：如平台、高窗、挑檐等。

4）门窗的类别：在建筑平面图图样中：FJ××表示防火卷帘、HFM××表示人防防护门、AFM××表示甲级防火门、BFM××表示乙级防火门、CFM××表示丙级防火门、M××表示普通门、C××表示窗、BLG××表示玻璃隔断、FBLG××表示防火玻璃隔断等。

7.2.2 总图专业应提供的设计作业图

1. 设计作业图的内容

1）建筑小区总图应有各栋建筑物、构筑物的平面布置图、道路设置平面图、建筑小品、绿化带及水景布置、用地红线等；

2）总平面布置图对各栋建筑物、构筑物、道路中心均有定位坐标或定位尺寸；

3）建筑小区地面标高（亦称竖向）和道路标高设计图；

4）各建筑物的首层地面±0.000 标高相对应的绝对标高和建筑物高度。

2. 设计作业图应关注的问题

1）建筑小区出入口与城镇道路的关系（含位置、道路标高等）；

2）地下室（层）外墙线与地面上建筑外墙线的关系，以及地下一层顶板的覆土厚度；

3）地面和道路的标高、坡度、坡向及铺砌地面的材质；

4）水景的形式、规模、位置及要求；

5）地面停车场、绿化面积等位置分布。

7.2.3 结构专业应提供的设计作业图

1. 设计作业图的内容
　　1）建筑物各楼层的模板图；
　　2）建筑物结构剖面图；
　　3）建筑物基础形式。

2. 设计作业图应关注的问题
　　1）梁的平面走向及平面实际尺寸；
　　2）梁的断面尺寸及不同楼层柱子平面尺寸；
　　3）各楼层结构板面标高、标高变化部位及变化后的楼层板面标高；
　　4）结构楼层面标高与建筑楼层面标高之差（垫层厚度）。

7.2.4 采暖空调专业应提供的设计作业图

1. 设计作业图的内容
　　1）锅炉房平面布置图；
　　2）冷冻机房平面布置图；
　　3）采暖管道地沟位置及断面尺寸。

2. 设计作业图应关注的问题
　　1）锅炉位置、面积、辅助设备布置；
　　2）燃料性质（燃气、电、煤、油等）；锅炉性质（蒸汽、热水）；
　　3）锅炉排污量及排污方式（连续式、间断式）。

7.2.5 电气专业应提供的设计作业图

1. 设计作业图的内容
　　1）变电间、配电间的平面布置图、剖面图；
　　2）柴油发电机房的平面布置图、剖面图；
　　3）通信机房的平面布置图、剖面图。

2. 设计作业图应关注的问题
　　1）设备平面布置、电缆沟位置；
　　2）高压与低压用电设备的平面布置与分隔；
　　3）柴油发电机房油箱容积和位置。

7.3　设计作业图应关注的信息

7.3.1 建筑专业设计作业图的信息

　　1）建筑物的性质详见本书第 2.1.3 节：单一功能建筑，综合性建筑及其功能组合情况。

　　（1）综合性建筑的功能组合情况（平面组合或楼层组合，如地下车库层、设备机房层、商业、办公、客房、娱乐、餐饮等）；

（2）建筑物使用功能的划分：平面区域划分；楼层区域划分；人防等级及防护区的划分等。

2）技术指标：

（1）建筑规模：总建筑面积、地上建筑面积、地下建筑面积、建筑高度等；

（2）不同功能区的面积或楼层分布情况：办公、旅馆、商业、停车库、人防等；

（3）功能特点及规模：医院床位数、旅馆床位数及等级、体育场馆和文化场馆（剧院、影院、音乐厅等）座位数、会议厅（堂）座位数、住宅户数等。

3）防火分区的划分和消防电梯的位置；建筑物沉降缝、伸缩缝的位置、剪力墙的位置。

4）各楼层平面图房间的分隔、房间的用途名称、跨层空间高度及层数、同一楼层地面标高的变化位置、不同楼层层次楼层高度。

5）中厅、门厅等大空间位置、高度。庭院、屋顶花园、天井等位置和面积。

6）建筑物内管道转换层、避难层的楼层层次、室内外地面标高等。

7）建筑物屋面的形式、屋面标高变化关系。

8）地下停车库出入口、人防出入口、庭院等。

9）建筑分隔墙与结构梁的关系：居中、偏左偏右或偏上偏下或与梁柱侧齐等。

10）核对卫生间的平面位置是否在餐饮厨房、卧室、手术室、无菌室、冷库、变配电间、生活水泵房、水池（含直饮水水箱）等用房的上层等。

7.3.2 总图专业设计作业图的信息

1）经济技术指标：

（1）用地面积及用地红线位置；

（2）建筑面积、建筑占地面积；

（3）绿化面积、道路面积、铺砌广场面积、水景水面面积。

2）建筑小区出入口与当地城镇道路的区位关系、标高关系。

3）建筑小区的地形、地貌，以及地面和道路标高等竖向等高线或控制标高和它们与城镇道路或河道水位等标高关系。

4）不同单体建筑物平面位置的坐标和±0.000 相应绝对标高与建筑小区地面道路绝对标高的关系。

5）排水沟、挡土墙、人工（含天然）河道、地下和地上构筑物、地下室外墙等界面位置。

6）地面停车场位置及停车数量、停车场地面做法。

7）有无下沉广场、水景或其他景观及其相应位置及分割界面。

8）风玫瑰图或指北针，以及海拔标高系（编者注：我国目前有黄海标高系、吴淞标高系、海南标高系等三种标高系）、坐标系。

7.3.3 结构专业设计作业图的信息

1）各楼层结构楼板板面标高、楼板厚度。

2）梁的断面尺寸、梁与建筑轴线的位置关系，与轴线偏离时的偏离方式。

3）柱子的截面尺寸，截面尺寸变化楼层层次、柱子中心线与梁的位置关系，如为偏离则偏离方向。

    4）剪力墙位置、伸缩缝及沉降缝之间的空隙、尺寸及两侧有无通道连通。

7.3.4 暖通空调专业设计作业图的信息

    1）采暖管道地沟走向及位置、断面尺寸。

    2）通风机冷冻水管地沟位置及断面尺寸。

    3）锅炉房：

    （1）平面布置图、剖面图；

    （2）锅炉数量、每台锅炉蒸发量；

    （3）燃料性质（燃气、电、煤、油等）。

    4）冷冻机房、空调机房、换热器间等位置及平面布置。冷冻机冷却水量、进出水温度要求等。

    5）通风管道的平面布置图及通风管道的断面尺寸。

    6）通风竖井、进风口等位置。

7.3.5 电气专业设计作业图的信息

    1）变电及配电用房的位置、内部分隔和变配电设备的平面布置及空间尺寸。

    2）柴油发电机房的分隔及发电机、油箱间的平面位置和油箱容积。

    3）电缆夹层或电缆沟的位置及空间尺寸。

    4）电话总机房位置、平面布置及总机容量。

    5）各楼层配电间位置和电缆竖井位置。

    6）消防控制中心位置及平面尺寸。

7.4 设计作业图的处理

    建筑专业的设计作业图是结构专业、给水排水专业、采暖空调专业及电气专业等进行该项目机电配套设计的基本依据，但建筑专业设计作业图上的有些信息内容对给水排水专业来讲不需要，故当我们接到建筑专业的设计作业图后要对其进行如下处理。

7.4.1 删除本专业不需要的内容

    1）删除图样中门（非防火门）、窗的尺寸、尺寸线、编号及开启方向；

    2）删除建筑详图引出线及详图编号；

    3）删除不规则建筑平面建筑制图辅助线；

    4）删除建筑剖面图的剖切号。

7.4.2 变换建筑专业的图样线型

    按表7-3给水排水设计图样线型的规定对下列线型进行变换。

    1）将建筑平面图的建筑外墙线、房间分隔墙线、房间名称或编号、坐椅线、建筑设备线、楼梯线及走向线等变换为细实线；

2）将停车库的行车线、车位线和总平面图中的地面标高线等，变换为浅色细实线；

3）将涂黑的柱子、钢筋混凝土墙、构筑物墙（壁）变换为浅色。

7.5 设计制图规则

设计图样是工程设计人对工程项目设计理念、设计思想的具体体现；是设计人贯彻国家技术政策的具体体现；是设计人落实国家及行业工程规范、标准的具体化；是为施工安装、设备及材料采购、工程验收、建成后方便使用及维修管理的依据；是设计人对工程项目的语言表达。由此可看出设计图样的绘制是工程设计人应掌握的基本技能。

为了方便相关主管部门主管人员、施工人员、同行业的相关人员的读图与技术交流，在同行中应有统一的共同遵守的设计图样绘制规则。本节所述的设计图样绘制规则系摘自现行国家标准《房屋建筑制图统一标准》GB/T 50001，由于该标准系推荐性标准，在当前 CAD 制图技术发展迅速，各单位所从事的工程项目内容和图样表示要求不同，允许各设计单位在不违反制图标准的原则下，对其进行适当补充和完善。

7.5.1 设计图纸幅面、图签、编排的顺序

1. 图纸幅面

1）图纸幅面及图框尺寸，应符合表 7-1 的规定及图 7-1、图 7-2 的格式。

幅面及图框尺寸（mm）　　　　　　　　　　　　　　　　表 7-1

幅面代号 尺寸代号	A0	A1	A2	A3	A4
$B \times L$	841×1189	594×841	420×594	297×420	210×297
c			10		5
a			25		

2）需要微缩复制图纸，其一个边上应附有一段准确米制尺度，四个边上均附有对中标志，米制尺度的总长应为 100mm，分格应为 10mm，对中标志应画在图纸各边长的中点处，线宽应为 0.35mm，伸入框内应为 5mm。

3）图纸的短边一般不应加长（编者注：实际工程中亦有短边加长的），长边可加长，但应符合表 7-2 的规定。

图纸长边加长尺寸（mm）　　　　　　　　　　　　　　　表 7-2

幅面尺寸	长边尺寸	长边加长后尺寸						
A0	1189	1486	1635	1783	1932	2080	2230	2378
A1	841	1051	1261	1471	1682	1892	2102	
A2	594	743	891	1041	1189	1338	1486	1635
A2	594	1783	1932	2080				
A3	420	630	841	1051	1261	1471	1682	1892

注：有特殊要求的图纸，可采用 bx 为 841mm×891mm 与 1189mm×1261mm 的幅面。

2. 图纸标题栏、会签栏

1）图纸的标题栏、会签栏及装订边的位置，宜符合下列规定：

（1）横式使用的图纸幅面，应按图 7-1 的形式布置（编者注：目前亦有标题栏为竖向的）。

（2）立式使用的图纸幅面，应按图 7-2、图 7-3 的形式布置。

2）标题栏宜按图 7-4 所示，根据工程需要选择确定其尺寸、格式及分区。签字区应包含实名列和签名列。涉外工程的标题栏内，各项主要内容的中文下方应附有译文，设计单位的上方或左方，应加"中华人民共和国"字样。

3）会签栏应按图 7-5 的格式绘制，其尺寸应为 100mm×20mm，栏内应填写会签人员所代表的专业、姓名、日期（年、月、日）；一个会签栏不够时，可另加一个，两个会签栏应并列；不需会签的图纸可不设会签栏。

4）国家制图标准无竖向标题栏规定，本"基础知识"如用竖向标题栏时，可参考图 7-4)所示形式。

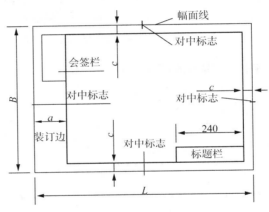

图 7-1　A0～A3 横式幅面

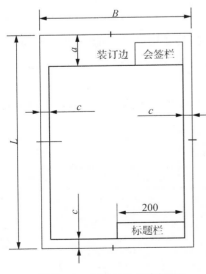

图 7-2　A0～A3 立式幅面

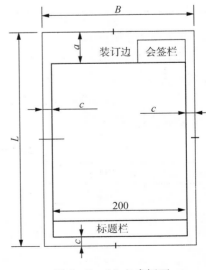

图 7-3　A4 立式幅面

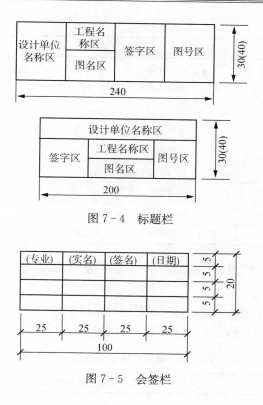

图 7-4 标题栏

图 7-5 会签栏

3. 图纸编排顺序

1）工程图纸应按专业顺序编排。一般应为图纸目录、总图、建筑图、结构图、给水排水图、暖通空调图、电气图等。

2）各专业的图纸，应该按图纸内容的主次关系、逻辑关系，有续排列。

7.5.2 图纸的图线应符合的规定

1）给水排水专业设计图样的图线

（1）图样线型应符合表 7-3 的规定。

给水排水设计图样线型   表 7-3

名称	线型	线宽	用途
粗实线	——————	b	新设计的各种排水和其他重力流管线
粗短虚线	— — — —	b	新设计的各种排水和其他重力流管线的不可见轮廓线
中粗实线	——————	$0.75b$	新设计的各种给水和其他压力流管线；原有的各种排水和其他重力流管线
中粗短虚线	— — — —	$0.75b$	新设计的各种给水和其他压力流管线及原有的各种排水和其他重力流管线的不可见轮廓线
中粗线	——————	$0.50b$	给水排水、零（附）件的可见轮廓线；总图中新建的建筑物和构筑物的可见轮廓线；原有的各种给水和其他压力流管线的可见轮廓线

名称	线型	线宽	用途
中粗虚线	– – – –	0.50b	给水排水、零（附）件的不可见轮廓线；总图中新建的建筑物和构筑物的不可见轮廓线；原有的各种给水和其他压力流管线的不可见轮廓线
细实线		0.25b	建筑的可见轮廓线；总图中原有的建筑物和构筑物的可见轮廓；制图中的各种标注线
细虚线		0.25b	建筑的不可见轮廓线；总图中原有的建筑物和构筑物的不可见轮廓线
单点长划线	–·–·–·–	0.25b	中心线、定位轴线
折断线	─\/─	0.25b	断开界线
波浪线	∿∿∿	0.25b	平面图中水面线；局部构造层次范围线；保温范围示意线等

（2）图线宽度"b"应根据图纸类别、比例和复杂程度选用，一般线宽值为 0.7mm 或 1.0mm；

（3）在一张图纸内，相同比例的各个图样，应选用相同的线宽值。

2）图纸的图框线和标题栏线，宜按表 7-4 的规定确定。

图框线、标题栏线的宽度（mm）　　　　　　表 7-4

幅画代号	图框线	标题栏外框线	标题栏分格线、会签栏线
A0、A1	1.4	0.7	0.35
A2、A3	1	0.7	0.35

3）相互平等的图线，其间隙不宜小于其中的粗线宽度，且不宜小于 0.7mm。

4）单点长划线或双点长划线的两端，不应是点。当在较小图形中绘制有困难时，可用实线代替。

5）单点长划线或双点长划线的两端，不应是点。点划线与点划线交接或点划线与其他图线交接时，应是线段交接。

6）虚线与虚线交接或虚线与其他图线交接时，应是线段交接。虚线为实线的延长线时，不得与实线连接。

7）图线不得与文字、数字或符号重叠、混淆，不可避免时，应首先保证文字等的清晰。

7.5.3　图样比例应符合的规定

1）给水排水专业制图常用的比例，一般应符合表 7-5 的规定。

2）在管道纵断面图中，可根据需要对纵向与横向采用不同的组合比例。

3）在建筑给排水轴测图中，如局部表达有困难时，该处可不按比例绘制。

4）水处理工艺流程图、水处理高程图和建筑给排水系统原理图均不按比例绘制。

5）图样比例，应为图形与实物相对应的线性尺寸之比。比例的大小，是指其比值的大小。如 1∶50 大于 1∶100。

制图常用比例   表 7－5

名称	比例	备注
区域规划图	1：50000、1：25000、1：10000	宜与总图专业一致
区域位置图	1：5000、1：2000	
总平面图	1：1000、1：500、1：300	宜与总图专业一致
管道纵断面图	纵向：1：200、1：100、1：50	
	横向：1：1000、1：500、1：300	
水处理厂（站）平面图	1：500、1：200、1：100	
水处理构筑物、设备间、卫生间、泵房平、剖面图	1：100、1：50、1：40、1：30	
建筑给水排水平面图	1：200、1：150、1：100	宜与建筑专业一致
建筑给水排水轴测图	1：150、1：100、1：50	宜与平面图一致
详图	1：50、1：30、1：20、1：10、1：5、1：2、1：1、2：1	

6）比例的符号为"："，比例应以阿拉伯数字表示，如1：1、1：2、1：100等。

7）比例宜注明　写在图名的右侧，字的基准应取平；比例的字高宜比图名的字高小一号或二号。如图7－6所示。

平面图 1：100　　　⑥　1：20

图7－6　比例的注写

8）一般情况下，一个图样应选用一种比例。根据专业制图需要，同一图样可选用两种比例。

9）特殊情况下也可自选比例，这时除应注出绘图比例外，还必须在适当位置绘制出相应的比例尺。

7.5.4 图纸中所书写的字体应符合的规定

1）图纸上所需书写的文字、数字或符号等，均应笔画清晰、字体端正、排列整齐；标点符号应清楚正确。

2）文字的字高，应从如下系列中选用：3.5mm、5mm、7mm、10mm、14mm、20mm。

3）图样及说明中的汉字，宜采用长仿宋体，宽度与高度的关系应符合表7－6的规定。大标题、图册封面、地形图等汉字，也可书写成其他字体，但应便于辨认。

长仿宋体字的高度和宽度（mm）   表 7－6

字高	20	14	10	7	5	3.5
字宽	14	10	7	5	3.5	2.5

4）汉字的简化字书写，必须符合国务院公布的《汉字简化方案》和有关规定。

5）拉丁字母、阿拉伯数字及罗马数字的书写与排列，应符合表 7-7 的规定。

拉丁字母、阿拉伯数字及罗马数字的书写规则 表 7-7

书写格式	一般字体	窄字体
大写字母高度	h	h
小写字母高度（上下均无延伸）	7/10h	10/14h
小写字母伸出的头部或尾部	3/10h	4/14h
笔画宽度	1/10h	1/14h
字母间距	2/10h	2/14h
上下行基准线最小间距	15/10h	21/14h
词间距	6/10h	6/14h

6）拉丁字母、阿拉伯数字及罗马数字，如需写成斜体字，其斜度应是从字的底逆时针向上倾斜 75°。斜体字的高度与宽度应与相应的直体字相等。

7）拉丁字母、阿拉伯数字及罗马数字的字高，应不小于 2.5mm，和文字的字高相协调。

8）数量的数值注写，应采用正体阿拉伯数字。各种计量单位凡前面有量值的，均应采用国家颁布的单位符号注写。单位符号应采用正体字母。

9）分数、百分数和比例数的注写，应采用阿拉伯数字和数学符号，例如：四分之三、百分之二十五和一比二十应分别写成 3/4、25％和 1∶20。

10）当注写的数字小于 1 时，必须写出个位的"0"，小数点应采用圆点，齐基准线书写，例如 0.01。

11）长仿宋体汉字、拉丁字母、阿拉伯数字及罗马数字示例见《技术制图－字体》GB/T 14691－93。

12）计算公式中的乘号以圆点表示，位置居行中书写。

7.5.5　图样中标高的表示应符合的规定

1）室内工程应标注相对标高；室外工程宜标注绝对标高，当无绝对标高资料时，可标注相对标高，但应与总图专业一致。

2）压力管道应标注管中心标高；沟渠和重力流管道宜标注沟渠（管）内底标高。

3）在下列部位应标注标高：

（1）沟渠和重力流管道的起点、转角点、连接点、变坡点、变尺寸（管径）点及交叉点；

（2）压力流管道中的标高控制点；

（3）管道穿外墙、剪力墙和构筑物的壁及底板等处；

（4）不同水位线处；

（5）构筑物和土建部分的相关标高。

4）标高的标注方法应符合下列规定：

（1）平面图中，单根管线宜标注在管线上侧；多根管线宜采用引线方式标注在管线的任何有空白的一侧。标注方式如图 7-7 所示。

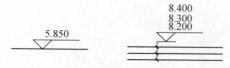

图 7-7 平面图中管线标高标注法

（2）平面图中的沟渠标高按图 7-8 的方式标注沟底标高。

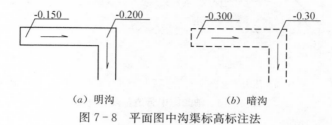

（a）明沟　　　　　　　　　　（b）暗沟

图 7-8 平面图中沟渠标高标注法

（3）剖面图中管道、水池（箱）水位的标高，应按图 7-9 的方式标注。

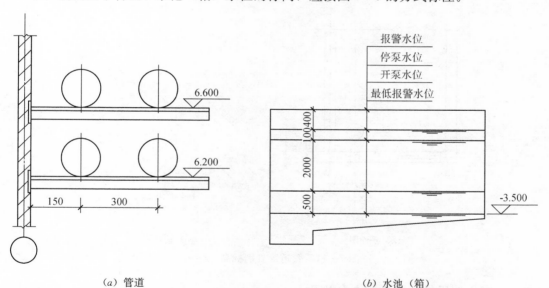

（a）管道　　　　　　　　　　　　　（b）水池（箱）

图 7-9 剖面图中管道及水池（箱）水位标高标注法

（4）轴测图中，管道标高应按图 7-10 的方式标注。

（5）管道穿外墙标高应按图 7-11 的方式标注。

（6）在标准楼层及相同卫生间内的管道也可采用相对本层建筑地面标注管道的标高，标注方法：

①管道在本层建筑地面以上时：h（H）$+\times.\times\times\times$；

②管道在本层建筑地面以下时：h（H）$-\times.\times\times\times$；

③h（H）表示本层建筑地面标高。

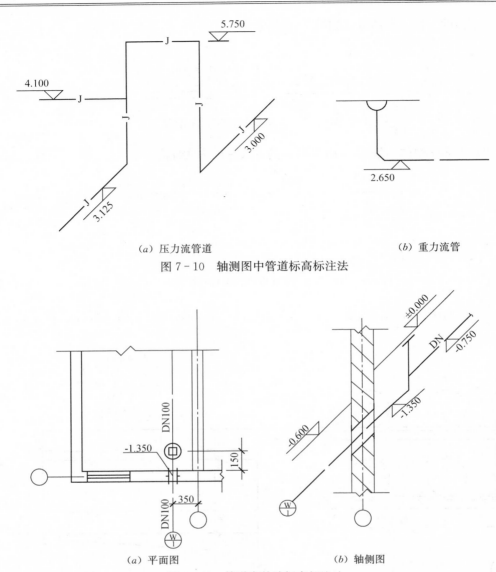

(a) 压力流管道　　　　　　　　　　　　　　　　(b) 重力流管

图 7-10　轴测图中管道标高标注法

(a) 平面图　　　　　　　　　　　　　　　　(b) 轴侧图

图 7-11　管道穿外墙标高标注法

7.5.6　标高符号的表示应符合的规定

1) 标高符号应以直角等腰三角形表示，如图 7-12 所示，用细实线绘制，标高符号的画法根据实际位置处的空间情况选用。

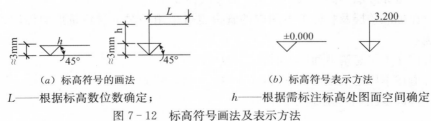

(a) 标高符号的画法　　　　　　　　　　　　(b) 标高符号表示方法

L——根据标高数位数确定；　　　　　　　　h——根据需标注标高处图面空间确定

图 7-12　标高符号画法及表示方法

2）总平面图室外地坪标高符号，宜用涂黑三角形表示，如图 7-13（a）所示，具体画法如图 7-13（b）所示。

（a） （b）

图 7-13 总平面图室外地坪标高符号

3）标高符号的尖端应指至被注高度的位置。尖端一般应向下，也可向上。标高数字应注写在标高符号的左侧或右侧，如图 7-14 所示。

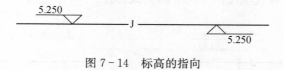

图 7-14 标高的指向

4）标高数字应以米为单位，注写到小数点后第三位。在平面图中，可注写到小数点后第二位。

5）零点标高应注写成 ±0.000，正数标高不注"＋"，负数标高应注"－"，例如 3.000、－0.600。

6）在图样的同一位置需要表示几个不同标高时，标高数字可按图 7-15 的形式注写。

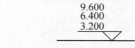

图 7-15 同一位置注写多个标高数字

7）图样中同一位置多根管道的标高、管径亦可用左侧注管径、右侧注标高，如图 7-16 的形式注写。

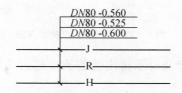

图 7-16 多根管道同一位置注写多个管径、标高数字

7.5.7 图样中管径的表示代号应符合的规定

1）水煤气输送管（镀锌及非镀锌）、铸铁管等管材，管径以公称直径 DN 表示；

2）无缝钢管、焊接钢管（直缝及螺旋管）等管材，管径以外径（D）×壁厚（δ）表示；

3）铜管、薄壁不锈钢管等管材，管径以公称外径 DW 表示；

4）建筑给水排水塑料管，管径以公称外径 dn 表示；

5）钢筋混凝土管，管径以内径 d 表示；

6）复合管、双壁波纹管等管材，管径以产品标准表示方法表示；

7）设计图纸中各种管道均以公称直径 DN 表示时，应在设计说明中列出公称直径与相应管材品种管径的规格对照表。

7.5.8 图样中管径标注应符合的规定

1）单根管道时，管径应按图 7－17 的方式标注。

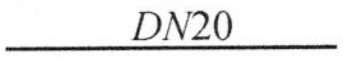

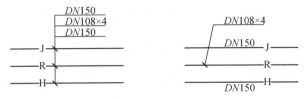

图 7－17　单根管管径标注方法

2）多根管道时，管径应按图 7－18 的方式标注。

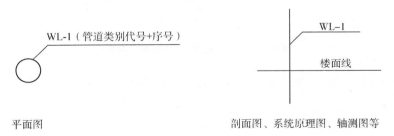

图 7－18　多根管管径标注方法

7.5.9 图纸中管道及设备、设施等编号方式应符合的规定

1）建筑物内穿越楼层的立管，其数量超过 1 根时应对立管按图 7－19 规定方式进行编号。

平面图　　剖面图、系统原理图、轴测图等

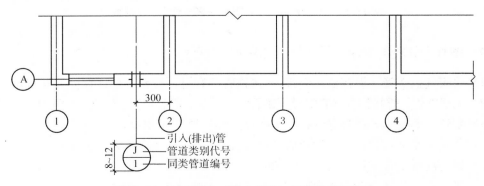

图 7－19　立管编号表示方法

2）建筑物各种给水引入管及排水排出管的数量超过 1 根时，应分别按图 7－20 规定的方式进行编号。

图 7－20　给水引入（排水排出）管编号表示方法

3）在总平面图中，当给水排水附属构筑物的数量超过 1 个时，宜进行编号。

（1）编号方法为：构筑物代号＋编号；

（2）给水构筑物的编号顺序宜为：从水源到干管，再到支管，最后到用户；

（3）排水构筑物的编号顺序宜为：从上游到下游，先干管后支管；

（4）当给水排水机电设备的数量超过 1 台时，宜进行编号，并应有设备编号与设备名称对照表，详见图 8-14。

7.5.10 图纸中各种符号的表示方式应符合的规定

1. 剖视图剖切符号

1）剖视的剖切符号应符合下列规定：

（1）剖视的剖切符号应由剖切位置线及投射方向线组成，均应以粗实线绘制。剖切位置线的长度宜为 6～10mm；投射方向线应垂直于剖切位置线，长度应短于剖切位置线，宜为 4～6mm，如图 7-21 所示。绘制时，剖视的剖切符号不应与其他图线相接触。

（2）剖视剖切符号的编号宜采用阿拉伯数字，按顺序由左至右、由下至上连续编排，并应注写在剖视方向线的端部。

（3）需要转折的剖切位置线，应在转角的外侧加注与该符号相同的编号。

（4）建（构）筑物剖面图的剖切符号宜注在±0.000 标高的平面上。

2）断面的剖切符号应符合下列规定：

（1）断面的剖切符号应只用剖切位置线表示，并应以粗实线绘制，长度宜为 6～10mm。

（2）断面剖切符号的编号宜采用阿拉伯数字，按顺序连续编排，并应注写在剖切位置线的一侧；编号所在的一侧应为该断面的剖视方向，如图 7-22 所示。

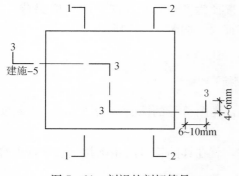

图 7-21　剖视的剖切符号

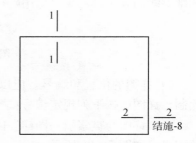

图 7-22　断面的剖切符号

3）剖面图或断面图，如与被剖切图样不在同一张图纸内，可在剖切位置线的另一侧注明其所在图纸的编号，如图 7-21 所示，也可以在图上集中说明。

2. 索引符号与详图符号

1）图样中某一局部或构件，如需另见详图，应以图 7-23（a）所示索引符号索引。索引符号由直径为 10mm 的圆和水平直线组成，如图 7-23（a）所示，圆及水平直径应以细实线绘制。索引符号应按下列规定编写：

（1）索引出的详图，如与被索引的详图在同一张图纸内，应在索引符号的上半圆中用阿拉伯数字注明该详图所在图纸的编号，并在下半圆中间画一段水平细实线，如图 7-23（b）所示。

（2）索引出的详图，如与被索引的详图不在同一张图纸内，应在索引符号的下半圆中用阿拉伯数字注明该详图所在图纸的编号，如图 7-23（c）所示。数字较多时可加文字标注。

（3）索引出的详图，如采用标准图，应在索引符号水平直径的延长线上加注该标准图册的编号，如图 7-23（d）所示。

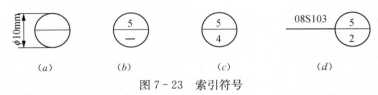

图 7-23 索引符号

2）索引符号如用于索引剖视详图，应在被剖切的部位绘制位置线，并以引出线引出索引符号，引出线所在的一侧应为投射方向。索引符号的编号同 7.5.10 条第 2 款的规定，如图 7-24（a）、（b）、（c）、（d）所示。

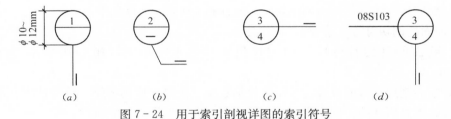

图 7-24 用于索引剖视详图的索引符号

3）零件、钢筋、杆件、设备等的编号，以直径为 5～6mm（同一图样应保持一致）的细实线圆表示，其编号应用阿拉伯数字按顺序编写，如图 7-25 所示。

⑤

图 7-25 零件、钢筋等的编号

4）详图的位置和编号，应以详图符号表示，详图符号的圆直径为 14mm，以粗实线绘制。详图应按下列规定编号：

（1）详图与被索引的图样在同一张图纸内时，就在详图符号内用阿拉伯数字注明详图的编号，如图 7-26 所示。

5

图 7-26 与被索引图样在同一张图纸内的详图符号

（2）详图与被索引的图样不在同一张图纸内时，应用细实线在详图符号内画一水平直径，在上半圆中注明详图编号，在下半圆中注明被索引的图纸编号，如图 7-27 所示。

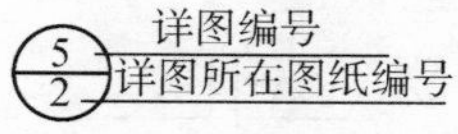

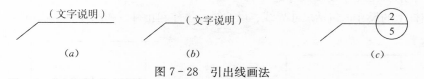

图 7 - 27　与被索引图样不在同一张图纸内的详图符号

3. 引出线

1）引出线应以细实线绘制，宜采用水平方向的直线、与水平方向成 30°、45°、60°、90°的直线，或经上述角度再折为水平线。文字说明宜注写在水平线的上方，如图 7 - 28（a）所示。

也可以注写在水平线的端部，如图 7 - 28（b）所示；索引详图的引出线，应与水平直径相连接，如图 7 - 28（c）所示。

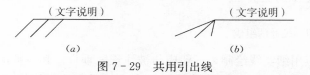

图 7 - 28　引出线画法

2）同时引出几个相同部分的引出线，宜互相平行，如图 7 - 29（a）所示。也可以画成集中于一点的放射线，如图 7 - 29（b）所示。

图 7 - 29　共用引出线

3）多层构造或多层管道共用引出线，应通过被引出的各层。文字说明宜注写在水平线的上方，或注写在水平线的端部，说明的顺序应由上至下，并应与被说明的层次相互一致；如层次为横向顺序，则由上至下的说明顺序应与由左至右的层次相互一致，如图 7 - 30（a），（b），（c），（d）所示。

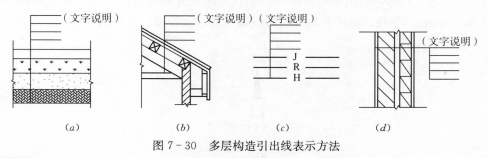

图 7 - 30　多层构造引出线表示方法

4. 其他符号

1）对称符号由对称线和两端的两对平行线组成。对称线用细点划线绘制；平行线用细实线绘制，其长度宜为 6~10mm，每对的间距宜为 2~3mm；对称线垂直平分于两对平行线，两端超出平行线宜为 2~3mm，如图 7 - 31 所示。

2）连接符号应以折断线表示需连接的部位，两部位相距过远时，折断线两端靠图样一侧应标注大写拉丁字母表示连接编号。两个被连接的图样必须用相同的字母编号，如图 7 - 32 所示。

图 7-31 对称符号

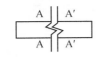

图 7-32 连接符号

图 7-33 指北针

3）指北针的形状宜如图 7-33 所示，其圆的直径宜为 24mm，以细实线绘制；指针尾部的宽度宜为 3mm，指针头部应注"北"或"N"字。需用较大直径绘制指北针时，指针尾部宽度宜为直径的 1/8。

5. 尺寸符号

1）尺寸界线、尺寸线及尺寸起止符号

（1）图样上的尺寸，包括尺寸界线、尺寸线、尺寸起止符号和尺寸数字，如图 7-34 所示。

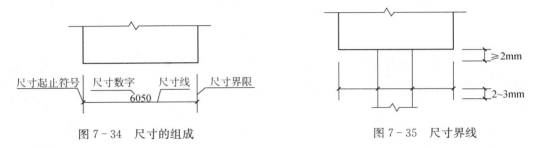

图 7-34 尺寸的组成

图 7-35 尺寸界线

（2）尺寸界线应用细实线绘制，一般应与被注长度垂直，其一端应离开图样轮廓线不小于 2mm 的距离，另一端宜超出尺寸线 2～3mm。图样轮廓线可用作尺寸界线，如图 7-35 所示。

（3）尺寸线应用细实线绘制，应与被注长度平行。图样本身的任何图线均不得用作尺寸线。

（4）尺寸起止符号一般用中粗斜短线绘制，其倾斜方向应与尺寸界线成顺时针 45°角，长度宜为 2～3mm。半径、直径、角度与弧线的尺寸起止符号，宜用箭头表示，如图 7-36 所示。

图 7-36 箭头尺寸起止符号

2）尺寸数字的标写

（1）图样上的尺寸，应以尺寸数字为准，不得从图上直接量取。

（2）图样上的尺寸单位，除标高及总平面图上的长度以米为单位外，其他必须以毫米为单位。

（3）尺寸数字方向，应按图 7-37（a）的规定注写。若尺寸数字在 30°斜线区内，宜按图 7-37（b）的方式注写。

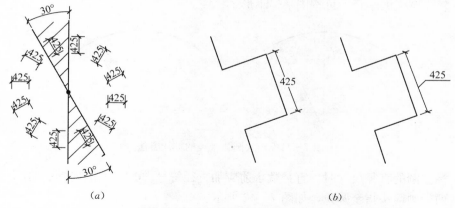

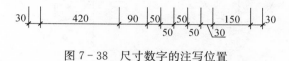

图 7-37 尺寸数字的注写方向

（4）尺寸数字一般应依据其方向注写在靠近尺寸线的上方中部。如没有足够的注写位置，最外边的尺寸数字可注写在尺寸界线的外侧，中间相邻的尺寸数字可错开注写，如图 7-38 所示。

图 7-38 尺寸数字的注写位置

3）半径、直径的尺寸标注方法

（1）半径的尺寸线应一端从圆心开始，另一端画箭头指向圆弧。半径数字前应加注半径符号"R"，如图 7-39 所示。

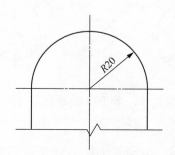

图 7-39 半径的标注方法

（2）较小圆弧的半径，可按图 7-40 形式标注。

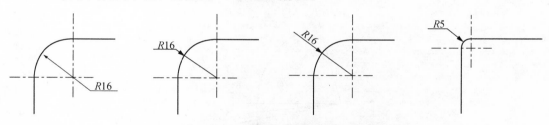

图 7-40 较小圆弧半径的标注方法

（3）较大圆弧的半径，可按图7-41形式标注。

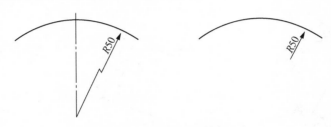

图7-41　较大圆弧半径的标注方法

（4）标注圆的直径尺寸时，直径数字前应加直径符号"Φ"。在圆内标注的尺寸线应通过圆心，两端画箭头指至圆弧，如图7-42所示。

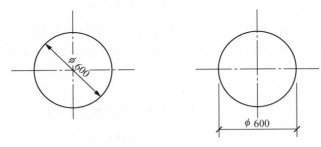

图7-42　圆直径的标注方法

（5）较小圆的直径尺寸，可标注在圆外，如图7-43所示。

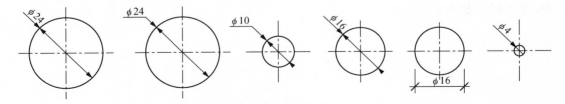

图7-43　较小圆直径的标注方法

4）角度的标注方法

角度的尺寸线应以圆弧表示。该圆弧的圆心应是该角的顶点，角的两条边为尺寸界线，起止符号应以箭头表示，如没有足够位置画箭头，可用圆点代替，角度数字应按水平方向注写，如图7-44所示。

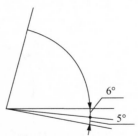

图7-44　角度的标注方法

7.5.11 管道和设备的定位应符合的规定

1）引入管、排出管应以建筑轴线为基准进行定位，如图 7-20 所示。

2）建筑物内的横干管应以建筑轴线或建筑墙面为基准定位。

3）设备：

（1）矩形设备及构筑物，应以建筑墙面或轴线为基准，对其相邻两侧外边缘进行定位。

（2）圆形设备及设施，应以建筑墙面或建筑轴线或构筑物外壁为基准对其圆心进行定位。

4）室外管道、构筑物：

（1）管道以建筑物外墙或道路中心线为基准进行定位。

（2）圆形构筑物以建筑外墙或道路中心线为基准对其圆心进行定位。

（3）矩形构筑物以建筑外墙或道路中心线为基准对其相邻两侧外边缘进行定位。

7.5.12 图幅面内图样的布置应符合的规定

1）每张图幅面内的图样无论只有一个图样还是多个图样，其图幅面内图样的充满度应达到 80% 以上。

2）每张图幅面内的图样所选用的比例应符合表 7-5 制图常用比例的规定，不得为满足图幅内图样充满度的要求而放大图样比例。

3）图样如为平面图，放大平面图。一般按图样上北下南的朝向安排；地面上楼层平面以底层在图幅面下方，二层在图幅面上方，以此类推；地面下楼层以地下一层在图幅面上方，地下二层在图幅面下方，以此类推。

7.5.13 建筑给水排水工程管道系统图形符号

建筑给水排水工程的管道系统图形符号，建议应按《建筑给水排水制图标准》GB/T 50106 的推荐图例绘制。如各设计院（公司）另行编制时，应符合下列要求：

1）应按形象化、简明、清晰和方便计算机绘图、手工绘图及微缩复制等要求编订。

2）管路系统中图形符号内的字符应该适合任何图样（如平面图、剖面图、系统图、轴测图）的表示。

3）管路系统中的阀门、管件、仪表、控制元件等以细实线绘制。

4）管路系统中符号内的字母、数字及其他字符应以直体书写。

《建筑给水排水制图标准》GB/T 50106 规定的图例符号，适用在单线管路中使用。管路线型的粗细应符合表 7-3 的规定。

7.6 设计制图要求

建筑给水排水工程平面图图样

1）重要性：建筑给水排水平面图是本专业的基础图纸。它是绘制管道系统图，本专业设备机房和卫生间等平面放大图，及向建筑、结构、暖通空调、电气及相关专业进行二次细化设计提供技术要求以及项目进行管道综合和最后进行施工安装的依据。因此绘制要全面、准确、清晰、简明。

2）绘制内容：

（1）方案设计、初步设计、施工图设计的设计图纸深度应符合《建筑工程设计文件编制深度规定》（2008 年版）的规定。

（2）各设计阶段的设计说明的编写格式，根据具体工程情况，按照本"基础知识"第 5 章的要求和国家标准图《民用建筑工程给水排水设计深度图样》S901～S902 进行有针对性的编写。

（3）工程计算书一般不对外，仅作设计单位内部各级技术岗位校审和存档之用。

3）建筑给水排水平面图的绘制要求：

（1）建筑物轮廓线、轴线和编号及尺寸、房间分隔和房间名称、绘图比例和方位等均应与建筑专业提供的设计作业图相一致，并均用细实线绘制。图样如图 7-45 所示；

（2）各楼层的平面图应分别绘制。如平面图中面积、房间分隔、用途等完全相同的楼层可合并绘制成一层标准层平面图，但要注明所适用的楼层层次和相应的建筑标高。图样如图 7-46 和图 7-47 所示；

（3）大型公共建筑楼层平面图在一张图纸图幅内完整绘制有困难时，可将其平面图分为若干个区（或段），再以区（或段）绘制其平面图，但应在该平面图的右下侧绘制该建筑的分区（或段）分隔位置示意图，分区编号应与建筑专业相一致，并对该区平面所在分区用细斜线表示；

（4）非标准层平面图的地下各层、公建裙房各层、管道转换层、管道竖向分区的各区横管环管层及有本专业设备机房的各层应分别绘制。图样如图 7-48 所示；

（5）给水排水设备和管道与消防管道和设施可合并绘制在一张平面图上。若管道种类较多，不易表达清楚时，或当地有关部门有规定时，可分开绘制，但水消防管道、灭火器及洁净气体和泡沫等特殊消防管道等内容宜绘制在同一张平面图上。图样如图 7-46、图 7-49 和图 7-50 所示；

（6）平面图中另有局部平面放大图的部位，如水泵房、热交换器间、水处理间、卫生间等，其平面可示出设备、器具和立管位置，其接管布置进入房间后予以断开可不绘出，但该部分应绘制引出线，并在索引线上面注明放大图所在图号，如图 7-51 中⑱轴线处所示；

（7）对于滞后由有关专业公司设计的厨房、洗衣房、中水处理站、游泳池机房、水景、热泵热水、太阳能热水、雨水利用设施、报警阀间、气体消防贮瓶间及其他机房等，应按下列要求绘制：

①在设计过程中应与不少于三家专业公司进行配合，让他们提出各自的机房面积，机房高度和设备、设施的平面布置图，工艺流程图。设计人对其进行综合提出能够进行招标的平面图、工艺流程图及技术参数；

②在平面图上示出进、出房间的管道，并注明机房名称。在图幅中加附注中说明"待设备供货商确定后由供货商再进行细化设计"或"由专业公司按本设计要求的技术参数进行细化设计"；

③在施工图设计总说明中应列出各种设备机房内设备的相关技术参数和要求；

（8）管道标高在同一层平面图上有变化时，应在变化处用向上或向下的图例符号表示清楚，并分别标注变化前及变化后的标高，如图 7-51 中 ㉔ 轴线 Ⓑ 轴线处所示。排水管还应标注管道起点或终点标高；

（9）建筑给水排水平面图上的各种管道，应有平面定位尺寸；如有自动喷水灭火给水管道，还应有喷洒头的定位尺寸，如图 7-50 所示。如二次装修设计，对自动喷水系统喷洒头进行调整时，则应在图纸上加附注对喷头定位及与风口、灯位距离提出要求；

（10）建筑给水排水平面图上的引入管、排出管、立管、潜水排污泵坑等编号，按从左到右、从上到下的顺序排列。同一立管偏置时，立管编号不变，但宜在编号后加 "′" 或 "A" 表示，如 JL—1′ 或 JL—1A。污水潜水泵坑应为独立房间，并设独立的强制排风系统。图样如图 7-51 所示；

（11）为使器具（设备）与排水接管的配套对应关系明确和方便读图，则应将下一层的排水管绘制在为该层服务的卫生器具、空调机房用水池及工艺用水设备所在楼层的平面图上。图样如图 7-51 所示；

（12）如本建筑设有管道转换层及地下层，为方便管道综合，其排水横干管、排出管可绘制在管道转换层或地下一层的平面图上。如无管道转换层（或管道转换空间吊顶层）及地下层，则干管表示在本层及首层平面图上；

（13）给水排水管道穿结构剪力墙及梁和穿楼板洞口大于 300mm×300mm 时，应将位置、标高、尺寸大小等提供给结构专业，由结构专业在其图纸上示出，本专业仅用图例示出，并在该平面图下侧加注说明 "∗∗管道穿剪力墙、梁的留洞（或套管）尺寸、标高、位置详见结施图"字样。如果留洞（套管）的尺寸小于结构专业图纸表示要求者，本专业图面表达有困难时，可对洞口（套管）进行编号，并在本张图面内较空处列表示出留洞（套管）尺寸大小、标高及洞口（套管）形式；

（14）地下停车库一般不设吊顶，自动喷水灭火系统的喷洒水头采用直立式，为方便喷洒水头的布置，设计时宜将结构专业的梁板布置形式和通风空间专业通风管道，以细虚线的方法在自动喷水灭火管道的平面图上表示出来，以确保喷头的布置能满足 "规范"要求。

①风管或管道并列桥架宽度超过 1.20m 处应在其下面增设喷洒头，并将位置示出，图样如图 7-52 所示。在附注中加画如下详图，如图 7-53 所示。

②多层机械停车库应将车架喷头的预留接管示出，并用文字予以说明。

③地面排水沟示出定位尺寸、构造尺寸、起点和终点标高。

④管径，标高，尺寸，文字的标注：

a. 图样中的横向管道，其管径、标高一般标注在管道线的上面。

b. 图样中的竖向管道，其管径、标高一般标注在管道线的左侧。

c. 同一根管道的安装标高有变化时，不仅要用上弯或下弯的图例表示清楚、其变化处两侧均应标出标高。

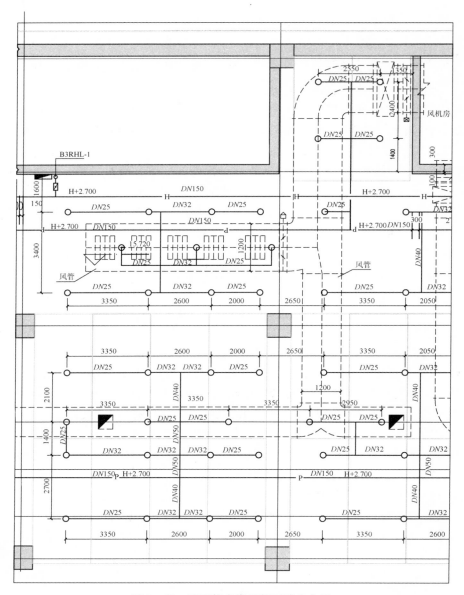

图 7-52　地下停车库风管下喷头布置

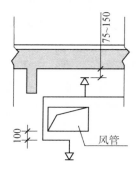

图 7-53　喷淋管在风管超过 1.20m 宽的情况

d. 多根管道并列时，因图面空隙限制，不能按本条（1）～（3）要求标注标高、管径时，可采用如下方式标注：同一横线上的数字，其左侧为管径，右侧为标高。如图 7-48 所示。

⑤屋面雨水排水平面应将雨水斗的汇水区域、屋面坡度分界线、雨水斗位置和定位尺寸、雨水斗编号及管径、屋面标高和变化范围、污水通气管位置和编号等示出，图样如图 7-54 所示。

a. 管井内有多根立管时，为表达清楚，可采用索引线方式引至图面较空处选择如图 7-55所示标注方式标注。

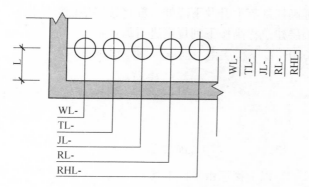

图 7-55　多根立管标注方式

b. 管道较多的走道，在平面图中标注管道标高及定位尺寸有困难时，应绘制如图 7-56所示的剖面图。

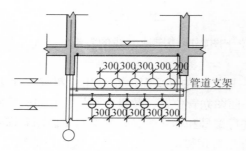

图 7-56　多根管道剖面图

4）建筑给水排水管道系统图

（1）建筑给水排水管道系统的分类：

①管道展开系统原理图；

②管道轴测系统原理图。

（2）给水排水管道系统图的功能要求：

①应能完整的反应一栋建筑物或小区各建筑物内各种不同管道系统的立管、各层横管、横管与用水设备的接管位置及关系等系统全貌；

②应能反应各种管道与给水排水设备、设施、用水器具、排水器具的接管关系；

③应能反映出给水排水设备、设施、附件、管道管件及型式等技术参数；

④应能反映出管道在平面图中不能表达或难以表达清楚的有关内容。

（3）压力流管道展开系统原理图图样的绘制要求：

①不同种类的管道应分别绘制。

②绘制楼层地面线：

a. 用细实线在图幅内按建筑层数和建筑楼层高度，以 300～400mm 的间距竖向排列绘制楼层地面线。如图 7-62 所示。如个别楼层（如设备层、管道转换层、避难层等）给水排水设备（含构筑物）、管道较多时，为将路由关系表达清楚，可适当加大该楼层地面线的竖向间距。

b. 跃层或楼层标高局部有上升及下降处，亦将楼层地面线绘出；

c. 楼层层号、楼层建筑标高按下列规定进行编排：

a）地面（±0.000）以下楼层由上向下按顺序编排；

B1　　▽ -3.600

B2　　▽ -7.200

b）地面（±0.000）以上楼层由下向上按顺序编排；

2F　　▽ 4.500

1F　　▽ ±0.000

c）楼层编号、标高位于图幅内楼层地面线的左端，且上下要对齐。

③绘制立管：

a. 以平面图左端第一根立管在图幅面内左端用中粗线（压力流管道）竖向绘制立管管道为起始端，随后按平面图立管位置、数量、编号从左向右等距离依次绘制出全部立管竖向图线和依次对立管进行编号和标注管径，并应与平面图和横管接管位置相一致；

b. 立管有偏置时应在偏置层横向绘出；立管有阀门、伸缩节、消火栓、检查口、放气阀、减压阀、止回阀、通气帽等应在所在楼层中表示出来；

c. 双立管或三立管排水系统的立管横向排列间距以 5～8mm 为宜。

④绘制横管：

a. 压力流管道的横管应绘制在所在楼层内，按图例用水平线表示；

b. 横管在平面图中有上弯、下弯的标高变化，在系统图中均以水平线表示，如图 7-59所示。其升降变化在平面图中以图例符号表示；

c. 压力流管道水平为环状管网时，用二条平行线表示，在左右两端用短垂直线予以封闭；

d. 除特殊单立管排水系统应在立管图中示出特殊管件外，其他管道只绘出两者连接点即可，不反映接管点的管件形式，如图 7-59～图 7-61 所示。

⑤管道连接的绘制

a. 立管与环状管的连接不采用端部垂直连接方式表示，如图7-57所示。

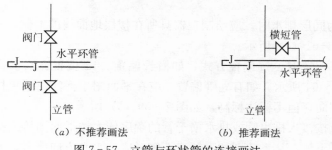

图7-57 立管与环状管的连接画法

b. 立管上的接出管或接入管应在所在楼层绘出。

a）立管上的接出管为卫生间服务时，只绘出控制阀门、减压阀（如有时）、水表、真空破坏器或倒流防止器（如有时）等附件，与用水器具的连接采用加索引线方式说明"接卫生间，详见水施—＊＊"即可，如图7-58（b）所示。

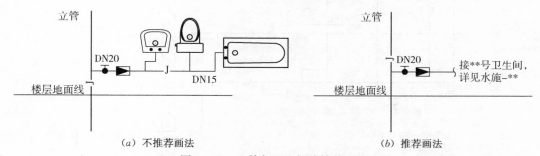

图7-58 立管与卫生间连接的画法

b）立管上及接出管上有消火栓减压阀、伸缩节、固定支架等附件或立管有偏置时，应以图例按图7-59所示的方式在所在楼层绘出。

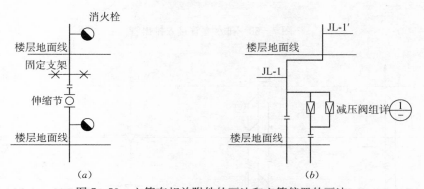

图7-59 立管有相关附件的画法和立管偏置的画法

（4）污水废水管道展开系统图的绘制：

①不同排水管应分开绘制。

②以排出管的编号为单元，依次按编号分别绘制。

③排水横管的绘制应符合下列要求：

　　a. 用水器具为下排水时，应绘制在器具所在楼层地面线的下一楼层的上部，用水平线表示。

　　b. 用水器具为同层排水时，应绘制在器具所在楼层地面线的上侧，并绘出高出楼层地面的高度，如图 7 - 61（*c*）所示。

　　④排水立管有偏置时，按偏置方式，如横管偏置、45°偏置、乙字管偏置等，应在偏置层绘出，如图 7 - 64 所示。如有立管偏置，应在平面图中标注出管道标高。系统图中以水平线表示偏置方向，但不标注标高，如图 7 - 59（*b*）所示。

　　⑤排水立管应按接入排出管或排水横干管的顺序依次按平面图接入排出管或横干管左侧、右侧或上侧、下侧，从系统图的上侧或下侧对应，水平方向接入，不得垂直接入。如图 7 - 60 所示。如起点垂直接入采用 2 个 45°弯头、特殊异径弯头、斜三通、斜四通等管件应在设计说明中或在附注中予以说明。

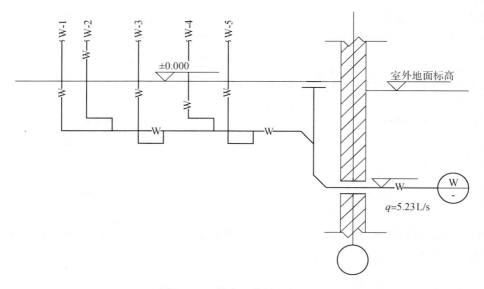

图 7 - 60　排水立管接入排出管

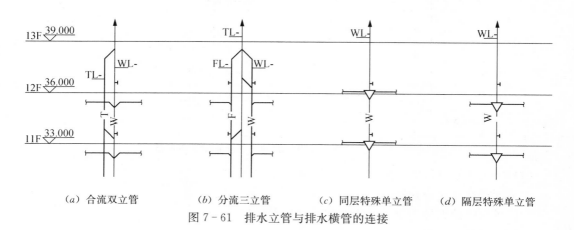

（*a*）合流双立管　　　（*b*）分流三立管　　　（*c*）同层特殊单立管　　　（*d*）隔层特殊单立管

图 7 - 61　排水立管与排水横管的连接

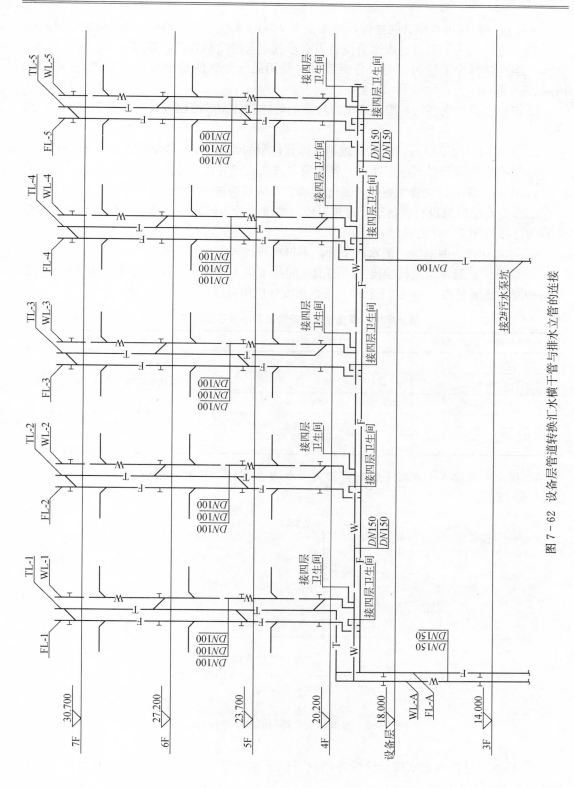

图 7 - 62 设备层管道转换汇水横干管与排水立管的连接

113

⑥排水立管与排水横管的连接，根据卫生洁具的排水方式，按图7-61规定绘制：

a. 卫生洁具为下层污、废水合流且设有通气立管的绘制方式，如图7-61（*a*）所示；

b. 卫生洁具为下层污、废水分流且设有共用通气立管的绘制方式，如图7-61（*b*）所示；

c. 卫生洁具为同层污、废水合流或分流的特殊管件型的绘制方式，如图7-61（*c*）所示；

d. 卫生洁具为下层污、废水合流的特殊管件型的绘制方式，如图7-61（*d*）所示；

e. 结合通气管管径不小于通气立管管径，通气立管管径比排水立管小一号；

f. 排水立管上的立管检查口、通气帽和立管编号等按图例绘出，如图7-61所示。

⑦综合高层建筑设有设备层、避难层或需要进行管道转换时，排水立管与转换汇水横干管的连接按图7-62方法绘制：

a. 排水立管应侧向接入汇水横干管，不得垂直接入汇水横干管；

b. 设备层、避难层及转换层上一层卫生间排水横支管接入排水立管接入点距汇水横干管的高度不能满足表7-8的规定时，该排水支管应单独接入汇水横干管；

最低层排水横支管至立管管底最小垂直距离（m）   表7-8

立管连接排水支管的层数	仅设伸顶通气时	设有通气立管时
≤4	0.45	按连接管件组合最小安装尺寸确定
5～6	0.75	
7～12	1.20	
13～19	3.00	0.75
≥20	3.00	1.20

c. 排水支管接入汇水横干管时，接入点在立管下游，其水平距离不得小于1.5m，如图7-63所示；

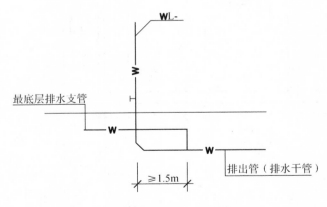

图7-63 最低排水支管与汇水横干管的连接

d. 排水支管接入汇水横干管时弯转向下的汇水支管时，接管点距离弯转处以下不得小于0.6m，如图7-64所示；

e. 污水（废水）立管与通气立管采用 H 形管件时可隔层连接，为方便管道闭水试验，其连接点应在污水（废水）立管检查口之下，如图 7-61（*a*）、图 7-61（*b*）所示。

⑧排水支管与立管的连接不能满足表 7-8 的要求时，应采取如下防反压措施：

a. 位于管道转换层的排水横支管设单独排水汇水横管，如图 7-62 所示。

b. 位于底层的排水横支管设单独的排出管。

⑨排水立管 45°偏置设置时，按图 7-64 方式绘制。

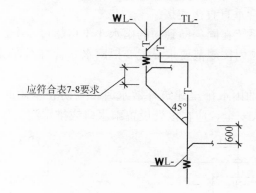

图 7-64　排水立管偏置时排水支管接管

⑩设有汇合通气管和通气管出屋面时，可采用单侧一端接出屋面，如图 7-65（*b*）中虚线方式绘制；或汇合通气管中间接出方法，如图 7-65（*b*）方法绘制。没有汇合通气管的排水立管可设置伸顶通气管直接接出屋面，如图 7-65（*a*）所示。

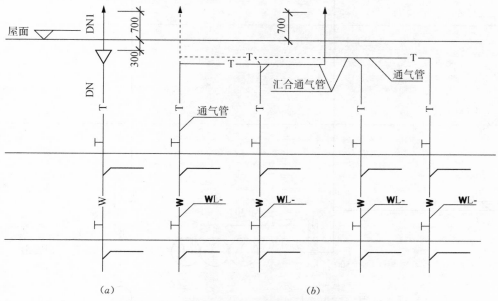

（*a*）　　　　　　　　　　　　　　（*b*）

图 7-65　汇合通气管及通气管出屋面连接方式

a. 最冷月平均气温低于－13℃的地区，*DN*1 应比 *DN* 大一号，如图 7-65（*a*）所示；

b. 汇合通气管应为汇合通气立管中最大一根通气立管断面积加其余通气立管断面积之和的 0.25 倍；

c. 通气管高出不上人屋面的高度为当地最大积雪厚度加 0.30m；如为上人屋面则应高出屋面不小于 2.0m。

⑪屋面雨水排水管道系统图按图 7-66 所示方式绘制。

a. 雨水斗不得与立管垂直直接连接。

b. 87 型雨水斗排水系统在同一横管中的雨水斗不得超过 4 个。

c. 屋面同一汇水区域内按规范要求设置 2 根雨水立管有困难时，可以采取设置 2 个雨水斗的措施予以变通。

d. 屋面雨水排水管的雨水排至建筑外散水时，为防止暴雨时影响行人通行和冬季融雪水在地面结冰影响行人安全，应在该处设置雨水口或排水沟。如图 7-66（*b*）所示。

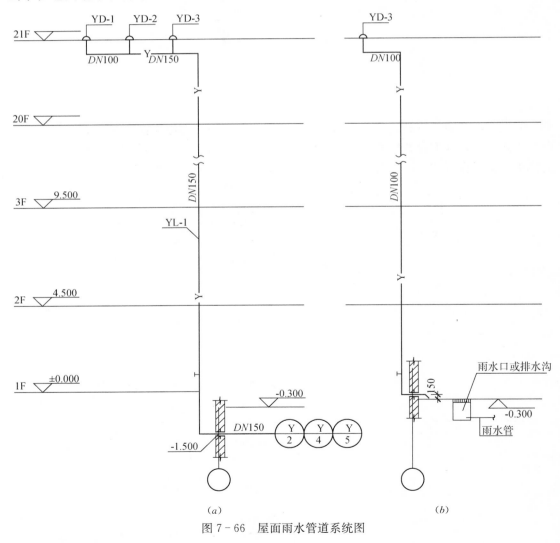

图 7-66　屋面雨水管道系统图

e. 高层建筑、超高层建筑的雨水排出管应经设置的消能措施后，亦可与建筑小区的雨水管连接。

⑫多层建筑宜采用轴测图的绘制方法绘制管道系统图，图样如图 7-67 所示。多座潜水泵坑并联共用一根排出管时，宜在起端设通气管，并按图 7-68 所示方法绘制：

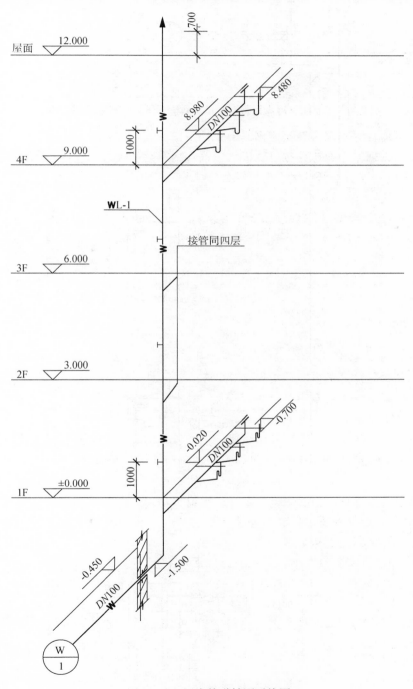

图 7-67　污水管道轴测系统图

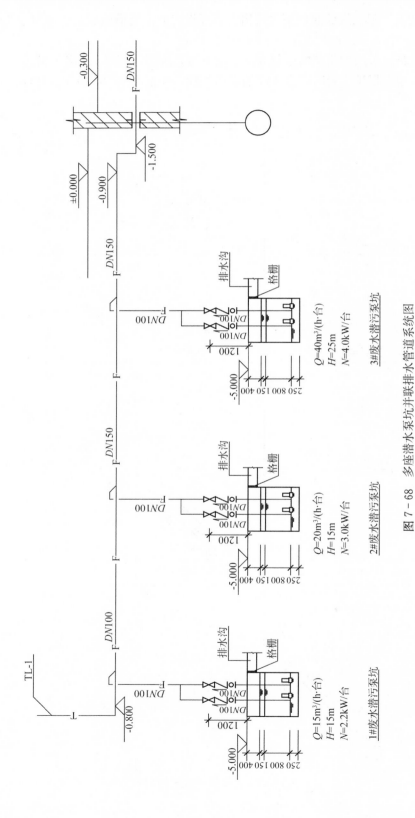

图 7 - 68 多座潜水泵坑并联排水管道系统图

　　a. 每座潜水泵坑压力排水管应从排出管顶部以 45°角接入排水横干管；

　　b. 接入点宜将管径放大一号；

　　c. 合并干管管径按充满度 0.6 和同时运行的潜水排污泵流量之和计算。

　　⑬排出管穿外墙时墙线、轴线、轴线号、防水套管、排出管编号及室内外地面标高等均应按图 7-60、图 7-66、图 7-67 所示图样绘出。

　　(5) 建筑物屋面雨水排水管道展开系统的绘制：

　　①按设计系统如数分别绘制，系统完全相同时可绘制一个，但应注明相应的系统编号，如图 7-66 (*a*) 所示；

　　②如数绘出雨水系统担负的雨水立管，每根雨水立管和每根横管上接入的雨水斗数量；

　　③绘出立管检查口、横管清扫口所在位置；

　　④绘出排出管及排出管穿建筑外墙墙线、轴线和轴线号和穿墙标高；

　　⑤标注出立管编号和管径、横管管径和雨水斗编号、排出管管径及编号；

　　⑥雨水立管排至裙房屋面或室外散水地面时，应标注出雨水口与屋面或散水表面的高度，如图 7-66 (*b*) 所示；如排至裙房屋面时，应向建筑专业提供具体位置，让建筑专业在该处采取防止水流冲击破坏屋面隔热层的措施；

　　⑦雨水斗的型号在设计说明中予以说明。

　　(6) 水箱 (池) 的绘制：

　　①生活贮水池 (箱)、消防贮水池 (箱) 等按实际设计数量 (座数或格数) 绘出平面外形及池 (箱) 内的最低水位线、启泵水位线、最高水位线、溢流报警水位线、停泵水位线，并注出有效容积；

　　②水池 (箱) 进水管用中粗线绘制，绘出各种阀门和附件，并反映出进水阀的型式、控制方式，并标注出管径；

　　③水池 (箱) 外形应反映出池 (箱) 底的设置形式 (如落地、架空等)；

　　④表示方法如图 7-69 所示。

　　(7) 加压水泵机组的绘制

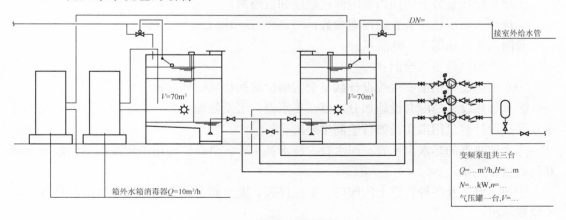

图 7-69　生活给水池 (箱) 系统图

①水泵按设计数量全数以图例绘制在同一水平位置上；

②一座水池（箱）且各台水泵为单独从水池（箱）内吸水时，只绘制一根水泵至水池（箱）的完整的吸水管至水池（箱）相应水位线之下，并将吸水喇叭口示出，其余水泵可以打断线表示；

③2座（或2格）水池（箱）时，水泵机组一般采用共用吸水管，且共用吸水管的两端应分别接自2座（或2格）水池（箱）内的吸水坑，并画出吸水口装置，在池（箱）外的吸水管上装设控制阀门。各加压水泵机组的水泵吸水管分别从共用吸水管上两阀门之间的管道上按顺序接出；

④加压水泵吸水管、出水管上的软管接头、阀门、过滤器、真空压力表、止回阀、泄压阀、压力表等附件应按顺序绘出，并标注出管径；

⑤水泵机组应在图样的下方或上方示出各自的性能参数；

⑥图示方法如图7-69和图7-70所示。

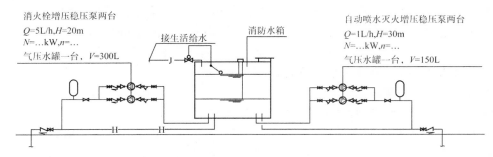

图7-70 消防水箱及增压稳压装置系统图

（8）消防水箱及增压稳压装置的绘制：

①消火栓系统与自动喷水灭火系统的增压稳压装置应分别绘制；

②增压水泵、气压水罐等用细实线绘出其外形；

③增压装置间的接管及水箱间的接管用中粗线按图例绘制；

④增压稳压装置上的阀门等附件按顺序如数绘制；

⑤标注出增压稳压装置的性能参数；

⑥图示方法如图7-70所示。

（9）水加热设备的绘制：

①水加热设备用细实线按设计数量全数绘出该加热器的外形；

②水加热设备的配套设施如分水器、集水器、水质处理装置、膨胀罐、热水系统循环水泵等按设计数量用细实线如数绘制出外形；

③水加热器的热水出水管、回水管、冷水补水管、热媒管等用中粗线按图例绘制出相互间的接管关系；

④加热设备及各种管道上的阀门、温控仪表、安全阀、温控阀、疏水器等附件等均应按位置示出；

⑤在图样的下方标注出水加热设备、安全阀等的性能参数；

⑥图示方法如图7-71所示。

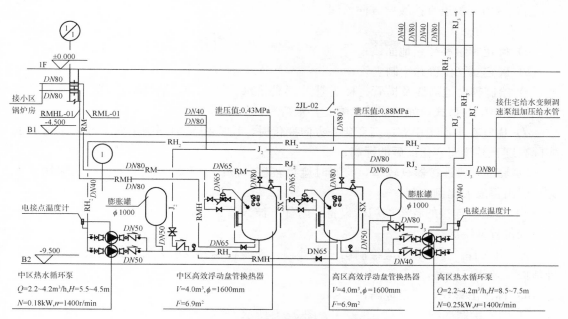

图 7-71 水加热设备系统图

（10）管道轴测系统图的绘制：

①相关"标准"的规定；

a.《建筑工程设计文件编制深度规定》（2008 年版）第 4.6.18 条第 2 款第 1 项的规定如下：

对于给水排水系统和消防给水系统，一般宜按比例分别绘出各种管道系统轴测图。图中标明管道走向、管径、仪表及阀门、伸缩节、固定支架、控制点标高和管道坡度（设计说明中已交代者，图中可不标注管道坡度），各系统进出水管编号，各楼层卫生设备和工艺用水设备的连接点位置。如各层（或某几层）卫生设备及用水点接管（分支管段）情况完全相同时，在系统轴测图上可只绘一个有代表性楼层的接管图，其他各层注明同该层即可；复杂的连接点应局部放大绘制；在系统轴测图上，应注明建筑楼层标高、层数、室内外地面标高。引入管道应标注管道设计流量和水压值。

b.《建筑给水排水制图标准》GB 50106 中第 4.2.12 条的规定如下：

a）功能比较单一的单层建筑、低层建筑、多层建筑，宜绘制如图 7-67 所示的管道系统轴测图。

b）卫生间放大图应绘制管道轴测图。

c）管道轴测图应按 45°正面斜轴测等测投影法绘制。

d）管道绘制轴测图应按比例绘制。局部管道较多处按比例绘制不易表示清楚时，该处可不按比例绘制。

e）楼层地面线、管道上的阀门和附件应在图中予以表示，管径、立管编号应与平面图一致。

f）管道应注明管径、标高（亦可标注距楼板（地）面尺寸），接入或接出管道上的设备、器具宜编号或注字表示。

121

g）重力流管道宜按坡度方向绘制。

c. 绘制方法

a）确定和绘制楼层地面线；

b）确定立管位置并绘制立管；

c）绘制辅助地面线及横管、横支管及器具给水、排水管，器具给水管、排水管应按图例绘制出配件形式，如角阀、水嘴、存水弯等；

d）横管在平面图中有标高变化、方向变化时，均应按比例绘制出向上或向下弯转的实际高度、并注明变化前后的标高；

e）局部管段连接器具较多，绘制时遮挡较多，按比例不易表达清楚时，可采用索引方式引出再放大比例绘制；

f）管道所连接的各类阀门、设备、附件（波纹管、清扫口、检查口）等亦应按比例在所处位置处绘出；

g）引入管、排出管均应绘制出所穿外墙、外墙轴线号及引入管、排出管编号、室内外地面线及相应标高；

h）标注出管径、管道标高；

i）图样绘制如图 7-67、图 9-3、图 9-5 所示。

7.7 设计计算

7.7.1 生活给水、热水、中水等设计计算应达到的目的

1）确定在高峰用水时段内，满足建筑物内最不利用水点所需水量和水压条件下的给水、热水、中水、消防用水等系统的经济管径。

2）计算出满足各种管道系统的管道通过相应设计秒流量时，不同管段的沿程水头损失和局部水头损失。

（1）以管道系统总水头损失（沿程水头损失与局部水头损失之和称总水头损失）校核室外或市政给水管网的最低水压、水量能否满足直接供水的楼层数；

（2）以管道系统总水头损失、设计秒流量、建筑物高度等确定二次加压给水设施的分区数和设施的配置。

3）计算确定二次加压供水、供热设备（水泵、换热设备等）的性能参数，并选用高效、节能、环保、卫生、耐用和技术先进的设备。

4）确定与二次加压供水、供热设备的配套设施，如贮水池（箱）、转输水箱、减压水箱、高位水箱、水加热（换热）设备等容量。

7.7.2 生活给水、热水设计计算的若干规定

1）卫生洁具给水当量和额定流量宜按下列规定取值：

（1）建筑内无生活热水供应系统时，取规范用水量标准表中无括号的数值；

（2）建筑内设有生活热水供应系统时，取规范用水量标准表中括号内的数值作为单独计算冷水或热水管道水头损失时使用；

（3）浴盆带有淋浴喷头时，当量和额定流量按混合水嘴取值，但所需水压应按所带淋浴器取值；

（4）工程项目（如合资建设工程、外资独资建设工程）明确选用的卫生洁具给水配件为特殊指定产品时，则给水当量、最低给水压力、额定流量按所选产品的技术参数取值。

2）给水、热水管道流速的取值：

（1）生活给水管道和生活热水管道系统，应按《建筑给水排水设计规范》GB 50015－2003（2009 年版）（以下简称"规范"）的规定按表 7－9 确定管内的水流速度。

生活给水和热水管道内的水流速度   表 7－9

公称直径 DN（mm）		15～20	25～40	50～70	≥80
水流速度（m/s）	给水	≤1.0	≤1.2	≤1.5	≤1.8
	热水	≤0.8	≤1.0	≤1.2	≤1.2

注：1. 该表引自《建筑给水排水设计规范》GB 50015－2003（2009 年版）；

2. 表中 DN≤20mm 时，管内水流速度不应小于 0.6m/s，其余档次的最小水流速度不应小于前一档次的流速。

（2）消防给水管道相关"规范"未对管内水流速度作出明确的规定，根据工程实践，建议按如下要求确定：

①消火栓给水管道不应超过 2.5m/s；

②自动喷水灭火系统给水管道不应超过 5.0m/s。

（3）建筑物给水引入管的管径计算原则：

①建筑物设有多根引入管时，按其中一根引入管出现故障关闭检修停止供水，而其余引入管应能满足该建筑物全部用水量计算其引入管管径。

②如果采用叠压（无负压）给水设备供水时，该设备应按单独设置引入管确定管径。如为多组叠压（无负压）并联时，应以全部数量设备总流量，且流速不超过 1.2m/s，确定引入管管径。

③考虑到长时间通水水中溶解氧及余氯对管道产生腐蚀所带来的杂质锈垢，会使管道进水截面减小，流量减少，一般建筑物的引入管管径不应小于 DN20。

（4）管道系统水头损失的计算原则：

①生活给水和热水系统的管道沿程损失应列表按给水节点逐段计算确定，表格格式详见本节其他各条所述。

②管道系统局部水头损失可不详细计算，而按下列规定确定：

a. 生活给水系统按管道沿程损失总和的 30% 计算确定。

b. 消火栓及固定消防炮灭火给水系统按管道沿程损失总和的 10% 计算确定。

c. 自动喷水灭火系统及智能主动喷水灭火系统按管道沿程损失总合的 20% 计算确定。

3）污水及废水管道的水力计算详见本书第 7.7.4 节的规定。

7.7.3 建筑内给水工程的计算内容

1）按下列规定确定建筑物的用水量：

（1）根据建筑物的性质、用途按规范规定选取用水量定额和小时变化系数；

（2）初步设计应列表计算建筑物的用水量，表格格式详见本"基础知识"表 6-2 或表 6-3；

（3）用水量计算表格应作为初步设计文件内容纳入初步设计文件内。

2）设有二次供水设施的工程，按二次加压供水区的最高日用水量，以规范规定的百分数计算确定贮水池的有效容积。

3）以建筑小区各栋建筑物或单体建筑物各分区计算的最高日用水量、最大小时用水量和平均时用水量，是作为向城市供水部门申请工程项目用水量的数据。因此，计算一定要仔细。

4）给水管道系统的水力计算应符合下列规定：

根据建筑物的性质、用途、使用特点，选定符合建筑物性质的室内给水设计秒流量计算公式：

①用水时间长、用水频率分散的住宅类建筑（含普通住宅、高档住宅、别墅等），应按下列顺序进行设计秒流量的计算：

a. 按下式先计算出最大用水时卫生器具给水当量平均出流概率：

$$U_0 = \frac{100q_1 \cdot m \cdot K_h}{0.2 \cdot N_g \cdot T \cdot 3600} \ (\%) \tag{7-1}$$

式中：U_0——生活给水管道最大用水时卫生器具给水当量平均出流概率（%）；

q_1——最高用水日的用水定额，根据住宅类型按规范规定取值；

m——每一住户的用水人数；

K_h——小时变化系数，根据住宅类型按规范规定选取；

N_g——每一住户用水器具的给水当量数；

T——用水时间数；

0.2——一个卫生器具给水当量的额定流量（L/s）。

对于具体工程为了简化计算过程，可根据"规范"中规定的住宅类型按表 7-10 的参数值确定卫生器具给水当量最大用水时的平均出流概率。

卫生器具给水当量最大用水时平均出流概率参数值　　　　表 7-10

住宅类型	U_0 参考值（%）	住宅类型	U_0 参考值（%）
Ⅰ类普通住宅	3.0～4.0	Ⅲ类普通住宅	2.0～2.5
Ⅱ类普通住宅	2.5～3.5	别墅	1.5～2.0

注：应用表 7-10 时的建议：

1. 当前房地产界称谓的"经济适用房"、"两限房"、"公租房"可按Ⅰ类、Ⅱ类普通住宅取值；

2. 当前房地产界称谓的"商品住宅"、"豪华住宅"、"联排别墅"、"独栋别墅"等可按Ⅲ类普通住宅和别墅取值。

b. 按下式计算管段上卫生器具给水当量的同时出流概率：

$$U = \frac{1 + \alpha_C (N_g - 1)^{0.49}}{\sqrt{N_g}} \ (\%) \tag{7-2}$$

式中：U——计算管段上卫生器具给水当量的同时出流概率（%）；

α_C——对应不同 U_0 值的系数，按表 7-11 取值；

N_g——计算管段上卫生器具给水当量总数。

卫生器具给水当量最大用水时平均出流概率参数值 表 7-11

U_0 (%)	α_C	U_0 (%)	α_C	U_0 (%)	α_C
1	0.00323	3	0.01939	5	0.03715
1.5	0.00697	3.5	0.02374	6	0.04629
2	0.01097	4	0.02816	7	0.05555
2.5	0.01512	4.5	0.03263	8	0.06489

c. 按下式计算管段的设计秒流量：

$$q_g = 0.2 \cdot U \cdot N_g \qquad (7-3)$$

式中：q_g——计算管段的设计秒流量（L/s）；

其他符号同公式（7-2）。

d. 如给水管段有 2 条及 2 条以上不同 U_0 值的支管且为枝状管网时，则该管段最大用水时卫生器具给水当量平均出流概率按下式计算：

$$\overline{U}_0 = \frac{\sum U_{0i} N_{gi}}{\sum N_{gi}} \qquad (7-4)$$

式中：$\overline{U}_0$——计算管段上卫生器具给水当量平均出流概率（%）；

U_{0i}——所接支管上最大用水时卫生器具给水当量平均出流概率（%）；

N_{gi}——相应支管的卫生器具给水当量总数。

e. 计算出或选取了 U_{0i} 之后，可以根据 N_g 计算管段上的当量值，从"规范"中附录 E 中的表 E-1 查得不同 U_0、U 时的设计秒流量 q。如计算 U_0、U 值与表内 U_0、U 不一致时，可用内插法求得。

f. 住宅建筑生活给水管道系统水力计算表格格式，详见表 7-12。

② 非住宅类居住建筑（Ⅰ类和Ⅱ类宿舍、旅馆、旅馆式公寓、医院、疗养院、养老院、幼儿园等）及用水时间较长且用水时段分散的建筑（办公楼、商场、图书馆和书店、客运站（火车站、水运港、航空港）、商场、会展中心、教学楼（大学、中学、小学）、街道社区公共厕所等）按下列规定计算设计秒流量：

a. 设计秒流量计算公式：

$$q_g = 0.2\alpha \sqrt{N_g} \qquad (7-5)$$

式中：q_g——计算管段的给水设计秒流量（L/s）；

N_g——计算管段上卫生器具给水当量总数；

α——根据建筑物用途而定的系数，按表 7-13 规定取值。

不同建筑物用途的 α 值 表 7-13

建筑物用途	α 值	建筑物用途	α 值
幼儿园、托儿所、养老院	1.2	学校	1.8
门诊部、诊疗所	1.4	医院、疗养院、休养所	2
办公楼、商场	1.5	旅馆式公寓	2.2
图书馆	1.6	Ⅰ类和Ⅱ类宿舍、旅馆	2.5
书店	1.7	客运站	3

住宅生活给水管道水力计算表

表 7 - 12

序号	管段编号		给水卫生器具名称及数量							当量总数 N_g	q_L (L)	K_h	N_g	T (h)	平均出流概率 U_0 (%)	同时出流概率 U (%)	α_c	设计秒流量 (L/s)	管径 (mm)	流速 (L/s)	管段长度 (m)	每m管道水头损失 (kPa)	管段沿程水头损失 (kPa)
	起	止	名称 当量N 数量n	洗脸盆 N=0.75	浴盆 N=1.0	淋浴器 N=0.75	坐便器 N=0.5	洗涤盆 N=0.75	洗衣机 N=1.0														
1	2	3	4	5	6	7	8	9	10	11	12	13	14	15	16	17	18	19	20	21	22	23	24	25
			n																					
			N																					
			n																					
			N																					

126

b. 使用设计秒流量计算公式应符合下列规定：

a）如计算值小于该管段上一个最大卫生器具给水额定流量时，应以该最大卫生器具的给水额定流量作为该管段的设计秒流量。

b）如计算值大于该管段上全部卫生器具给水额定流量的累加值时，应以该管段全部卫生器具给水额定流量的累加值作为该管段的设计秒流量。

c）设有大便器冲洗阀（延时自闭冲洗阀、脚踏式冲洗阀、感应式冲洗阀）的给水管段，大便器冲洗阀的给水当量均应以 0.5 计，则该管段的设计秒流量为计算 q_g 再附加 1.2L/s。

d）综合楼（不含住宅）的 α 值应根据该建筑功能用途的组合种类数按加权平均计算所得的数值作为该综合楼的 α 值。

e）非住宅类居住建筑给水管道系统水力计算表格格式，详见表 7-14。

③用水时段集中、卫生器具使用频率高的建筑（Ⅲ类和Ⅳ类宿舍、影剧院、体育场馆、会议中心、职工食堂、营业餐馆的厨房、工业企业生活间、公共浴室、洗衣房、普通理化实验室等），按下列规定计算设计秒流量：

a. 设计秒流量按下式计算：

$$q_g = \sum q_0 n_0 b \tag{7-6}$$

式中：q_g——计算管段的设计秒流量（L/s）；

q_0——同类型卫生器具的一个卫生器具的给水额定流量（L/s）；

n_0——计算管段上同类型卫生器具的数量；

b——不同建筑内不同类型卫生器具的同时给水百分数，按表 7-14 选用。

b. 使用设计秒流量计算公式时，应符合下列规定：

a）如计算值小于该管段上用水器具中最大一个用水器具的额定流量时，应以该最大用水器具的额定流量作为该管段的给水设计秒流量。

b）如计算管段上设有大便器自闭冲洗阀时，则自闭冲洗阀应单列计算，若该单列计算值小于 1.2L/s 时，应以 1.2L/s 计；若该单列计算值大于 1.2L/s 时，则应以计算值计。

c. 用水时段集中、用水器具使用频率高的建筑生活给水管道系统的水力计算表格格式，详见表 7-15。

5）建筑内生活给水管道系统计算例题

（1）某综合楼由旅馆、旅馆式公寓、配套裙房、地下车库和设备机房组成。取该建筑内旅馆式公寓作为生活给水管道系统的计算示例供参考。

（2）计算公式取 $q_g = 0.2\alpha\sqrt{N_g}$。

（3）给水管管材为薄壁不锈钢管。

（4）旅馆式公寓每套公寓卫生洁具配置：

①公寓区最高层每套公寓卫生间配有：洗脸盆、浴盆、淋浴房、坐便器、净身盆。每套公寓厨房内配双格型洗涤盆。

②其余各层每套公寓除卫生间无淋浴房外，其余均与最高层相同。

（5）卫生洁具当量详见表 7-14。

（6）水力计算表格的格式详见表 7-15。

不同建筑内不同用水器具同时给水百分数　　　　　　　　　　表 7 - 14

序号	用水器具名称		同时使用百分数								
			III类宿舍IV类宿舍	影剧院会议中心	体育场馆	工业企业生活间	公共浴室	洗衣房	营业餐馆的厨房、职工食堂	科研教学实验室	生产性实验室
1	洗涤盆（池）		30	15	15	33	15	25~40	70	—	—
2	洗手盆		—	50	70 (50)	50	50				
3	洗脸盆、盥洗槽龙头		60~100	50	80	60~100	60~100	60			
4	浴盆		—			—	50	—			
5	淋浴器	无隔间			100	100	100	100			
6		有隔间	80	60~80	60~100	80	60~80				
7	大便器	冲洗水箱	70	50 (20)	70 (20)	30	20	30			
8		自动冲洗水箱	100	100	100	100					
9		自闭冲洗水箱	2	10 (2)	15 (2)	2	2				
10	小便器	自闭冲洗阀	10	50 (10)	70 (10)	10	10				
11		自动冲洗水箱		100	100	100	100				
12	净身盆					33					
13	饮水器			30	30	30~60	30				
14	小卖部洗涤盆			50	50		50				
15	污水池（盆）								50		
16	煮锅								60		
17	生产性洗涤机								40		
18	器皿洗涤机								90		
19	开水器								50		
20	蒸汽发生器								100		
21	灶台水龙头								30		
22	单联化验水龙头									20	30
23	双联或三联化验水龙头									30	50
24	冲洗器									100	100

（7）计算简图如图 7 - 72 所示。

（8）各管段管道沿程水头损失详见表 7 - 16。

（9）管道系统总水头损失：

①系统最不利用水点所需水压按下式计算：

$$H = h_1 + h_2 + h_3$$

式中：H——系统最不利点所需水压（kPa）；

　　　h_1——系统管路总水头损失（kPa）；

　　　h_2——最不利点消防水箱与二次加压设备进水口几何高差（m），由系统图知 h_2 = 74m（740kPa），如最不利点为 10 节点时，则 h_2 = 70m（700kPa）；

　　　h_3——最不利点消防水箱进水管口所需流出水头，根据产品要求为 100kPa，第 10 节点的淋浴流出水头为 200kPa。

②最不利点究竟选消防水箱进水口水位控制阀入口压力还是图 7 - 72 中的第 10 节点淋浴器所需压力，应进行计算比较后确定。本例题最不利用水点，以计算简图中第 10 节

××建筑生活给水管道系统水力计算表

表 7-15

序号	管段编号		同类卫生器具数量(n)及流量(q)	用水器具名称、给水额定流量(q_0)及用水使用百分数b							管段设计秒流量 q_g (L/s)	管径 DN (mm)	流速 v (L/s)	管段长度 L (m)	每 m 管长水头损失 i (kPa)	管段沿程水头损失 $h=iL$ (kPa)	备注
				洗脸盆 $q_0=0.1$ $b=$	盥洗槽 $q_0=0.14$	小便器 $q_0=0.1$	坐便器 $q_0=0.1$	蹲便器 $q_0=1.2$	淋浴器 $q_0=0.1$	污水池 $q_0=0.2$							
	起	止															
1		2	n														
			q														
2		3	n														
			q														
3		4	n														
			q														
4		5	n														
			q														
5		6	n														
			q														
6		7	n														
			q														
7		8	n														
			q														
8		9	n														
			q														
9		10	n														
			q														
10		11	n														
			q														

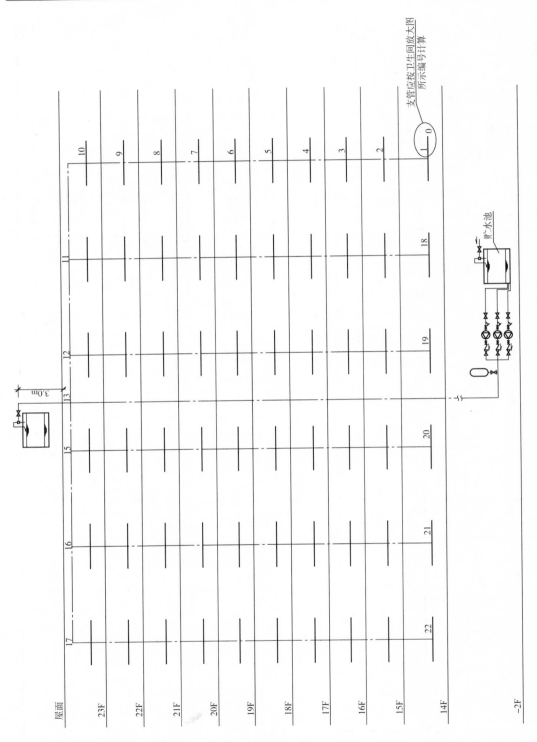

图 7 - 72   生活给水管道系统计算简图

表 7 - 16

公寓式旅馆生活给水管道水力计算表

序号	管段编号 起	管段编号 止	给水卫生器具名称计算当量值（N_g）及数量 洗脸盆 0.5	浴盆 1	淋浴房 0.5	坐便器 0.5	蹲便器(冲洗阀) 6	净身盆 0.35	洗涤盆 0.7	洗衣机 1	当量总数 ΣN_g	设计流量 (L/s)	管径 DN (mm)	流速 v (m/s)	单位管长水头损失 (kPa/m)	管段长度 (m)	管段沿程水头损失 (kPa)
1	0	1	1×0.5	1×1.0	—	1×0.5	—	—	1×0.7	1×1.0	3.7	0.85	32	1.02	0.54	2.0	1.08
2	1	2	2×0.5	2×1.0	—	2×0.5	—	—	2×0.7	2×1.0	7.4	1.20	40	0.97	0.42	3.3	1.39
3	2	3	4×0.5	4×1.0	—	4×0.5	—	—	4×0.7	4×1.0	14.8	1.69	50	0.81	0.31	3.3	1.02
4	3	4	6×0.5	6×1.0	—	6×0.5	—	—	6×0.7	6×1.0	22.2	2.07	50	0.99	0.45	3.3	1.49
5	4	5	8×0.5	8×1.0	—	8×0.5	—	—	8×0.7	8×1.0	29.6	2.39	50	1.15	0.57	3.3	1.88
6	5	6	10×0.5	10×1.0	—	10×0.5	—	—	10×0.7	10×1.0	37.0	2.68	65	0.84	0.14	3.3	0.46
7	6	7	12×0.5	12×1.0	—	12×0.5	—	—	12×0.7	12×1.0	44.0	2.92	65	0.90	0.16	3.3	0.53
8	7	8	14×0.5	14×1.0	—	14×0.5	—	—	14×0.7	14×1.0	51.8	3.17	65	0.97	0.18	3.3	0.59
9	8	9	16×0.5	16×1.0	—	16×0.5	—	—	16×0.7	16×1.0	59.2	3.39	65	1.06	0.22	3.3	0.73
10	9	10	18×0.5	18×1.0	—	18×0.5	—	—	18×0.7	18×1.0	66.6	3.59	65	1.12	0.24	3.3	0.79
11	10	11	20×0.5	20×1.0	—	20×0.5	—	2×0.35	20×0.7	20×1.0	74.7	3.80	65	1.18	0.27	11.0	2.97
12	11	12	40×0.5	40×1.0	4×0.5	40×0.5	—	4×0.35	40×0.7	40×1.0	123.4	4.89	80	1.17	0.23	8.4	1.93
13	12	13	60×0.5	60×1.0	6×0.5	60×0.5	—	6×0.35	60×0.7	60×1.0	185.1	5.99	80	1.43	0.34	7.2	2.45
14	13	14	120×0.5	120×1.0	12×0.5	120×0.5	—	12×0.35	120×0.7	120×1.0	370.2	8.47	100	1.38	0.23	74	17.02
管道总沿程损失																	34.33

点和消防水箱补水管进水口进行比较。由表 7-16 水力计算表知：

  a. 以第 10 节点计算时：$h_{10-14} = 1.3 \times 24.37 = 32kPa$；

  b. 以水箱入口计算时：$h_{14-14} = 1.3 \times 17 = 22kPa$。

  ③以水箱入口计算时，选泵扬程：$H_{箱} = 22 + 740 + 100 = 870.0kPa$

  以第 10 节点计算时，选泵扬程：$H_{10} = 32 + 700 + 200 = 932kPa$

  ④从上述计算可看出最不利点应以第 10 节点计算结果为准。

  （10）二次加压给水设备计算：

  ①二次供水贮水池根据初步计算水量按最高日用水量的 25% 取值。

  a. 贮水池有效容积：$30m^3$。规格尺寸：$4m \times 5m \times 2m$。

  b. 贮水池材质为 S30408 牌号不锈钢。

  ②二次加压供水泵

  a. 选用立式多级离心给水泵 3 台，两用一备。

  b. 水泵型号 50DL－10 型。

  c. 每台水泵性能参数。

  $Q = 9.0L/h$；$H = 1.06MPa$；$N = 11kW$；$n = 1450r/min$。

7.7.4 建筑内污水废水排水管道水力计算

1. 计算目的

  确定能迅速、安全地将该管段瞬时最大排水流量尽快排出条件下的排水管管径和排水管的敷设坡度。

2. 水力计算特点

  1）排水管道系统横管（含支管、干管、排出管）与垂直立管的计算方法是不同的。

  2）横管与立管计算方法不同的原因是由于非满流状态所决定。

3. 污水废水管道系统计算的若干规定

  1）最小管径按下列规定确定：

  为了防止污水废水中夹带的杂物淤塞管道和方便维修疏通，下列情况下选用管径应比计算大一号：

  （1）公共厨房各类洗涤池因水中夹带菜根、肉渣、碎骨等固体杂质，则排水管（不含器具排水短管）管径不应小于 75mm；干管管径不应小于 100mm。

  （2）医院洗污间所用洗涤池（槽），有可能夹带棉花球、碎纱布、竹签及玻璃碎渣等固体杂物，则排水支管管径不应小于 75mm。

  （3）连接 3 个及 3 个以上小便器的排水管考虑管壁结垢因素，则管径不应小于 75mm。

  （4）连接大便器的排水管由于大便器排出口的原因，其管径不应小于 100mm 或 90mm。

  （5）连接公共浴室排水地漏的排水支管考虑毛发、油脂等因素，其管径不应小于 100mm。

  （6）建筑物如仅有洗涤盆、洗手盆时，排出管管径不应小于 50mm。

  2）设计充满度应按下列规定确定：

  （1）管道充满度是指管内的水深与管径的比值。

（2）污水及废水在管道内为重力流状态，则要求横管内的水流应是非满流，其管内上部的空间是用于排除污水中的有害气体、容纳超设计负荷的流量和调节管内气压的波动之用。

（3）规范规定管内水流最大设计充满度：$DN50 \sim DN125$ 时，不超过 0.5；$DN150 \sim DN200$ 时，不超过 0.6。

3）最小设计坡度的确定应符合下列规定：

（1）为保证污水废水通畅无阻的以重力流状态排至污水废水立管或建筑物之外，则排水横管必须要有一定的敷设坡度。

（2）根据设计所选用的管材和管径，按规范规定选定坡度。

（3）粘接、熔接塑料排水管宜取横支管的标准坡度 2.6%。单个器具的排水横管长度不应超过 5.0m。

4）最小设计流速和最大设计流速，应按下列规定确定：

（1）为保证污水中含有的悬浮杂质不致沉淀在管底，而且能使水流及时冲刷掉并带走管壁上的杂物，则管内水流应有一个最小流速的限制，该流速叫自清流速。

（2）为了防止污水中的固体杂物在高速流动时对管道的冲击和对管壁的摩擦而损坏管道，则管内水流还应有一个最大流速的限制。

（3）排水横管的最小水流速度按表 7-17 的规定确定。

（4）排水横管的最大流速应按下列规定确定：

a. 管道为金属材质时，最大流速不超过 10m/s；

b. 管道为非金属材质时，最大流速不超过 5m/s。

排水横管的最小允许流速　　　　　　　　　　表 7-17

管道类别	生活污水管			污水废水合流管	明渠
管径 DN（mm）	50~100	150	200		
最小流速（m/s）	0.60	0.65	0.70	0.75	0.40

4. 排水立管的水流特征和水力计算

1）排水立管内的水流状态为水、气、杂物的混合流。

2）污水、废水在立管内为附壁水流状态。

3）排水立管的管径尚无准确的水力计算公式，故管径按"规范"中实验数据确定。

5. 设计秒流量的计算

1）为保证迅速、安全的将建筑物内的废水、污水排放掉，则管道的排水量应为该管段的瞬时高峰的最大污水和废水量，该设计流量为排水设计秒流量。不同的建筑物则有不同的计算公式。

2）用水时间较长、用水时间不集中的建筑物，如住宅、其他居住建筑（本节第 7.7.3 条第 4）款第（1）项和第（2）项所述）和商场、办公、会展类等建筑采用平方根法进行计算。

（1）计算公式：

$$q_p = 0.12\alpha \sqrt{N_p} + q_{max} \qquad (7-7)$$

式中：　q_p——计算管段的排水设计秒流量（L/s）；

　　　　N_p——计算管段卫生器具排水当量总数；

　　　　α——根据建筑物用途而定的系数；

133

q_{max}——计算管段排水量最大的一个卫生器具的排水流量（L/s），按规范规定。

（2）由于该公式是经验公式，不适应每个排水管段。因此，对于排水管道系统的起始管段、连接的卫生洁具较少的管段，会出现计算结果小于该管段所有卫生器具排水定额总和的现象，遇此情况则应将该管段所有卫生器具排水流量的累加值作为该管段的设计秒流量。

3）使用卫生器具时段集中的建筑（如本节7.7.3条第4）款第（3）项所述）、同时排水百分数大的建筑则按同时排水百分数法进行计算。

（1）计算公式：

$$q_p = \sum_{i=1}^{m} q_{oi} n_{oi} b_i \tag{7-8}$$

式中：q_p——计算管段排水设计秒流量（L/s）；

q_{oi}——i 类卫生器具一个卫生器具的排水流量（L/s）；

n_{oi}——i 类卫生器具的数量；

b_i——i 类卫生器具的同时排水百分数；

m——计算管段上卫生器具的类型数。

（2）如该管段的计算排水秒流量小于该管段一个卫生器具的排水量时，应将该卫生器具的排水量作为该管段的排水设计秒流量。

6. 污水管道系统计算

1）污水管道（包括连接用水器具的支管、设备层或管道转换层的汇合管、埋地横干管和排出管）计算公式：

$$q = \omega \cdot v \tag{7-9}$$

$$v = \frac{1}{n} R^{\frac{2}{3}} \cdot I^{\frac{1}{2}} \tag{7-10}$$

式中：q ——排水设计流量（L/s）；

ω ——管内水流断面积（m^2）；

v ——管道内的水流速度（m/s）；

R ——水力半径（m），根据管径按规范规定取值；

I ——水力坡度，取管道敷设坡度；

n ——管道的粗糙系数，根据工程项目所选管道材质按规范规定取值。

2）计算举例

取某酒店公寓式旅馆区为计算示例（同本书第7.7.3节第5款）：

（1）计算公式详见本"基础知识"（7-7）式。

根据规范规定 $\alpha = 1.5$；q_{max} 取坐便器排水流量，为 1.5L/s。

故 $q_p = 0.12 \times 1.5 \sqrt{N_p} + 1.5 = 0.18 \sqrt{N_p} + 1.5$

（2）建筑内卫生器具配置情况与本书第7.7.3节第5）款第（4）项相同。

（3）管道系统计算简图如图7-73所示。

（4）厨房内洗涤盆（双格）和洗衣机为单独排水系统。

（5）公寓区低层卫生间由于管道敷设标高限制，故该层单独设置排水管支管和排水横管。

（6）卫生器具排水当量和管道系统计算结果详见表7-18。

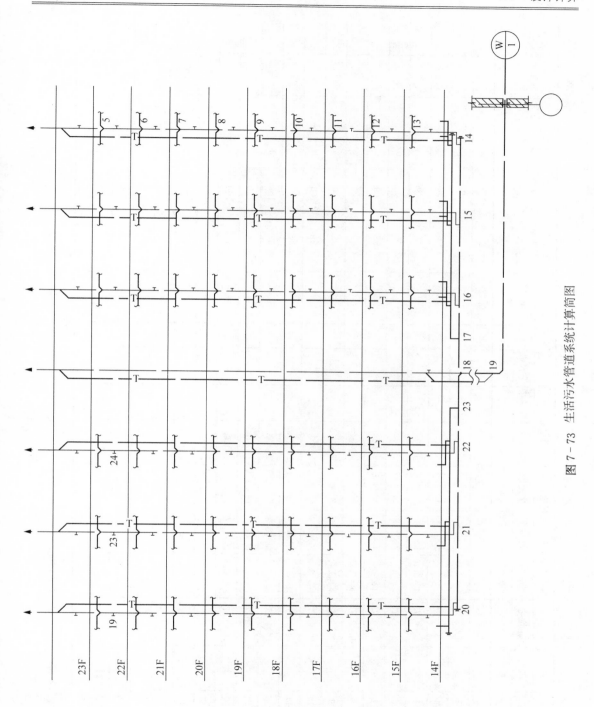

图 7-73　生活污水管道系统计算简图

135

表 7－18

××旅馆式公寓污水管道系统计算表

排出管编号	管段名称	管段编号起	管段编号止	洗脸盆 0.75	浴盆 3.0	淋浴房 0.45	坐便器 4.5	净身盆 0.3	洗涤盆 1.0	洗衣机 1.5	当量总数	设计流量 (L/s)	管径 DN (mm)	坡度 %	充满度 h/DN	流速 v (m/s)	备注
W/1	横支管	1	2	1×0.75							0.75	0.25	50	3.5			
	横支管	2	3	1×0.75	1×3.0						3.75	0.85	100	2.5			
	横支管	3	4	1×0.75			1×4.5				5.25	0.96	100	2.5			
	横支管	4	5	1×0.75	1×3.0	1×0.45	1×4.5	1×0.3			9	2.04	100	2.5			
	立管	5	6	2×0.75	2×3.0	2×0.45	2×4.5	2×0.3			18	2.26	100	0			
	立管	6	7	4×0.75	4×3.0	4×0.45	4×4.5	4×0.3			36	2.58	100	0			
	立管	7	8	6×0.75	6×3.0	6×0.45	6×4.5	6×0.3			54	2.82	100	0			
	立管	8	9	8×0.75	8×3.0	8×0.45	8×4.5	8×0.3			72	3.03	100	0			
	立管	9	10	10×0.75	10×3.0	10×0.45	10×4.5	10×0.3			90	3.21	100	0			
	立管	10	11	12×0.75	12×3.0	12×0.45	12×4.5	12×0.3			108	3.37	100	0			
	立管	11	12	14×0.75	14×3.0	14×0.45	14×4.5	14×0.3			126	3.52	100	0			
	立管	12	13	16×0.75	16×3.0	16×0.45	16×4.5	16×0.3			144	3.66	100	0			
	立管	13	14	18×0.75	18×3.0	18×0.45	18×4.5	18×0.3			162	3.79	100	0			
	横管	14	15								162	3.79	150	2	0.37	0.66	
	横管	15	16								324	4.74	150	2	0.42	0.69	
	横管	16	17								486	5.47	150	2	0.45	0.71	
	横管	17	18								540	5.68	150	2	0.52	0.72	
	立管	18	19								1080	7.42	150	—	0.57	0.76	
	排出管	19	W/1								1080	7.42	150	2	0.57	0.76	

注：1. 横支管的充满度达不到设计要求，故取标准坡度；
　　2. 立管无坡度。

7.7.5 屋面雨水排水系统

1) 屋面雨水排水分外落水管排除雨水和内落水管排除雨水两种排水形式。据了解，国内大多数设计院按如下原则进行分工：外落水管排除雨水由建筑专业负责设计，内落水管排除雨水由给水排水专业负责设计。本"基础知识"只叙述本专业负责设计屋面雨水设计的内容。

2) 建筑屋面雨水采用管道排水时，其水流状态设计按下列规定确定：

(1) 将屋面雨水斗汇集的雨水通过设在建筑物内的雨水管排至建筑物外散水的排除方式时，应按重力流满流设计。一般适用于多层建筑。但此种内落外排方式不宜在寒冷地区及严寒地区采用。因为冬天融雪水在建筑室外地面易结冰，对行人及行车会带来安全隐患。

(2) 高层建筑的屋面雨水排水由于屋面面标高较高，宜按两相流设计。

(3) 大面积屋面的公共建筑、仓储库房、工业厂房等建筑的屋面雨水排水宜按虹吸（压力）流设计。何为"大面积屋面"规范并未给出量化指标，只能由设计人依据具体工程。

3) 建筑屋面雨水排水应为独立的管道系统。

4) 高层建筑和超高层建筑的屋面雨水排水管道与建筑物外雨水检查井接管处应设有消能放气、防冒水、防止上游壅水等影响管道水流的措施。对此，一般应设置格栅整流等平稳水流状态的消能设施。

5) 屋面雨水量计算：

(1) 雨水量是屋面雨水排水系统的设计依据。它与工程项目所在地的暴雨强度 q 和工程项目的屋面汇水面积（F）、屋面径流系数（Ψ）等因素有关系。

(2) 按工程项目所在地暴雨强度公式计算设计暴雨强度。并按下列原则确定设计重现期（P）和降雨历时（t）、汇水面积（F）、屋面径流系数（Ψ）等四个参数：

①降雨历时（t）：一般建筑的屋面因构造及造型需要，一般都被分隔成面积比较小的若干单元，这就使屋面雨水汇集时间也较短，加之我国推导的暴雨强度公式所需实测降雨资料的最小时段为 5min，所以屋面雨水管道设计降雨历时就按 5min 取值计算。

②设计重现期（P）：它是指不同大雨出现的频率。屋面雨水排水管道设计重现期是根据建筑物的重要程度、汇水区域的性质、屋面构造特点、气象特征等因素确定的。一般性建筑物取 2~5 年；重要公共建筑物取 10 年或 10 年以上。如设计有下沉式广场及地下车库入口内集水坑，则应根据广场构造、重要程度（短时间积水能否引起严重后果）等因素适当提高重现期。

③汇水面积（F）：

a. 屋面面积按屋面的水平投影面积计算确定。

b. 高出屋面的侧墙，因受风力影响致使降雨倾斜降落，造成一部分降雨沿建筑墙面下流到裙房屋面，增加了裙房屋面的雨水量。则增加的这部分墙面面积按下列规定确定：

a) 只有一面侧墙时，按高出裙房屋面以上侧墙面积的 1/2 面积计入该屋面的汇水面积内；

b) 如有两面相邻的侧墙时，则按高出裙房屋面以上相邻两侧墙面积的平方和的平方根数量的 1/2 面积计入该屋面的汇水面积内；

c）如遇有两面相对侧墙，且为不同高度，两侧墙间距小于屋顶女儿墙至裙房与侧墙相交处 45°斜线时，则按高的侧墙高出低的侧墙上面的侧墙面积的 1/2 面积计入该屋面的汇水面积内；

d）如有两面相对的侧墙，且两侧墙高度相同时，则不另计入汇水面积；

e）三面侧墙时，按最低墙顶以下的中间墙面积的 50%，加最低墙顶以上墙面积的值，按本项的 b）或 c）所折算的墙面积；

f）四面侧墙时，最低侧墙以下的侧墙面积不计入汇水面积。最低侧墙墙顶以上的面积按本条本款本项的 a）、b）、c）、或 e）折算后计入该屋面或内庭院汇水面积之内。

c. 球形屋面、抛物线屋面及斜坡屋面时，按该屋面的水平投影面积，再附加该屋面在最大立面方向的垂直投影面积的 50%计。

d. 窗井邻近多层建筑或高层建筑的墙面的地下停车库入口坡道的雨水汇水面积应附加高出部分的侧墙面积的 1/2 面积。

④径流系数（Ψ）：

a. 金属材质、玻璃材质屋回取 Ψ＝1.0；

b. 非 a 项所述材质屋面取 Ψ＝0.9；

c. 种植屋面按土屋厚度取值，一般 Ψ≯0.5。

（3）雨水量按下式计算：

$$q_y = \frac{\Psi F q_5}{10000} \tag{7-11}$$

式中：q_y——屋面雨水流量（L/s）；

F——设计雨水汇水面积（m²）；

q_5——设计降雨强度［L/(s·h·m²)］；

Ψ——屋面径流系数，一般取 Ψ＝0.9。

（4）如果当地暴雨强度公式的量纲是小时降雨厚度（h）时，雨水量可按下式计算。

$$q_y = \frac{\Psi F h_5}{3600} \tag{7-12}$$

式中：h_5——工程项目所在地降雨历时为 5min 时的小时降雨厚度（mm/h）；

其他符号同公式（7-11）。

（5）h_5 与 q_5 的关系式

$$h_5 = 0.36 q_5 \tag{7-13}$$

式中：符号同公式（7-11）、式（7-12）。

（6）溢流设施

①溢流设施的功能：排除超过设计重现期的雨水量。

②溢流设施的设置原则：

a. 一般建筑设有屋面内排除雨水管道系统时，屋面雨水排水管道系统与溢流设施的总排水能力不应小于 10 年重现期的雨水量。

b. 重要公共建筑、高层建筑的屋面雨水排水工程与溢流设施的总排水能力不应小于 50 年重现期的雨水量。

138

③溢流设施的内容与做法

a. 在建筑屋面女儿墙上设置溢流排水口。溢流排水口的位置应远离建筑的出入口和主要人行通道处。溢流排水口的孔口尺寸可按下式近似计算。

$$Q_y = 385b\sqrt{2gh^{\frac{2}{3}}} \tag{7-14}$$

式中：Q_y——溢流排水口服务屋面面积内的设计溢流雨水量（L/s）；

$\quad\quad b$——溢流排水孔的宽度（m）；

$\quad\quad h$——溢流排水口的高度（m）；

$\quad\quad g$——重力加速度（m/s²），取 $g=9.81$m/s²。

在具体工程设计中，给水排水设计人要和建筑专业设计人协商确定屋面溢流排水口设置的位置和数量。根据双方确认的雨水溢流排水的位置确定其汇水面积（它与雨水斗汇水面积不一致），计算溢流排水口的孔口尺寸和孔口底的标高。并将该资料以书面形式提供给建筑专业设计人，让其在建筑设计图纸上予以表示，切不可忽视这一设计步骤。

b. 设置溢流管系溢流措施：对于某些大体量大面积屋面、不规则异形屋面，因建筑造型的原因不允许或无条件设置屋面雨水溢流排水口时，亦可采用设置多根雨水立管及屋面雨水溢流管系的方式。计算方法与屋面雨水内排水管道计算方法相同。

（7）屋面雨水内排水管道系统计算

①两相流屋面雨水内排水系统

a. 雨水斗一般采用87型雨水斗。

b. 如为单斗系统，即一根雨水管上仅连一个雨水斗，则雨水斗连接管、横管、垂直立管、排出管应与雨水斗出水管口的直径相同。

c. 如为多斗系统：由实验获知接入悬吊横管上的每个雨水斗的雨水泄流是不同的。靠近雨水立管的雨水泄流量最大，而远离雨水排水立管的雨水斗泄流量依次减少，这是由于雨水斗在降雨初期未被雨水全部淹没所致。随着降雨的持续，全部雨水斗都被淹没，空气不能进入雨水排水系统，则系统就成为雨水的单向流，雨水悬吊横管和立管上的负压抽吸作用达到最大，各雨水斗的泄流量，才会相差不大。但同一条悬吊管上接入的雨水斗不得超过4个。

d. 雨水排水系统横管的水力计算

a）雨水斗的汇水量按公式（7-11）或公式（7-12）计算。

b）雨水横管的雨水量按所接纳的雨水斗汇水流量之和确定。

c）雨水横管的水力计算公式与本"基础知识"公式（7-9）、式（7-10）相同。

d）雨水悬吊管按非满流设计，管内水流充满度不宜大于0.8。悬吊管的管径不得大于300mm。

e）埋地管可按满流设计。

f）悬吊管的管径不得小于雨水斗连接管管径，立管管径不得小于悬吊管管径。

g）雨水横管的管内水流速度不宜小于0.75m/s。

e. 立管水力计算

a）重力水流状态下，雨水排水立管按膜流计算。

b）不同高度屋面雨水斗接入同一根雨水立管时，最低屋面的雨水斗应在距立管底的高度超过雨水立管总高度$\frac{2}{3}$处按入。

c)立管最大允许泄流量按表7－19的规定确定。

重力流屋面雨水排水立管最大允许泄流量

表7－19

铸铁管		钢管		耐压塑料管	
公称直径（mm）	泄流量（L/s）	外径×厚度（mm）	泄流量（L/s）	外径×厚度（mm）	泄流量（L/s）
75	5.46	108×4	11.70	75×2.3	5.71
100	11.77	133×4	21.34	90×3.2	9.22
				110×3.2	15.98
125	21.34	159×4.5	34.69	125×3.2	22.92
				125×3.7	22.41
150	34.69	168×6	38.52	160×4.0	44.43
		219×6	81.90	160×4.7	43.34
200	74.72	245×6	112.28	200×4.9	80.78
				200×5.9	78.53
150	135.47	273×7	148.87	250×6.2	146.21
				250×7.3	142.63
300	220.29	325×7	242.49	315×7.7	271.34
				315×9.2	264.15

②虹吸（压力）流屋面雨水排水系统

a. 虹吸（压力）流屋面雨水的雨水斗应为虹吸（压力）流雨水斗。

b. 雨水量计算公式与本"基础知识"公式（7－9）、式（7－10）相同。

c. 管道系统的雨水斗连接管、悬吊管、立管、埋地管等均按满流设计。

d. 管道的沿程阻力损失按海澄—威廉公式（本资料不再引用）计算，管道的局部损失可折算成等效管道长度，按沿程阻力损失估算。

e. 计算规定：

a）悬吊管与雨水斗出口的高差应大于1.0m。

b）悬吊管的设计水流速度不宜小于1.0m/s，立管的设计水流速度不宜大于10m/s。

c）雨水排水管道的总阻力损失与流出水头之和不得大于雨水管道系统进出口的几何高差。

d）悬吊管的水流阻力损失不得大于80kPa。

e）虹吸（压力）流排水管道系统各节点的上游不同支路的计算阻力损失之差，当管径$DN\leqslant75$mm时，不应大于10kPa；当管径$DN\geqslant100$mm时，不应大于5kPa。

f）虹吸（压力）流排水管道系统的排出管应放大管径，使出口的水力速度不超过1.8m/s，否则要采取消能措施。

g）虹吸（压力）流排水管道系统的立管管径由水力计算确定，但允许立管管径小于上游连接的横管管径。

f. 虹吸（压力）流雨水排水系统的管材应符合下列要求

a）采用铸铁管时，其内壁应为光滑带内衬的承压铸铁管；钢管、钢塑复合管。

b）所选管材的耐压压力应大于建筑物净高度所产生的净水压力。

c）塑料管还应满足抗环变形压力大于 0.15MPa。

（8）其他应注意的问题

①高层建筑裙房屋面的雨水应按单独排除计算。

②建筑阳台飘入雨水排水应按单独排水计算。

③屋面雨水区划范围内应尽量不少于 2 根雨水立管设计，如有困难，至少应设 2 个雨水斗。

④"规范"规定"重要公共建筑、高层建筑的总排水能力不应小于 50 年重现期的雨水量"。用 50 年重现期设计或校核时，应以 $P=50$ 年暴雨公式计算。如所在地无此公式，则应落实当地所用公式能否仅改变 P 值即认为可代表 $P=50$ 年的雨水量。

⑤虹吸（压力）排水系统，由于管道无坡度要求。如按 $P=50$ 年设计时还应按 $P=2$ 年校核管道的水流条件能否满足流速要求。

7.7.6 建筑内生活热水供应系统

1）计算目的、计算过程的有关规定，详见本书第 7.7.1 条和第 7.7.2 条。

2）计算热水用量

（1）计算方法

①初步设计：应根据工程项目的内容、功能组成等因素，按"规范"规定的最高日热水用水定额，列表分类分项计算。表格的形式参见本书表 6-11。

②施工图设计按"规范"规定的下式计算设计小时热水量：

$$q_{rh} = \frac{Q_h}{(t_r - t_L) \cdot C \cdot p_r} \tag{7-15}$$

式中：q_{rh}——设计小时热水量（L/h）；

Q_h——设计小时耗热量（kJ/h）；

t_r——热水设计温度（℃）；

t_L——冷水设计温度（℃），按"规范"规定取值；

C——水的比热 [kJ/(kg·℃)]，取 $C=4.187$kJ/(kg·℃)；

p_r——热水的密度（kg/L）。

（2）计算热水量的作用

①作为初步设计文件的内容而纳入初步设计说明书。

②作为计算和确定热水制备设备容量和相关附件（如膨胀罐、安全阀等）的重要参数之一。

③如冷水水源的总硬度（以碳酸钙计）大于"规范"规定时，则以此规定作为冷水进行软化处理的依据。

3）计算耗热量：

（1）方案设计：在北京地区可参照本书表 6-4 中的数据计算确定。其他地区无法估算指标时，可参考本项规定方法估算确定。

（2）初步设计：根据工程项目的内容，按本条第 2 款所计算的生活热水用水量按冷热水的温差计算确定。

（3）施工图设计：按设计"规范"规定计算确定。

（4）计算方法和计算规定：按本书第8.5.3条的相关要求进行计算。

（5）计算耗热量的用途：

①作为向热源提供部门，如城镇供热公司、区域供热公司、本单位暖通空调专业等单位申请热量的配合资料。

②作为供热部门确定供热管道直径的依据。

③作为计算制备生活热水设备容量、规格尺寸、数量的主要参数。

4）生活热水管网水力计算：

（1）设计秒流量和水头损失的计算与生活给水相同，详见本书第7.7.2条和第7.7.3条。

（2）热水供水管网的水力计算表格格式与生活给水管网相同，详见本书表7-15和表7-16。

（3）热水循环管网的计算

①热水循环管网的计算方法分为：自然循环；强制循环。前者在当前大体量工程中已不适用，因此在具体工程中已极少采用。仅在本专业自设热水锅炉和贮热水罐的情况下为保持贮热水罐而设置的两者之间的循环水管道有所采用。故对于自然循环系统本"基础知识"不做叙述。

②强制循环热水管网，在当前的工程项目中应用较为普遍。强制循环又因具体工程的使用特点不同，又分为：需要在全天24h内连续进行循环，确保任何时段热水用水点都能获得所需温度的热水的场合，则采用全日制热水循环系统；对于每天仅在某几个确定的时间段内供应生活热水的场合，则采用定时制热水循环系统。

a. 全日制强制热水循环系统：

a）循环流量按本书公式（8-17）计算确定。并依此选用循环水泵。

b）循环水泵的扬程按本书公式（8-18）计算确定，且不考虑自然循环作用水头的影响。

c）严格地讲热水回水系统应对循环流量进行分配，亦应经过仔细的水力计算。但在具体工程中因每个供水单元均在热水回水管上装有调节阀，在系统交付使用前都应进行系统调试。故一般可不作精确计算。其热水系统热水回水管管径可参照表7-20确定。

d）为确保各热水立管的循环效果，减少热水干管水头损失，热水供水干管和回水干管均不宜变径，可按其相应的最大管径确定。

热水回水管管径 表7-20

热水供水管管径 DN（mm）	20～25	32	40	50	65	80	100	125	150	200
热水回水管管径 DN（mm）	20	20	25	32	40	40	50	65	80	100

b. 定时制强制热水循环系统

a）循环水泵循环流量应按将热水管网中全部水容量以每小时循环2～4次计算确定。

b）循环水泵扬程的确定方法与本条全日制强制热水循环系统相同。

③热水自然循环和强制循环时的管网精确计算方法，请参见《建筑给水排水设计手册》（第一版）第5.4.7条热水管网计算例题所述。

8 设备机房

8.1 类型及要求

8.1.1 设备机房类型

1）建筑给水排水工程的设备机房是指建筑小区及建筑物内非城镇自来水直接供水时设置的再次供水及排水用的设备机房。

2）给水排水工程的设备机房的内容或种类如下：

（1）二次生活供水加压泵房和水池（含转输水泵及水池）；

（2）消防供水加压泵房和水池（含转输水泵及水池）；

（3）生活热水制备设备（锅炉、热泵热水、太阳能热水及换热器）机房；

（4）直饮水制备及供应机房；

（5）软化水制备及给水深度净化机房；

（6）建筑中水处理（含雨水回用）及供应机房；

（7）游泳池（含水上娱乐池、水疗池）循环水净化处理机房；

（8）水疗（含药物水疗）、洗浴（含温泉）循环水净化处理设备机房；

（9）水景用水循环净化处理设备机房、冷却塔；

（10）各种水箱间（消防水箱、减压水箱、生活水箱等）；

（11）厨房含油污水隔油处理及回收设备机房；

（12）特殊污水（酸、碱、同位素、生物等）处理设备、设施机房；

（13）各种潜水排污泵坑；

（14）气体灭火设备机房等。

8.1.2 重要性

1）第8.1.1条所述设备机房是建筑给水排水专业的主体机房，是本专业向建筑、结构、暖通空调、电气等专业提供技术要求和配合资料的基础条件；

2）设备机房是工程建设单位（业主）进行给水排水设备及相关配套设施采购和细化设计招标的依据；

3）设备机房的设计图纸是施工单位进行设备安装和系统调试的依据；

4）设备机房的设计图纸是建设单位、管理部门进行施工验收、运行操作、维护管理的依据。

8.1.3 基本要求

1) 设备选型要准确，性能参数要满足系统设计和使用要求；
2) 设备布置应合理、紧凑、整齐，并满足操作、检修、维护管理方便的要求；
3) 设计制图的图样要清晰、简洁、明确；
4) 不同用途的设备机房原则上应分组分别设置。

8.1.4 机房位置要求

1) 应尽量靠近用水负荷大户；
2) 不得与病房、居住用房、对噪声及振动有严格要求（如卧室、病房、客房、录音、播音、教学室、精密仪器等）的用房的上、下、左、右及前、后相毗邻；
3) 生活饮用水机房不得设置在卫生间的下方；
4) 设备机房应为独立的房间，并靠近运输通道。

8.2 二次供水设备机房

8.2.1 二次供水设备机房的定义和组成

1) 定义：二次供水设备机房是指建筑小区、各类建筑物、构筑物内不同用水对象对水压、水量的要求超过城镇供水管网或自建供水工程的供水能力，需要将城镇供水进行再次贮存及加压送给用水用户而设置贮水池（箱）、加压泵组、消毒设备、供电装置等设施设备所在的房间。
2) 组成：
(1) 贮水池（箱）。采用叠压供水时不设贮水池；
(2) 加压水泵机组（恒速给水加压泵、变频给水加压泵、叠压（无负压）给水加压泵等）；
(3) 二次给水消毒设施；
(4) 供水管道及各项附件，防污染和安全措施；
(5) 水的深度处理或水的软化处理设施（有需要时）；
(6) 供配电、系统控制设施；
(7) 必要的检修备件存储间及检修空地；
(8) 房间排水设施。

8.2.2 供水设备的选型

1) 设备选型依据：
(1) 供水负荷：按工程项目服务范围计算供水系统所需要的供水流量为准；
(2) 供水压力：按工程项目服务范围计算出供水系统最不利供水点的所需供水压力为准；

（3）供水水质：根据工程项目的使用要求和相关规定对水进行软化或深度处理的具体水质参数为准；

（4）超高层建筑如有分区水泵串联供水系统，则水泵泵壳应考虑背压耐压要求。

2）水泵机组性能参数按下列规定确定：

（1）水泵机组的流量、扬程等应按略大于系统的设计流量及计算扬程选定。如为多台泵组并联工作，则应按 1.05～1.1 倍的计算水压选定水泵机组的扬程；

（2）水泵的 $Q-H$ 特性曲线应是随水泵流量的增大而扬程逐渐下降的曲线，如水泵 $Q-H$ 特性曲线存在上升趋势时，应分析水泵在运行工况中不会出现不稳定工作情况时方可选用；

（3）应设置供水能力不小于该供水系统中最大一台工作水泵供水能力的备用泵。

3）水泵机组应满足下列各项基本要求：

（1）应选用效率高，且效率范围大、节能、环保、经久耐用的水泵；

（2）应选用低噪声型水泵，不得选用已明令被淘汰的水泵产品；

（3）应选用成套水泵机组，生活给水泵材质应为食品级不锈钢；

（4）如为变频调速泵组，水泵在变频后应仍在高效区内运行工作。

4）水泵机组的噪声应符合国家现行行业标准《泵的噪声测量与评价方法》JB/T 8098 中规定的 C 级要求，振动应符合《泵的振动测量与评价方法》JB/T 8097 中规定的 C 级要求。

5）水泵及配套的阀门、管道、附件等应选用 S30408 牌号的不锈钢材质。

6）选用成套变频供水设备时，应符合国家现行行业标准《微机控制变频调速给水设备》CJ/T 352 的规定。

7）选用叠压（无负压）供水设备时，应为成套设备，并符合行业标准《管网叠压供水设备》CJ/T 254、《无负压给水设备》CJ/T 265 的规定。

8）生活给水系统的水池（箱）和泵组应为独立的房间。设在楼层内或有安静要求的场所，水泵机组应采取防噪、隔振措施。

8.2.3　水泵机组容量的确定

1）贮水池－恒速加压水泵－高位水箱供水系统：

（1）水泵流量应按该建筑物或建筑小区内各供水分区的设计最大小时用水量选定。但当高位水箱的调节水容积小于最大小时用水量 50% 时，水泵提升流量应适当放大。

（2）高位水箱的高度如因建筑限制不能满足最不利用水点要求时，则最高区可另设变频供水泵组供水。

（3）水泵扬程按不小于高位水箱最高水位与贮水池最低水位的几何高度、高位水箱进水口到加压水泵吸水口之间管道的沿程损失及局部水头损失和进水管阀门流出水头四者之和确定。

考虑水泵长期运行磨损或并联造成水泵出力下降，应将设计计算所需扬程乘以 1.05～1.1 后进行选泵。

（4）如采用减压水箱进行竖向分区供水时，减压水箱容积宜按供水分区 50% 的小时用水量确定。

（5）水泵宜按一用一备配置。

2）贮水池—变频调速泵组直接供水系统：

（1）水泵流量应按建筑物、建筑小区内各供水分区设计秒流量选定；初步设计时可按1.2倍的最大小时流选定。

（2）水泵扬程应按最不利配水点最低供水压力、最不利配水点到变频调速泵吸水池吸水口之间的管道沿程及局部水头损失、最不利配水点与水泵出水口中心的几何高度和流出水头四者之和确定。

（3）变频调速泵组宜配套设置气压罐，以备泵组瞬间停泵保持系统正常供水、水泵切换保持系统压力稳定及消除水锤现象。

气压罐的容积应按单台水泵流量计算确定，但当气压罐在最高工作压力时系统不能处于超压状态。

（4）变频调速泵组的数量应根据水泵高效区的流量范围与设计流量变换范围之间的比例关系确定。工作泵不宜少于2台，但也不宜超过4台。

（5）变频调速泵组应设置一台供水能力不小于机组中最大一台工作泵容量的备用泵。

3）叠压（无负压）供水系统：

（1）水泵流量应按建筑物或建筑小区的设计秒流量选定；初步设计时，可按1.2倍的最大小时流量选定；

（2）应根据工程项目的性质，校核稳流水罐的有效容积，以防高峰用水时暂停供水；

（3）水泵扬程为系统最不利配水点与室外供水干管中心的几何高度、最不利配水点至室外供水干管中心之间管道的沿程及局部水头损失、最不利配水点最低供水压力和流出水头四者之和减去室外供水管网的最低供水压力后之值；叠压值应以当地市政自来水最低水压为准；

（4）在室外供水压力波动范围内水泵应仍能在高效区内运行；

（5）校核室外供水管网达到最高供水压力时，系统不出现超载超压工况；

（6）采用叠压（无负压）设备时，应取得当地供水主管部门认可批件，并符合当地供水主管部门的相关要求（如市政给水管水压、接管管径、单套设备的额定容量等）。

4）生活给水系统设中途转输供水系统：

（1）转输水泵按供水竖向分区最大小时用水量选定；

（2）转输水箱的有效容积按《建筑给水排水设计规范》GB 50015—2003（2009年版）规定的按转输水泵5～10min的出水流量确定；

（3）高区供水泵按本条第2款的规定选定。

8.2.4 水泵吸水方式

1）水泵应采用自灌式吸水，以保证水泵运行中因故障切换至另一台水泵时，该泵能正常开启并正常工作。

2）条件限制不能自灌吸水时，可以采用如下措施：

（1）选用自吸式水泵。但应以当地大气压力、最高水位、水泵气蚀余量、水池最低水位、吸水管水头损失等经计算确定，并应当有不小于0.3m的安全余量，且每台水泵应设置从水池吸水的独立吸水管；

（2）设置泵外自动灌水装置。

3）每台水泵宜设置单独从水池吸水的吸水管，如有困难时可设置吸水总管，并应符合下列要求：

（1）吸水总管的管径按全部设计流量确定，且吸水总管的管顶标高应低于水泵的开泵水位；

（2）吸水总管应有伸入贮水池内的吸水口不少于2个；

（3）多座（格）水池至少每座（格）应设置一个吸水口的共用吸水总管，水泵从吸水总管吸水；

（4）水泵吸水管与吸水总管采用管顶平接；

（5）吸水总管和单台水泵的吸水管的管内水流速度不得大于1.2m/s；

（6）水泵吸水管（含吸水总管）的吸水口与水池前低水位的关系应按《泵站设计规范》GB 50265—2010的下列规定执行：

①水泵吸水管吸水口应在池内设向下的喇叭口，应符合图8-1中的（a）和（d）的要求；且喇叭口下沿应低于水池最低水位不小于0.30m。防止空气被吸入；

②由于条件限制，吸水喇叭口为侧吸时，应符合图8-1中的（b）和（c）的要求；

③由于条件限制，吸水喇叭口为上吸时，应在吸水喇叭口上方设置防止水泵吸入空气的防水流旋流的防旋板，板面与最低水位齐平，旋流板与吸水管管顶应保证有不小于0.5m的吸水空间，如图8-1中的（e）所示；

④由于条件限制水池（箱）不能设置吸水坑时，可采用防止旋流器吸水口，但防止旋流器顶距最低水位应有不小于150mm的高度，如图8-1中的（f）所示。

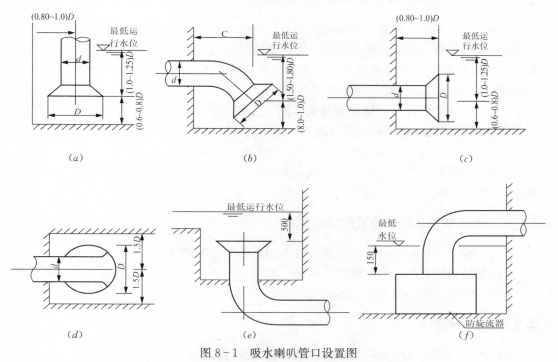

图8-1 吸水喇叭管口设置图

（a）垂直布置；（b）倾斜布置；（c）水平布置；（d）俯视；（e）剖视；（f）剖视

8.2.5　水泵安装高度及基础

1）水泵安装高度应确保正在运行的任一台水泵故障切换至备用泵时仍能自灌启动，因此应满足下列要求：

（1）卧式离心水泵的泵顶放气孔应低于水池的最低启泵水位；

（2）立式多级离心水泵吸水端第一级（段）泵壳应低于水池最低启泵水位。

2）水泵基础应符合下列规定：

（1）基础上表面高出泵房地面应能方便水泵、水泵吸水管上各种阀门、附件的安装，但最小应高出水泵房地面0.1m；

（2）水泵基础的厚度应经计算确定（应咨询水泵供货商），但不应小于0.5m；

（3）水泵基础一般采用C20强度等级的混凝土浇筑，基础上的螺栓孔数量、位置等由水泵供货厂商提供和设计；

（4）水泵隔振基础根据水泵型号、机组转数、系统质量、安装位置、频率要求等因素确定隔振方式和隔振元件及基础做法；

（5）水泵基础一般由供货商根据前几项要求进行二次细化设计，但设计过程中应咨询相关水泵生产厂商，以方便确定水泵吸水管的标高与水池接管的关系；

（6）本款第（3）、（4）、（5）项的要求，应在水泵房平面、剖面放大图图样所在图纸中的附注中予以说明。

8.2.6　水泵吸水管和出水管设计应符合的规定

1）吸水管吸水喇叭口直径宜为吸水管直径的1.3～1.5倍；

2）水泵吸水管上应安装明杆闸门、可曲挠橡胶接头与吸水管管顶相平的偏心异径管、真空压力表，必要时还应安装过滤器；水泵吸水管应有不小于0.005的坡度坡向吸水口，且管顶相平不得有凹凸现象；

3）水泵出水管应设可曲挠橡胶接头、同心异径管、压力表、止回阀和阀门，必要时应设泄压阀或持压阀。止回阀应具有缓闭、消声、消除水锤功能；

4）吸水管的流速宜采用0.8～1.2m/s；出水管流速宜采用1.5m/s；

5）沿泵房地面敷设的管道，其管底距地面的距离应根据管径、管道连接方式确定，但最小间隙不得小于0.2m，以方便维修管理。

8.2.7　二次供水设备机房位置的确定原则

1）应为独立的房间，且应靠近建筑物内用水负荷较大部位。

2）建筑物内的泵房不得与卧室、病房、教室、录音室、精密仪器仪表等用房相邻。

3）建筑物内的生活给水泵房不得位于卫生间的下方。

8.2.8　水泵房的组成

1）贮水池（箱）（无负压［叠压］给水机组无此设施）；

2）加压水泵机组；

3）辅助设备（消毒、软化及深度处理等）用房；

4）配电及设备控制用房；

5）辅助用房（检修与配件储存间、值班室、卫生间（视需要）、操作运输通道等）。

8.2.9　设备机房面积的计算确定

根据计算确定的构筑物（水池、水箱）尺寸、设备（水泵机组、换热器等）大小及数量，按其工作顺序进行平面布置，并满足操作、检修和运输的方便。

1）水池（箱）布置应符合下列要求：

（1）水池的平面尺寸根据设计计算所需有效水容积按水池内有效水深不超过 3.5m 计算确定。

（2）水池外壁距墙的距离不小于 700mm，有管道的一侧则不小于 1000mm。

（3）钢筋混凝土水池允许无管道的两侧与墙面的距离可以不受前项的限制，但至少应有结构放模板的距离。

（4）两座及两格以上水池（箱）时，两相邻水池外壁的净距离不应小于 700mm。

（5）水池（箱）入孔顶盖表面距建筑结构最低点的垂直间距不应小于 800mm，方便检修人员出入。

2）水泵机组的布置应符合下列要求：

（1）水泵机组应沿水池设有吸水坑的一侧并列布置，减小水泵吸水端阻力损失。

（2）水泵吸水管一侧与水池外壁之间的距离应符合下列要求：

①水泵吸水管从水池直接吸水时，水泵基础与水池（箱）的距离应保证吸水管上阀门、过滤器、异径管、柔性短管及紫外消毒器的尺寸的要求；

②水泵采用共用吸水管时，共用吸水管管外壁距水池外壁不小于 300mm；

③水泵从共用吸水管上吸水时，水泵基础与共用吸水管的距离应符合本条款第①项的规定。

（3）水泵机组间最小净距按下列原则确定：

①水泵机组的额定功率 $N \leqslant 11kW$ 或水泵吸水口直径小于 65mm 时，多台水泵可共用一个基础，基础周围应留有 0.8m 的通道，泵组最小间距不小于 0.4m，以方便检修；

②水泵机组的额定功率 $N \geqslant 15kW$ 时，每台泵组采用独立基础，基础底座按水泵底座每边超过 150mm 确定。基础外皮间距不小于 1.2m。如水泵出水管侧向布置时，则水泵基础外壁距另一水泵基础外皮的净距不小于 0.7m，以保证操作人员操作时通行要求。

（4）水泵基础（含多台水泵共用基础）应按水泵机组底盘每边加 0.2～0.3m 确定。

3）水泵机组一般按就地检修考虑，故每个机组应在泵组基础一侧留有大于水泵机组底盘宽度 0.5m 的通道。

4）辅助设施（如消毒设备、软水器、深度处理设备等），一般应咨询相关设备产品供应厂，协商预留所需场地面积。

5）泵房的主通道的有效宽度不应小于 1.20m，以方便操作管理人员的巡视和设备的运输要求。

6）泵房内应在位于水泵吸水管一侧设置带格栅盖板的宽度不小于 200mm 的排水沟并设潜水排污泵坑。潜水排污泵的设置应符合下列规定：

（1）潜水排污泵的流量按水池（箱）进水管流量确定；

（2）潜水排污泵按一用一备配置；

（3）潜水排污泵应成套供应配电、水位控制、导轨、防水电缆检修人孔等配套设施。

7）电气设备

（1）机房配电柜应布置在水泵机组电动机一侧的后面或泵组的一端；

（2）落地配电柜正面操作通道按不小于 1.50m、背面宽度按不小于 1.0m 预留所需面积；

（3）挂墙式配电箱正面操作通道按不小于 1.0m 预留。

8）泵房内设备检修用地面积，应根据水泵或电动机外形尺寸再加周围不小于 0.70m 的通道确定。

8.2.10 泵房应向土建（建筑、结构）专业提出的设计要求

1）不同用途的给水加压泵房应允许相邻独立设置，以方便集中管理。

2）泵房面积及空间高度应按本"基础知识"第 8.2.9 条和本条第 8 款的规定确定。

3）泵房出入口应从公共通道直接进入，根据设备或机件运输方式，按其最大设备机件外形尺寸加 0.5m 确定泵房出入口尺寸。

4）出入口应安装外开形甲级防火防盗门，通风孔应设防护格栅或网罩。

5）泵房内应设排水沟，泵房内应有不小于 0.01 的坡度坡向排水沟，排水沟宽不应小于 250mm，起点沟深不应小于 150mm，配带格栅盖板。

6）排水沟不能自流排出时，应按下列要求设置潜水排污泵：

（1）潜水排污泵的流量按贮水池的溢流量选定。

（2）泵坑的有效水容积按不小于潜水排污泵的 5min 的流量确定。

7）泵房地面低于楼层地面时，所设置的楼梯坡度不大于 45°，宽度应满足搬运小型配件之需，但不宜小于 1.2m，且踏步应采取防滑措施。

8）泵房高度按下列要求确定：

（1）贮水池（箱）为落地设置时，应为贮水池高度＋水池（箱）人孔高度＋人孔顶至结构梁底 0.80m。

（2）贮水池（箱）为架空设置时，应为贮水池高度＋水池支座高度（一般不小于 0.5m）＋水池人孔高度＋人孔顶至结构梁底 0.80m。

（3）无贮水池（箱）无起重设备时，净高不应低于 3.0m。

（4）无贮水池（箱）但有起重设备时，应按被搬运机件通过水泵机组顶部保持不小于 0.50m 以上净空确定。

9）泵房内的墙面、地面应采用清洁而环保的材料铺砌及涂覆：

（1）生活水泵房地面应铺砌浅色防滑地砖，并以 0.005 的坡度坡向排水沟；

（2）房间顶板及墙面应作吸声隔声处理，处理完成后应涂白色防水、防霉涂料；

（3）泵房、水池设在避难层、设备层时的外墙应做隔热、保温和隔声处理；

（4）位于地下最底层的泵房为保证水泵基础的厚度要求，结构底板面之上应设有 400～500mm 厚的垫层；

（5）位于楼层内的泵房应做好防水、防震和隔声处理。

10）机房建筑应为一、二级耐火等级。

8.2.11 泵房的环境设计应向暖通空调专业提出的要求

1）泵房机组运行噪声应符合现行国家标准《声环境质量标准》GB 3096 和《民用建筑隔声设计规范》GB 50118 的规定。

2）泵组应采用下列减振及防噪声措施：

（1）选用低噪声水泵机组；

（2）水泵吸水管和出水管的管口处设置减振橡胶短管；

（3）水泵机组是否采用减振基础减振措施，设计人根据工程特点和要求自行确定；

（4）管道支架、吊架采用弹性防振动支架、吊架；

（5）管道穿墙、穿楼板套管内填充防止固体传声的柔性密封材料。

3）建筑专业在泵房的门窗、墙面、顶板上采用隔声吸声处理措施。

4）泵房采暖通风设计要求：

（1）泵房内温度不低于 16℃，不高于 40℃；如为污水泵房则不应低于 5℃；

（2）泵房相对湿度不宜大于 80％；

（3）泵房内应设置独立的通风装置，每小时的换气次数不应小于 6 次，确保泵房内通风良好。

8.2.12 泵房内的供电设计应向电气（强电、弱电）专业提出的要求

1）应有可靠独立而且不间断的电源，如双电源或双回路供电方式；

2）应有良好的照明和检修用电插座；

3）应有独立核算的用电计量装置；

4）配电及电控系统应设在泵房内，并宜与水泵机组、贮水池（箱）、管道等输配水设备分开隔离设置，而且还应采取防水、防潮和防火设施。

8.2.13 本专业还应向电气专业提出的泵房设备控制与保护要求

1. 控制方式

1）就地手动控制；

2）远程自动控制：

（1）感受设备：由压力仪表、流量仪表、温度仪表、水位仪表等组成，一般安装在水泵进出水管道上、贮水池（箱）上、高位水箱上、气压罐上。

（2）变换设备：由探测器、调节仪表、自动平衡仪表、显示仪表等组成，运行中根据被测参数的变化进行远距离控制，以达到自动定量控制系统故障和报警。

（3）执行设备：由电磁阀、电动阀、气动阀、控制器等组成，根据变换设备的信号对其进行开启、关闭及调节，使系统处于设计参数范围内的正常运行。

2. 控制要求

1）泵房及消防控制中心均能手动开启或关闭设备运行。

2）自动控制：

（1）感受仪表应具有设计参数（如压力、流量、温度、水位等）、状态和信号显示功能；

（2）变换调节仪表、自动平衡仪表等应能针对设计参数（内容同本条第 1 款第 2 项）和仪表显示系统运行状态，通过执行设备对系统运行进行实时控制和调节，确保系统在设计要求范围内进行良好运行；

（3）对电气设备的电压、频率、电量进行实时监测；

（4）控制设备应有标准的通信接口。

3. 检测仪表要求

1）检测量程应为工作点测量值的 1.5～2.0 倍；

2）测量精度不应大于 1%；

3）仪表显示界面应汉化、图标明显、显示清晰，并宜有人机对话功能；

4）质量可靠、耐久，且便于操作。

4. 保护

1）控制设备应有过载、短路、过压、缺相、欠压、过热及缺水等故障报警和自动保护功能；

2）贮水池（箱）、高位水箱等如遇超高水位和超低水位时，应能自动报警；

3）可恢复的故障应能自动消除、手动消除、恢复正常运行。

8.2.14　设计制图

1. 制图要求

水池（箱）及水泵房、水加热器间及有关水处理设备机房、冷却塔等是以给水排水专业为主体的设备机房，它们的平面图、剖面图和相关说明是向建筑、结构、暖通空调和电气等专业提供设计配合资料，业主进行设备采购和施工单位进行设备安装调试的依据。所以，制图时必须准确、简明、清晰。为此，设计时应单独绘制二次供水设施机房放大图图样。

2. 平面放大图图样的绘制

1）一般按 1∶50 的比例用细实线绘制出设备机房所在楼层的设备机房平面图，并表示出建筑轴线及编号，建筑楼层地面标高，并应与建筑专业相一致。

2）根据设计选用的泵组及配套设施（气压罐、消毒器等）、水池（箱）等数量对设备机房进行规划分隔，即划分出设备布置区、配电区、值班区、检修区。

3）按设备机房的规划区域，以细实线将泵房内的水泵机组及配套设施、水池（箱）如数根据现行国家标准《建筑给水排水设计规范》GB 50015 和《建筑给水排水制图标准》GB/T 50106 的规定，按下列要求进行平面图的绘制：

（1）将设计选用的全部泵组及配套辅助设施等用细实线绘制出外形或基础边框线，并标注外形尺寸和定位尺寸；

（2）按图例绘出全部可视管道、管件、附件、阀门等与设备、设施、水池（箱）、水加热器等相互之间的接管关系、管道走向、上翻及下弯。管道按中粗细绘制；阀门、管件、附件等按实际所在位置处用细实线绘制；

（3）卧式水泵应将水泵与电动机的位置予以区分，方便电气专业配线；

（4）在水泵机组的吸水端绘出机房地面排水沟的位置、宽度、定位尺寸、坡向，并标注出起点及终点标高；

（5）在适当位置设置排水泵坑，并绘出潜水排污泵及人孔位置、尺寸大小及定位尺寸。

4）贮水池（箱）按下列要求绘制：

（1）成品贮水箱以中粗实线与细虚线相结合绘出水箱外形、并标注外形尺寸及其边框与建筑墙面或轴线的定位尺寸；

（2）钢筋混凝土水池以细实线绘制出水池实际内外形状，并标注出池内壁空间尺寸及池外壁与建筑墙面或轴线的定位尺寸，池壁厚度按结构专业计算为准绘制，并对池壁涂以浅灰色；

（3）以细实线绘出水箱人孔、爬梯、通风管、水位信号孔、箱内导流板等位置尺寸大小及水箱边框的定位尺寸；

（4）以中粗细绘制出水池（箱）的进水管、溢流管、泄水管、水泵吸水管及连通管等位置及与水箱边框的定位尺寸；

（5）以细实线绘出池（箱）内水泵吸水坑、吸水口、溢水口、泄水管的位置，并标注出与水池壁的定位尺寸。钢筋混凝土水池还应绘制管道穿池壁的防水套管；

（6）在水池及水箱图样中适当位置用文字或代号说明水箱、水池用途、名称及相对应的有效水容积。

5）泵房为多台水泵机组及配套设施时，应在图样中自左向右、自上而下按其不同型号、不同用途对其进行编号。

6）绘出全部剖面图的剖切线所在位置并进行剖面编号，剖切位置的选择应符合本条第 3 款第 1 项的要求。

7）图样中表达不清或无法表达的内容，如爬梯材质、防虫网的网目要求、不锈钢水箱不应直接与混凝土接触、人孔盖应涂无毒环氧树脂、泵组基础由供货商进行二次细化设计的内容及要求等，则采用文字以附注的方式在图幅右下方予以说明。

8）在图幅下方按表 8-1 格式列出设备编号名称对照表。

设备编号名称对照表　　　　　　　　　　　　　　　　表 8-1

编号	用途及性能参数	单位	数量	编号	用途及性能参数	单位	数量
1	生活给水加压泵	台	3	3	自动喷水灭火加压泵	台	2
	$Q=15L/s$，$H=70m$				$Q=30L/s$，$H=120m$		
	$N=15kW$，$n=2900$ 转/分				$N=90kW$，$n=2900$ 转/分		
2	消防给水加压泵	台	2	4	智能水炮灭火加压泵	台	2
	$Q=40L/s$，$H=110m$				$Q=40L/s$，$H=90m$		
	$N=75kW$，$n=2900$ 转/分				$N=45kW$，$n=2900$ 转/分		

9）平面及剖面图的图样中应标注管道管径、立管编号及定位尺寸。

3. 剖面放大图图样的绘制

1）设备机房设备、管道种类多、交叉重叠多，因此，剖面图剖切位置应选在反映设备、设施、水池（箱）、管道全貌，应能满足各专业设计配合和施工安装的部位，并尽量减少剖面图的数量。

2) 剖面图图样应在剖切处按正直接投影法绘制出沿投影方向看到的设备、设施、水池（箱）等下列内容：

（1）绘出设备、设施外形及基础形式（有无隔振要求）和厚度，排水沟截面形状等；

（2）绘出水池（箱）的形状、高度、池（箱）的各部厚度、池（箱）底坡度、吸水坑形状、内外爬梯、人孔及水池（箱）与建筑、结构的空间和构造关系，并标注各自尺寸要求或标高；

（3）绘出水池（箱）内最低水位线、起泵水位线、停泵水位线、最高水位线、溢流报警水位线，并标注各自标高或相对尺寸；

（4）绘制出水池（箱）进水管、水泵吸水管、溢水管、泄水管、通气管、水位计等接管关系及管道上的阀门、附件及仪表等，并标注各自的管径、标高或相对尺寸要求，穿池壁做法等；

（5）绘出人孔构造要求：人孔盖应高出水池（箱）顶板上表面不小于150mm，确保顶板面杂物、尘埃等不流入池内；人孔直径不得小于700mm，并应为密封型人孔盖；生活饮用水池（箱）人孔盖应为带锁型，非工作人员不得随意开启；

（6）地面排水沟的位置、截面形状、门窗位置等；

（7）钢筋混凝土水池人孔做法如图8-2所示，该图应作为工种之间的配合资料提供给结构专业。

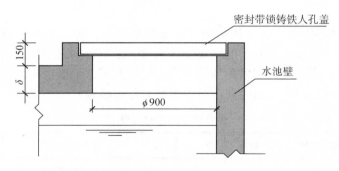

图8-2 钢筋混凝土水池人孔详图

4. 绘图图样

1) 生活消防水泵房平剖面图，如图8-3和图8-4所示。设备编号名称对照表忽略。

2) 变频加压生活给水泵房平剖面图，如图8-5和图8-6所示。设备编号名称对照表忽略。

3) 叠压（无负压）机组生活给水泵房平剖面图，如图8-7和图8-8所示。

4) 钢筋混凝土水池人孔详图如图8-2所示。成品型水池（箱）人孔盖由供货商按设计要求制造。

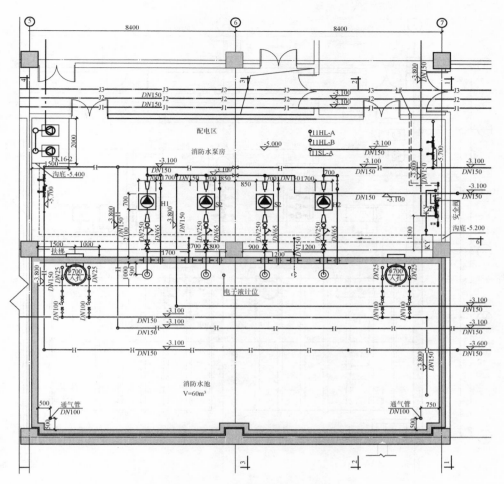

图 8-3 消防水泵房平面图

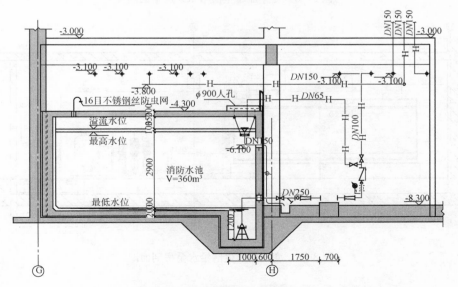

图 8-4 消防水泵房剖面图

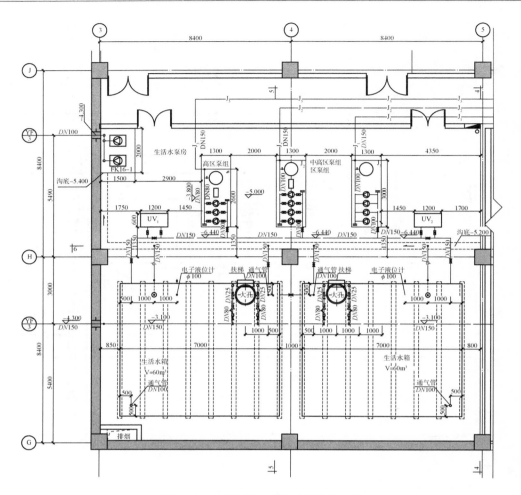

图 8-5 变频加压生活给水泵房平面图

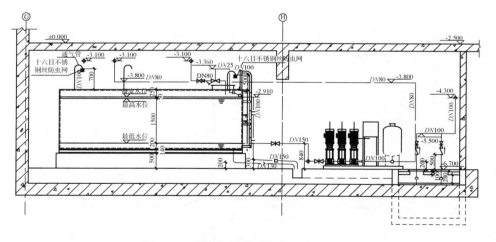

图 8-6 变频加压生活给水泵房剖面图

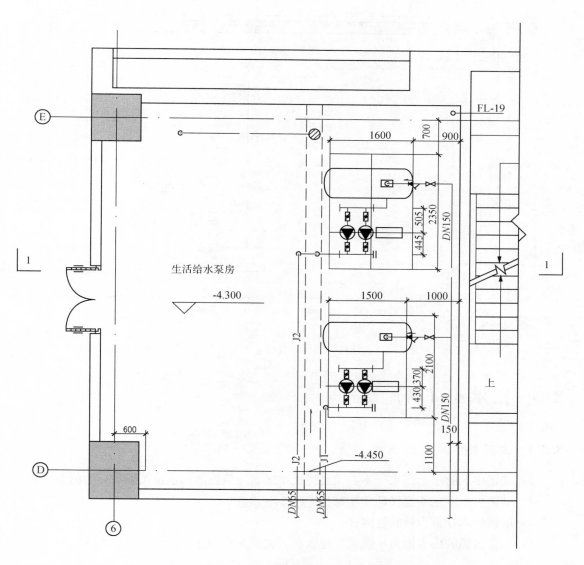

图 8-7　叠压（无负压）机组生活给水泵房平面图

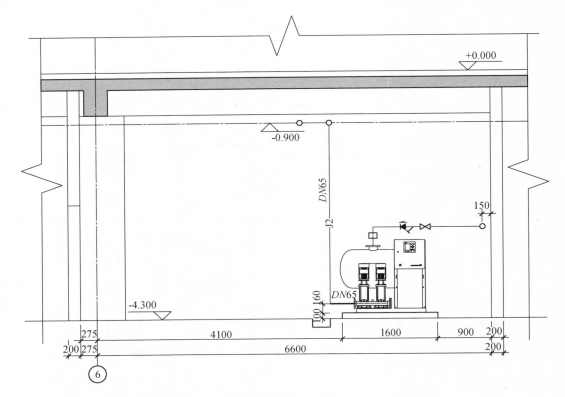

图 8-8 叠压（无负压）机组生活给水泵房剖面图

8.3 贮水池（箱）

8.3.1 设置条件

1）城镇供水的水量、水压不能满足建筑小区、建筑物的用水量及所需压力的要求；

2）城镇供水制度不能保证常年每日连续 24h 供水；

3）城镇供水管道为枝状管网；

4）自备水源的供水能力不能满足建筑小区或建筑物的用水量和水压的要求。

8.3.2 有效容积的确定

1）生活饮用水贮水池的有效容积应为用水调节水量与安全贮水量之和。

（1）调节水量：

①应按生活给水流入量和供水量的变化曲线计算确定。

②如无此资料时，应按《建筑给水排水设计规范》GB 50015 的下列规定确定：

a. 建筑小区：按该小区最高日生活用水量的 15%～20%确定；

b. 单体建筑：按该建筑物最高日用水量的 15%～25%确定。如该建筑物在竖向有分区、且各分区为分开设置各自独立的给水加压系统时，则应按所分区数分别计算确定。

（2）安全贮水量：

应根据城镇供水制度、供水可靠程度，建筑小区或建筑物对供水安全保证率的要求确定。

①城镇供水可靠、不会出现断水现象，可不考虑安全贮水量；

②城镇供水为定时供水制度，应按每日最长不供水间断时间段内，建筑物或建筑小区的最大小时用水量与停水时间数计算确定；

③城镇供水有故障检修，该小区或建筑只有一路供水引入管时，一般可按 2h 平均小时用水量计算确定；

④特殊建筑安全贮水量：

a. 高档次的酒店，特别是外资或合资兴建的酒店都有自己的专业管理（集团）公司，而且从各个方面都有自己的规范，一般均要求贮存 2d 的酒店满员时的生活用水量，确保用水的绝对可靠。

我国各大城市的供水都比较安全可靠，极少出现断水现象，故在实际工程设计中应与酒店管理（集团）公司协商，尽量减少贮水池的容量。

b. 国家及行业的重要数据库，信息中心，为保证各项数据、信息不间断，故应全年每日 24h 绝对安全可靠的供水，一般需要贮存 1d 的生活及工艺设备的用水量。

2) 贮水池（箱）数量：

（1）用水计费标准不同的建筑或部位的贮水池（箱）应分开设置。

（2）计算所需要总有效水容积超过 50m³ 时，应分成 2 座或 2 格能独立使用的贮水池（箱），以方便其中一座水箱清洗时，不影响建筑内的供水（详见现行国家行业标准《二次供水工程技术规程》CJJ 140—2010）。

（3）"防火设计规范"规定，消防贮水量超过 500m³ 时，应按 2 座或 2 格能独立使用的水池进行设计。

（4）每座或每格水池的水容积超过 200m³ 时，应设导流墙，以加强池水的对流。

8.3.3 贮水池（箱）的设计

1) 生活饮用水贮水池（箱）：

（1）应采用牌号为 S30403（归代号 S30（4）的不锈钢材质制造），形式可为组装式，也可为整体式。

（2）如采用钢筋混凝土建造时，应采用独立的结构形式，不得利用建筑物的本体结构作为贮水池（箱）的壁板、底板及盖板，其池内表面应衬 S30408 不锈钢板，确保水质不被二次污染。

（3）根据《二次供水工程技术规程》CJJ 140—2010 规定，水池容积超过 50m³ 时应分设成能独立工作的 2 座或 2 格，并按水池（箱）进水管设加有阀门的连通管，以保证水池（箱）清洗时系统不间断供水。

2) 消防贮水池：

（1）一般采用钢筋混凝土建造。

（2）是否与建筑物结构本体脱开，由结构专业确定。

（3）池内壁应涂刷防腐涂料。

3) 各类水池应配套设置下列附件：

（1）进水管：

①水池（箱）进水管管径：

a. 给水系统为水池－恒速加压泵－高位水箱供水系统时，管径按平均小时用水量确定；

b. 给水系统为水池－变频泵组或给水系统为叠压供水系统时，管径按最大小时用水量确定；

c. 贮水池仅起吸水池作用时，管径则按设计秒流量确定；

d. 进水管的水流速度按 $0.8 \sim 1.0 \mathrm{m/s}$ 计。

②进水管上应装设真空破坏器（必要时）、水表、阀门、池内水位自动控制装置。

③进水采用杠杆式浮球阀或液压式水位控制阀时，因其阀件影响有效过水截面面积，故同一座（格）水池不宜少于 2 组相同管径的阀组，且两阀组进水管标高应一致。

（2）水泵吸水管在池内的布置：

①吸水管应与水池进水管对置布置，以加强池内水的对流更新，防止产生死水区造成水质恶化；

②如因条件限制，水池进水管与水泵吸水管设在水池同一侧时，为防止短流，池内应设导流板；

③水泵吸水管应尽量采用管口向下的喇叭口吸水方式。如条件限制也可采用侧吸水方式，但应符合本书第 8.2.4 节的规定；

④水池（箱）内有多根水泵吸水管时，则两相邻吸水管喇叭口的间距不得小于 2 倍的喇叭口直径，最边的喇叭口距池壁不小于 1 倍喇叭口直径。

（3）溢水管：

①溢水管管径应按水池最大进水量计算确定，一般宜比水池进水管管径大一级，但最小管径应与进水管管径相同；

②溢水管宜远离水池进水管，以避免水池进水管进水扰动水面造成不必要的溢水；

③溢水管采用喇叭口集水，且喇叭口上沿应高出水池最高水位 50mm；

④溢水喇叭口下的垂直管长度不宜小于 4 倍的溢流管管径；

⑤采用侧壁溢流管时，溢水管应比水池进水管大一号，且管底应高出最高水位 50mm；

⑥溢水管上不得安装阀门；

⑦溢水管必须采用间接排水。一般在溢水管末端采用 45°弯头排入泵房排水沟内，且管口应装设 16 目不锈钢或铜质防虫网。

（4）泄水管：

①泄水管一般设在水池内水泵吸水坑一侧，并从坑底接出。有困难时，可在位于泵房地面 150mm 高度处接出，但附近应预留电源插座，以满足采用移动排水泵抽吸泄空池内剩余存水时的电源需要；

②泄水管管径可按将池内全部贮水在 2h 内泄空计算确定，但不得小于 50mm；

③泄水管上应装设阀门，阀门后的泄水管段允许与水池溢水管相连接；

④泄水应采用间接排水方式。管道末端应装设 16 目不锈钢或铜质防虫网。

（5）通气管：

①管径应按水池最大进水量与最大出水量中的放气量计算确定。但最小不得小于 DN100；

②同一个水池（箱）内有效容积大于 $30m^3$ 时，通气管不得少于 2 根，其末端管口应向下弯 180°，且 2 根通气管管口的高差不得小于 200mm，以加强池内空气的对流；

③通气管上不得设置阀门；

④通气管管口末端应装设 16 目不锈钢或铜质防虫网。

（6）连通管：

①2 座（2 格）及以上的同一用途的水池（箱）之间应设连通管；

②连通管管径与水池进水管管径相同；

③连通管在水池（箱）内的管口应与池内壁相齐，且管口内底标高应与水池最低水位相平；

④连通管上应装设阀门。

（7）人孔：

①每座（格）水池（箱）均应设置人孔；

②人孔直接一般采用 700～1000mm，以保证池内附件运输和安装检修人员的出入；

③人孔应靠近水池进水管水位控制阀处，方便检修；

④人孔的一侧应与水池内壁相齐，并装设内外爬梯，方便安装及检修池内附件；

⑤人孔上沿应高出水池顶板表面不小于 150mm，以防止池顶板表面杂物、尘埃流入池内；生活用水池（箱）的人孔盖应加锁；

⑥人孔附近墙面适当位置应当有电源插座，以方便工作人员进入池内检修相关附件及清洁水池时连接照明灯使用。

（8）水位计

①每座（格）水池（箱）均应设水位计；

②水位计应远离水池（箱）的进水管口处；

③水位计采用玻璃管水位计或磁耦合液位计；

④液位计安装参加国标图《矩形给水箱》02S101；

⑤水池（箱）还应预备电控水位接管口。

4）绘图图样如图 8-1～图 8-5 所示。

8.4 水箱间

8.4.1 水箱的含义

水箱是指高位生活水箱、高位消防水箱、减压水箱、转输水箱。

8.4.2 设置条件

1）城镇供水管网的水压周期性不足时，设置高位生活水箱利用用水低峰时向水箱进水，以备用水高峰城镇水压不足时用水箱贮水向建筑物供水；

2）城镇供水制度为定时供水时，以贮备城市不供水时段建筑物的用水量，并向用户供水；

3）城镇供水管网水压不能满足建筑物内高层楼层用水水压要求，采用水泵和水箱联合进行二次加压供水方式时的高位水箱，以保证建筑物所需的水量、水压要求；

4）建筑物内需要供水压力恒定时，需要设置分区减压水箱；

5）超高层建筑串联加压供水按规范要求需要在避难层设置转输水箱，通过水泵从该水箱取水再向避难层以上的楼层供水；

6）根据"防火设计规范"规定在建筑物内设置消防水箱，以保证火灾初期灭火之用。

8.4.3 生活给水用水箱有效容积的确定

1）采用贮水池（箱）—恒速加压水泵—高位水箱供水方式时，一般按该小区或建筑物的 1h 最大小时用水量作为高位水箱的有效容积。

高层建筑或超高层建筑采用此种供水方式，为满足使用和节水要求而用减压水箱进行竖向分区供水时则减压水箱的有效容积按该分区 15min 的最大小时用水量作为减压水箱的有效容积。

2）超高层建筑采用串联供水系统时，按下列情况确定：

（1）转输水箱与低区供水水箱合用时，应为低区生活用水量与上一区转输水量之和。

①低区贮水量按 1h 最大小时用水量计；

②转输水量按不小于转输水泵 5min 的出水量计。

（2）专用转输水箱时，根据建筑物性质，用水特点及可靠性，其转输水箱的调节水容积应按同时运行转输水泵 5～10min 的出水量确定。

8.4.4 消防水箱有效容积的确定

1）消防水箱是指屋顶水箱、分区水箱、气压水罐、顶压水箱。

2）作用：满足初期火灾专业消防队员尚未到达火灾现场，业余消防人员灭火时所需的消防用水量。

3）有效容积：根据各类"防火设计规范"按下列规定确定。

（1）多层民用建筑：

①室内消防用水量不超过 25L/s，采用 12m³；

②室内消防用水量超过 25L/s，采用 18m³。

（2）高层民用建筑：

①一类公共建筑不应小于 18m³；

②二类公共建筑和一类居住建筑不应小于 12m³；

③二类居住建筑不应小于 6m³。

（3）气压水罐：

①设置条件：屋顶水箱的设置高度不能满足相关"防火设计规范"静水压的规定时应设增压稳压装置，该装置应配套气压水罐。

②气压罐容积：

a. 消火栓灭火系统不应小于 300L；

b. 自动喷水灭火系统不应小于 150L；

c. 消火栓灭火与自动喷水灭火合用时，不应小于 450L。但实际工程中因两者压力要求控制不同，很少采用。

8.4.5 水箱设计应符合的规定

1) 材质可按下列规定选用

(1) 生活饮用水箱应采用 S30408 牌号的不锈钢材质；

(2) 消防用水箱一般采用搪瓷钢板及镀锌钢板水箱或钢筋混凝土水箱。

2) 水箱应配置如下附件：

(1) 进水管的管径一般按管内水流速度 0.8～1.2m/s 计算确定。

①利用变频调速泵组及城镇管网供水压力进水时，应装设两个管径相同的进水管，并装设水位控制阀，且每个控制阀前应装设检修阀门；

②利用水泵加压进水并利用箱内水位的升降自动控制加压水泵的运行时，不宜设置水位控制阀；

③进水管一般从水箱侧壁或顶部接入，箱内管口距箱内最高水位垂直高度不得小于 2.5 倍进水管的管径；

④进水管管口及水位控制阀的安装高度应满足水质防回流污染的规定。

(2) 出水管：

①由高位水箱供给不同用水类别（如水加热器、洗衣房、厨房、冷却塔补充水等）的给水管应分别设置各自独立的出水管，以确保水压稳定；

②高位水箱每根出水管上应装设低阻力（小于等于 0.03MPa）的止回阀和检修阀门；

③各种用途的出水管可从水箱侧壁下部或底部接出，且出水管在箱内的管口应高出水箱内底不小于 50mm，以防箱底积污流出影响水质；

④各种出水管管径按相应给水系统设计秒流量计算确定。

(3) 溢水管：

①溢水管应采用喇叭口集水口，且喇叭口应高出箱内最高水位 50mm；

②溢水管管径按进入水箱最大流入量确定，一般宜比进水管管径大一级；

③溢水管上不得装阀门，其末端管口应装设不锈钢或铜质防虫网；

④溢水管必须采用间接排水，可排至水箱间地漏、排水沟或水箱间外的屋面。

(4) 泄水管：

①泄水管管径可按将箱内存水 1h 内全部泄空确定，但不得小于 50mm；

②泄水管应安装与泄水管同径的阀门；

③泄水管应从水箱底最低处接出，且箱内管口与水箱底表面相平；

④泄水管必须间接排水，泄水管可在阀门后与水箱溢水管连接。

(5) 通气管：

①通气管应从水箱顶板上接出，管径不应小于 50mm，且不得与其他管道连接；

②通气管末端管口向下，并装设不锈钢或铜质防虫网；

③通气管上不得设置阀门；

④水箱容积超过 30m³ 时，应设 2 根通气管。

（6）液位计：参见本书第 8.3.3 节的相关要求。

（7）水箱内应装设液位与加压水泵的联锁装置（即液位继电器）的接管口，该管口应远离水箱进水管。

（8）水箱内高低电控水位应考虑一定的安全容积。停泵时最高电控水位应低于溢流水位不少于 100mm，而开泵水位应高于最低电控水位不少于 200mm。目的是防止稍有误差时，造成水流满溢浪费水资源和贮水箱内水位在水泵开启未全负荷工作时供水中断的不良后果。

（9）连通管：

①设有 2 座（格）水箱时，两水箱之间应设连通管，且连通管上应装设阀门；

②连通管管径不得小于水箱进水管管径，且连通管管内底应高出水箱底板内表面不小于 50mm，防止水流扰动水箱内底沉积物，影响水质。

（10）消毒：

①生活饮用水箱应设二次消毒设施；

②采用紫外线消毒器消毒时，消毒器应安装在水箱出水管上，其容量按出水管设计秒流量选定。

（11）人孔：

①人孔应设在水箱进水管处，方便液位控制阀的检修；

②圆形人孔直径不小于 600mm，方形人孔最小尺寸为 600mm×600mm，且人孔应高出水箱顶板外表面 100mm，以防顶面杂物、尘埃流入箱内；

③人孔附近的墙面应预留照明电源插座，方便连接照明灯进入箱内清洁、检修；

④人孔应选用带锁密封型人孔盖。

（12）爬梯：

①爬梯应设在人孔外侧，并远离水箱间结构梁的位置处；

②如箱内水深超过 1.50m 还应设箱内爬梯，以方便检修进水管相关阀件和进入箱内清洁水箱；

③爬梯材质一般采用 S30408 牌号的不锈钢，做法详见给水排水国标图。

3）水箱应按下列规定设计：

（1）水箱的形状一般为正方形、矩形，且矩形水箱的长宽比不应小于 1∶0.6；

（2）水箱的有效水深不应小于 1.0m，亦不宜大于 2.0m；

（3）水箱有效容积超过 50m³，且采用装配式水箱时，应按能独立使用的 2 座水箱设计，以方便清洁水箱或更换老化的密封条时，保证不间断供水；

（4）水箱进水管与出水管应对置设置，以加强箱内水的对流交换更新；

（5）多座水箱时，相互之间应设连通管，并装设阀门，连通管管径按设计秒流量计算确定；

（6）出水管内底或管口应与水箱内最低水位相平，且应高出水箱内底表面 50mm，并在管道上装设止回阀及阀门；

（7）水箱泄水管与箱底表面相平，管径按 1h 内将箱内存水泄空确定，但不得小于 DN50，泄水管上应装设阀门；

（8）水箱溢水管管径宜大于进水管管径一号，但不得小于进水管管径，管口装喇叭口，溢水管可与泄水管在箱外合并，但溢水管应按水流方向装在泄水管阀门之后。

4）水箱及相关设施的平面布置应符合下列规定：

（1）装配式水箱：为方便施工安装，维修管理，按下列规定布置：

①无管道一侧，水箱保温隔热层外壁与墙壁的距离不小于700mm；

②有管道一侧，管道保温隔热层与墙壁的距离不小于600mm，水箱外壁与墙面的距离不小于1000mm。

（2）钢筋混凝土水箱：

①无管道一侧，水箱外壁与墙面或柱表面的距离不小于50mm；方便浇筑混凝土模板安装；

②有管道一侧，水箱外壁与墙面的距离不小于1000mm，管道与墙面的距离不小于600mm。

（3）多座水箱时，水箱外壁与另一水箱外壁之间的净距离不小于700mm。

（4）消防水箱间设有增压稳压设备时：

①消火栓给水系统与自动喷水灭火系统的增压稳压设备由于泵组的流量、压力要求不同时，为方便系统运行稳定和方便报警准确，一般应分开设置。

②增压稳压设备应采用增压水泵、稳压气压水罐、控制器等组合一体化整体装置。

a. 消火栓增压泵的流量宜为5L/s；

b. 自动喷水灭火系统增压泵的流量宜为1L/s；

c. 气压罐容积按本书第8.4.4节规定确定。

③增压稳压设备装置水泵吸水侧距水箱外壁不得小于1000mm。

④增压稳压设备装置的一侧允许距墙面300mm，另两侧距墙面或房间内其他设备及设施的距离不小于700mm。

（5）生活给水系统的水箱应设消毒装置：

①采用紫外线消毒器时，紫外线消毒器应设在水箱的出水管或转输水泵的吸水管上；

②采用水箱自洁消毒器时应为外置型水箱自洁消毒器，且宜布置在水箱无管道一侧，其操作面距水箱外壁不得小于600mm，背面与房间墙面的距离不小于700mm，以满足控制柜检修操作之需。

5）水箱间土建设计要求：

（1）水箱间面积应根据本条第4款水箱及相关设施的平面布置尺寸计算确定；

（2）水箱间高度应为水箱基础高度、水箱高度及水箱人孔盖顶至建筑结构最低点的垂直距离三者之和。

①水箱基础高度：水箱出水管为重力流且出水管上装设止回阀，应以止回阀最小开启水头、安装操作空间及管外壁距地面最小高度三者之和计算确定，一般应高于800mm；如水箱出水管上无止回阀，则应以管道安装检修操作空间、出水管上的附件（如阀门、Y形过滤器、紫外线消毒器等）及其附件距地面最小空间三者之和计算确定，一般应高于500mm；

②水箱高度以实际外形（含底座）确定；

③水箱人孔盖顶至建筑结构最低点的垂直距离不得小于800mm，以方便检修箱内部件时检修人员出入的需要。

（3）水箱的相关配套设施（如紫外线消毒器、外置式水箱自洁消毒器、增压稳压装置等）均应安装在高于地面不小于100mm的混凝土基础上；

（4）水箱间应有独立的出入口，其大尺寸应以不可拆装的最大设备或配套设施外形尺寸运输不受影响确定；

（5）门宽及通风孔应设安全防护格栅，且应为坚固牢靠的耐腐蚀材质；

（6）生活用水箱间墙面、地面应采用环保易清洁材料铺砌及涂敷。

6）水箱间环境：

（1）应有良好通风，室内温度不应低于5℃。如室内温度可能低于5℃时，应采取防冻措施，如对水箱进行保温，并设置电暖气等；

（2）如设有再次加压水泵机组时，应按本书第8.2.11节的要求进行设计；

（3）水箱的溢流排水、泄水排水及房间内地面的地漏排水，应尽量排至屋面，也可排入建筑物内的废水管道。当排入废水管道时，应设间接排水管道。

7）电气设计要求：

（1）应有良好的光线或照明；

（2）设有再次加压泵组时，应按本书第8.2.12节的要求进行设计；

（3）预留消毒设施供电插座及检修用电源插座。

8）设计制图：

（1）水箱间应按不大于1：50的制图比例绘制放大平面和放大剖面图。

（2）平面图按下列要求绘制：

①平面图应采用细线绘出建筑轴线及编号、轴线尺寸、建筑墙线、门宽位置，并注出建筑标高；

②应按本条第4款的要求，用细实线绘制出水箱间全部水箱及相关配套设施：

a. 水箱及水箱基础平面位置、平面尺寸及其定位尺寸；

b. 相关设施如水泵机组、增压稳压装置、消毒设备等平面位置、尺寸及其定位尺寸；

c. 水箱平面图图样中应采用细线绘出人孔、内外爬梯、液位信号管孔、水位计等位置及定位尺寸；

d. 水箱与相关设施相连接的管道采用中粗线按图例绘出相互接管及上弯或下弯等关系；

e. 管道上的阀门、附件、仪表等在相应位置以细线绘出；

f. 剖面的剖切位置应选在能反映水箱及相关设施全貌的部位。允许多处剖切及一次转折剖切。对剖切符号应从左向右，或从上到下进行编号。剖切线及编号用中粗实线绘制，剖切符号位于剖视方向一侧。

（3）剖面图按下列要求绘制：

①应用细实线绘制出建筑结构外形、梁板形状、轴线位置及轴线编号、地面及顶板面标高；

②剖面图应在剖切面处，按剖切方向直接正投影法绘制出所看到的全部水箱及相关设施：

a. 用细实线绘出水箱外形、位置、水箱基础等并注明平面尺寸及其定位尺寸；

b. 用细线绘出并用文字标注出箱内最低水位线、最高水位线、溢流水位线、报警水位线、启泵水位线及停泵水位线；

c. 用细实线绘出水箱间相关设施外形、位置及基础等，并注明平面尺寸及定位尺寸；

d. 用中粗实线绘出箱内相关进水控制阀、溢水管口及管道、外置式水箱自洁消毒器的进水及出水管、箱内爬梯；

e. 用中粗实线绘出箱外爬梯、水箱通气管、水箱进水管、出水管、溢水管及泄水管与相关设施接管连接关系；

f. 用细实线绘出水箱水位标尺、相关设施、水箱间可视管道上的阀门、附件、仪表、管道支架或吊架等位置和形式；

g. 用细实线标注出管道管径、标高、定位尺寸，用引出线标注水箱、相关设施、立管等名称或编号；

h. 用细实线标注出水箱基础及相关设施基础形式（有无隔振装置）、外形高度、人孔至建筑结构梁底尺寸等。

（4）其他

①钢筋混凝土水箱的人孔做法在剖面图中表示不清时，应另绘制放大图；

②用图样无法表达的下列内容应以"说明"或"附注"的形式用文字说明：

a. 金属或非金属轻质水箱的材质及保温要求；

b. 钢筋混凝土水箱人孔盖材质及箱内壁防腐要求；

c. 水箱及相关设施基础做法要求；

d. 水箱液位控制阀的形式；

e. 引用相关标准图编号、名称等。

9）绘图图样如图 8-9、图 8-10 所示。

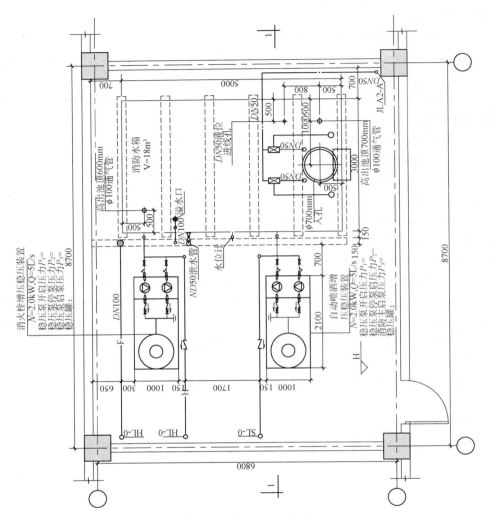

图 8-9　消防水箱间详图

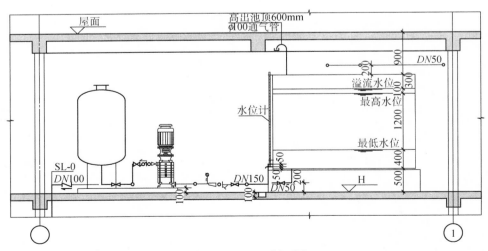

图 8-10　1—1 剖面图

8.5 加热（换热）设备机房

8.5.1 加热（换热）设备间的位置选择

1. 单体建筑物

1）应靠近生活热水用水量最大的用户，并尽量位于该建筑物的中心部位，以减少供、回水干管的长度，达到节材、减少热损失、节能及方便管理的原则；

2）应靠近二次加压供水设施，以达到缩短连接管道、减少管道水头损失、有利冷、热水供水回水管的同程布置和用水点处冷、热水压力平衡的目的；

3）无公用热源可用，仅为生活热水提供热源或热水而设置的燃油、燃气锅炉房不宜设在其服务的建筑物内，但可与该建筑相毗邻，并远离建筑物的主出入口，且靠近运输道路或贮油库。

2. 建筑小区

1）热源为城市热网时，应以建筑组团为单元分区设置换热站，并可附建于热水用水量大的建筑物内，以缩短热水管道的长度，减少热损失；

2）无城市热网或公用锅炉房提供热源，可按下列原则自设锅炉房：

（1）应位于建筑小区的下风位置，以减少烟尘对小区环境的影响；

（2）独立设置燃煤、燃油锅炉房时，邻近运输道路，方便燃料的运输与贮存；

（3）如建筑小区建筑物以建筑组团布置时，换热站可以建筑组团为单元分区设置；

（4）建筑小区设集中二次加压供水站房时，换热站应尽量靠近二次加压供水站房。

8.5.2 水加热设备的选型

1. 应具备的条件

1）单体建筑物及各供热分区或建筑小区的计算耗热量；

2）明确的热源类型：城市热网（高温热水、高压蒸汽）、建筑小区或建筑内锅炉高温热水或高压蒸汽、太阳能、电力、热泵等；

3）热源技术参数：高温热水的供水温度、回水温度，高压蒸汽压力（表压）等。

2. 水加热设备选型应考虑的因素

1）加热（换热）设备的特性：

（1）体积小、换热效率高、节能、环保、辅助设备简单；

（2）构造简单、安全可靠、操作和维修管理简便；

（3）被加热水侧的阻力损失小，以方便热水系统的冷热水压力平衡。

2）被加热水的硬度。

3）被加热水的使用特点：

（1）全日连续供应还是每日定时供应；

（2）全日热水负荷的变化规律。

3. 水加热设备选型原则

1）热水用水量变化大，要求供水可靠不允许间断、供水水温和水压平稳、热源供应不能满足设计小时耗热量要求时，应选用容积式换热器；

2）热水使用温度和水压要求较平稳、热源供应能满足小时耗热量的要求，并设有机械循环管道系统时，应选用半容积式换热设备；

3）热水用水较均匀、热源为不小于 0.15MPa 的蒸汽，且气压稳定，并能满足热水设计秒流量所需耗热量时，宜选用半即热式换热器；

4）热水用水较均匀、被加热水的总硬度（以 $CaCO_3$ 计）不大于 150mg/L、设有贮热设备时，宜选用快速式换热设备。

4. 医疗机构热水换热设备选用原则

1）加热（换热）设备不得少于 2 台，每台换热设备的供热能力不得小于设计小时耗热量的 60%，以确保其中一台检修时，不影响主要用水部门的热水供应；

2）床位不超过 50 床位的医疗机构所设置 2 台换热（加热）设备的供热能力均按设计小时耗热量选用；

3）供水疗设备用热水的换热（加热）设备应与医院其他热水换热设备分开设置。热水用水量、水温及水压应以水疗工艺设计要求计算确定。

8.5.3 加热设备容量的计算

1. 应具备的技术参数

1）建筑小区或建筑物的设计小时耗热量和热水量；

2）热媒特性及参数：高温热水的供水及回水温度；高压蒸汽的压力；城市热网冬季及夏季供回水温度和压力；

3）被加热水的冷水计算温度（以冬季为准）和冷水的总硬度（以 $CaCO_3$ 计）；

4）热水供应温度。

2. 设计小时耗热量的计算

1）按《建筑给水排水设计规范》GB 50015 规定的下列原则计算：

（1）建筑小区为全日制热水供应系统时：

①建筑小区的配套公建（如餐馆、娱乐设施、商场等）的最大用水量时段与小区住宅最大用水量时段相同时，应将两者叠加作为该小区的设计小时耗热量；

②建筑小区内既有与住宅最大热水用量相同时段的公共建筑（如餐馆、娱乐设施、商场等），也有与其最大热水用量不相同时段的公共建筑（如办公用房等）时，将相同用水时段的设计小时耗热量相加值作为小区的设计小时耗热量。

（2）单体建筑为全日制集中热水供应系统时：

①单一用途的单体建筑及多功能用途和多部门共用的综合建筑分部门设置热水系统时，应分别计算各自的设计小时耗热量；

②多功能用途和多部门共用的综合建筑共用一个热水系统时，应将同一用水时段出现的最大用水高峰的主要用水部门（或单元）的设计小时耗热量与其他用水部门（或单位）的平均小时耗热量之和作为该综合建筑的设计小时耗热量。

2）设计小时耗热量的计算方法：

（1）全日制集中热水供应的建筑：Ⅰ类及Ⅱ类宿舍、住宅、别墅、酒店式公寓、旅馆和宾馆的客房（不含员工）、招待所、培训中心、医院住院部、疗养院、养老院、有住宿的幼儿园和托儿所、办公楼等设计小时耗热量按下式计算：

$$Q_h = k_h \frac{m \cdot q_r \cdot C \cdot \rho_r \cdot (t_r - t_l)}{T} \tag{8-1}$$

式中 Q_h——设计小时耗热量（kJ/h）；

　　　m——用水人数或床位数；

　　　q_r——热水用水定额 [L/（人・d）或 L/（b・d）]，按《建筑给水排水设计规范》GB 50015 中表 5.1-1 选用；

　　　C——水的比热，取 $C = 4.187$ kJ/（kg℃）；

　　　t_r——热水供水温度（℃），一般取水加热设备的出水温度，即 $t_r = 60$℃；

　　　t_l——冷水计算温度（℃），按《建筑给水排水设计规范》GB 50015 中表 5.1.4 选用；

　　　ρ_r——热水的密度（kg/L），按表 8-2 选用；

不同水温的热水密度 表 8-2

温度（℃）	密度（kg/L）	温度（℃）	密度（kg/L）	温度（℃）	密度（kg/L）
40	0.993	50	0.988	60	0.983
42	0.992	52	0.987	62	0.982
44	0.991	54	0.986	64	0.981
46	0.99	56	0.985	66	0.98
48	0.989	58	0.984	68	0.979

　　　k_h——小时变化系数，按《建筑给水排水设计规范》GB 50015 中表 5.3.1 选用；

　　　T——每日使用热水的时间，按《建筑给水排水设计规范》GB 50015 中表 5.1-1 选用。

（2）定时制集中热水供应的建筑小区及单体建筑（如住宅、旅馆、工业企业生活间、医院、学校、剧院、化妆间、体育场（馆）、Ⅲ类和Ⅳ类宿舍、公共浴室等）按下式计算设计小时耗热量：

$$Q_h = \sum q_h(t_r - t_l)n_0 \cdot b \cdot c \cdot \rho_r \tag{8-2}$$

式中 Q_h——设计小时耗热量（kJ/h）；

　　　q_h——卫生器具的小时热水用水定额，按《建筑给水排水设计规范》GB 50015 中的表 5.1-2 选用；

　　　n_0——同类卫生器具数量；

　　　b——同类卫生器具的同时给水百分数，按下列规定确定：

　　　　　住宅、宿舍、旅馆、医院、疗养院和养老院房间的淋浴器或浴盆可按 70%～100% 计；

　　　　　工业企业生活间、洗浴中心、学校、剧院、体育场（馆）、营房等公共建筑内的集中公共浴室内的淋浴器和洗脸盆按 100% 计；

　　　　　住宅每户设有多个卫生间时，可按一个卫生间计；

其他符号意义同前。

（3）建筑小区或建筑物内热水系统有分区时，为方便设备选型和设计配合，设计耗热量应分系统、分区进行计算。

3. 热媒耗量的计算

由于热源、热媒一般都由城市热网、建筑小区或建筑物内的锅炉房提供，因此，本专业应分别将热源或热媒的消耗量计算出来，以书面的形式作为设计配合资料，向相关部门或专业提出热媒消耗量的要求。同时以此数据分别进行下列各项内容的计算。

1）热源为蒸汽时，水加热设备制备热水所需要的蒸汽量按下式计算：

$$G = \frac{K \cdot Q_h}{i_1 - i_2} \tag{8-3}$$

$$i_2 = 4.187 t_{mz} \tag{8-4}$$

式中　　G——制备热水所需的蒸汽量（kg/h）；

K——热媒管道热损失附加系数，一般取 $K = 1.05 \sim 1.10$；

Q_h——设计小时耗热量（kJ/h）；

i_1——饱和蒸汽的热焓（kJ/kg），按表 8-3 选用；

i_2——凝结水的热焓（kJ/kg）；

t_{mz}——热媒终温（℃）。

饱和蒸汽的热焓　　　　　　　　　　　　　　表 8-3

蒸汽压力（表压）(MPa)	0.1	0.2	0.3	0.4	0.5	0.6	0.7	0.8
温度（℃）	120.2	133.5	143.6	151.9	158.8	165		
热焓（kJ/kg）	2706.9	2725.5	2738.5	2748.5	2756.4	2762.9		

2）热源为高温热水时，水加热设备制备热水所需要的热水量按下式计算：

$$G = \frac{K \cdot Q_h}{c(t_{mc} - t_{mz})} \tag{8-5}$$

式中　　t_{mc}——热水的初温（℃）；

t_{mz}——热水的终温（℃）；

其他符号意义同前。

3）热源为燃油、燃气时，锅炉或热水机组制备热水所需要的燃油或燃气量按下式计算：

$$G = \frac{K \cdot Q_h}{a\eta} \tag{8-6}$$

式中　　G——燃油或燃气的消耗量（kg/h 或 Nm³/h）；

K——热媒管道热损失附加系数，一般取 $K = 1.05 \sim 1.10$；

η——锅炉或热水机组的热效率，按表 8-4 选用；

Q_h——设计小时耗热量（kJ/h）；

a——热源的发热量（kJ/kg 或 kJ/Nm³），按表 8-4 选用。

燃油、燃气锅炉及热水机组热效率 表 8 - 4

热源类型	计量单位	热源发热量 a	锅炉或热水机组效率 η（%）	备注
轻柴油	kg/h	41800～44000 kJ/kg	≈85	η 为热水机组数值
重油	kg/h	38520～46050 kJ/kg	—	—
天然气	Nm³/h	3400～35600 kJ/Nm³	65～75（85）	无括号为局部加热的 η 值，有括号者为热水机组 η 值
城市煤气	Nm³/h	14653 kJ/Nm³		
液化石油气	Nm³/h	46055 kJ/Nm³		

注：1. 表中热源发热量供参考，具体工程设计应以当地热源部门即提数值为准；

2. 锅炉及热水机组效率，应以设备产品供给数据为准。

4）热源采用电能时，电热锅炉或电热水机组制备热水所需电量按下式计算：

$$W=\frac{Q_h}{3600\eta} \tag{8-7}$$

式中　　W——制备热水所需电量（kW）；

Q_h——设计小时耗热量（kJ/h）；

3600——单位换处系统；

η——电热锅炉或电热水机组的热效率，一般取 $\eta=95\%\sim97\%$，具体设计应以生产厂商提供数据为准。

4. 按系统或分区计算容积式及半容积式换热器

1）贮水容积按下式计算：

$$V_e=\frac{SQ_h}{1.163\ (t_r-t_l)\cdot\rho_r} \tag{8-8}$$

式中　　V_e——贮水容积（L）；

S——贮热时间（min），按表 8 - 5 选用；

Q_h——设计小时耗热量（W）；

t_r——热水温度（℃）；

t_l——冷水温度（℃）；

ρ_r——热水密度（kg/L）。

水加热器的贮热时间 S 值 表 8 - 5

加热设备类型	蒸汽和95℃以上高温热水热媒		95℃（含）以下低温热水热媒	
	工业企业淋浴室	其他建筑	工业企业淋浴室	其他建筑
容积式水加热器加热水箱	≥30minQ_h	≥45minQ_h	≥60minQ_h	≥90minQ_h
导流型容积式水加热器	≥20minQ_h	≥30minQ_h	≥30minQ_h	≥40minQ_h
半容积式水加热器	≥15minQ_h	≥15minQ_h	≥15minQ_h	≥20minQ_h

注：1. 燃油、燃气热水机组配套的贮热器的贮热量视热源供应情况按导流型或半容积式水加热器确定；

2. 表中 $Q-h$ 为设计小时耗热量（kg/h）；

3. 本表引自《建筑给水排水设计规范》GB 50015－2003（2009 年版）。

2）总容积

$$V=b\cdot V_e \tag{8-9}$$

式中　　V——换热器的总容积（L）；

　　　　b——换热器内存在的冷、温水区的容积附加系数；

　　　　　　容积式水加热器：b 取 $1.25\sim1.43$；

　　　　　　导流型容积换热器：b 取 $1.11\sim1.25$；

　　　　　　半容积式换热器：b 取 $1.05\sim1.10$；

　　　　V_e——同前。

　　3）计算单台换热器容积：

$$V=\frac{V_e}{n} \tag{8-10}$$

式中　　V——单台换热器容积（L）；

　　　　n——换热器数量，根据建筑物性质、使用要求确定，一般取 $n\geqslant2$；

　　　　V_e——同前。

　　4）加热器供热量计算：

　　（1）容积式和导流型容积式换热器：

$$Q_g=Q_h-1.163\frac{V_e}{T}(t_r-t_l)\rho_r \tag{8-11}$$

式中　　Q_g——换热器供热量（W）；

　　　　T——设计小时耗热量持续时间（h），$T=2\sim4h$；

　　　　其他符号意义同前。

　　（2）半容积式换热器的供热量应等于设计小时耗热量。

　　（3）半即热式换热器：

$$Q_g=q_s C\rho_r(t_r-t_l)\times3600 \tag{8-12}$$

式中　　q_s——热水设计秒流量（L/s）；

　　　　其他符号意义同前。

　　5）换热器传热面积计算：

　　（1）根据本"基础知识"第 8.5.2 条第 3 款的选型原则，选定换热设备的形式。

　　（2）按下式计算换热设备总传热面积：

$$F_{jr}=\frac{C_r Q_g}{\varepsilon K\Delta t} \tag{8-13}$$

式中　　F_{jr}——换热器所需总传热面积（m²）；

　　　　Q_g——换热器的供热量（kJ/h）；

　　　　C_r——热水系统的热损失，一般取 $C_r=1.10\sim1.15$；

　　　　ε——热媒分布不均匀及水垢影响换热器传热效率的衰减系数，一般取 $\varepsilon=0.6\sim0.8$；

　　　　K——加热盘管的传热系数 [W/(m²·℃)]；

　　　　Δt——热媒与被加热水的计算温度差（℃）。

　　（3）计算温度差按下列规定计算

　　①容积式、导流型容积式及半容积式换热器按算术平均数计算：

$$\Delta t_j=\frac{t_{mc}+t_{mz}}{2}-\frac{t_r-t_l}{2} \tag{8-14}$$

式中　Δt_j——计算温度差（℃）；

　　　t_{mc}——热媒初温（℃）；

　　　t_{mz}——热媒终温（℃）；

　　　其他符号意义同前。

②半即热式、快速式换热器按对数平均数计算：

$$\Delta t_j = \frac{\Delta t_{max} - \Delta t_{min}}{\ln \dfrac{\Delta t_{max}}{\Delta t_{min}}} \qquad (8-15)$$

式中　Δt_{max}——热媒与被加热水一端的最大温度差；

　　　Δt_{min}——热媒与被加热水另一端的最小温度差；

　　　Δt_j——同前。

6）按系统或分区分别设置换热设备的选定应符合下列规定：

（1）应分系统或分区进行选定。

（2）根据建筑物性质、使用要求，确定换热设备的配置数量。

（3）根据公式（8-13）和（8-10）的计算结果，单台换热设备的传热面积按下式计算：

$$F_i = \frac{F_{jr}}{n} \qquad (8-16)$$

式中　F_i——单台换热设备的传热面积（m²）；

　　　其他符号意义同前。

（4）根据公式（8-15）的计算结果，按照给水排水国家标准图集《热水器选用及安装》08S126确定换热设备的具体型号和性能参数。

（5）所选换热设备的各项性能参数应略大于第8.5.3节第2款公式（8-1）及公式（8-2）的计算参数值，最终确认该型号及性能参数符号设计要求。

5. 热水循环水泵的选用应符合的规定

1）热水循环水泵应分系统或分区配置。

2）集中热水供应系统一般采用强制循环，循环水泵的流量按下列规定计算。

（1）全日制热水供应系统循环水泵的循环流量按《建筑给水排水设计规范》GB 50015规定的下式计算：

$$q_x = \frac{Q_S}{C \rho_r \Delta t} \qquad (8-17)$$

式中　q_x——热水系统的循环流量（L/h）；

　　　Q_S——配水管网的热损失（kJ/h），严格讲应经计算确定，一般可按如下规定确定：

　　　　　单体建筑按3%～5%的设计小时耗热量取值；

　　　　　建筑小区按4%～6%的设计小时耗热量取值；

　　　C——水的比热［kJ/（kg·℃）］，取$C=4.187$kJ/（kg·℃）；

　　　ρ_r——热水密度（kg/L）；

　　　Δt——配水管道的热水温度差（℃）；

　　　　　严格讲应经计算确定，一般可根据系统大小按下列规定确定：

建筑小区按 6～12℃取值；

单体建筑按 5～10℃取值。

（2）定时制热水供应系统的循环流量：

《建筑给水排水设计规范》GB 50015 中规定：是将热水管网中的水量以每小时循环 2～4 次的要求进行计算。

（3）初步设计阶段可按下列规定进行估算：

①单体建筑：按设计小时热水量的 25%～30%计；

②建筑小区：按设计小时热水量的 30%～35%计。

3）热水循环水泵的扬程

（1）按《建筑给水排水设计规范》GB 50015 规定的下式计算：

$$H_b = h_p + h_x + h_s \qquad (8-18)$$

式中　H_h——热水循环水泵的扬程（kPa）；

　　　h_p——热水循环水量通过热水配水管网的水头损失（kPa）；

　　　h_x——热水循环水量通过热水回水管网的水头损失（kPa）；

　　　h_s——制备热水的加热设备的水头损失（kPa）。

（2）初步设计阶段可按下式进行估算：

①强制循环热水系统的循环水泵扬程按下式计算：

$$H_h = 1.1 \ (h + h_s) \qquad (8-19)$$

$$h = R \ (L_1 + L_2) \qquad (8-20)$$

式中　h　——热水管道的水头损失（kPa）；

　　　R　——单位管道长度的水头损失（kPa/m），一般取 $R = 0.1～0.15$ kPa/m；

　　　L_1——自加热设备至最不利配水点供水管道长度（m）；

　　　L_2——自最不利配水点至水加热设备的回水管长度（m）；

　　　其他符号意义同前。

②强制循环热水系统的循环水泵循环流量：如为单体建筑可按设计小时热水量的 25%～30%进行估算；如为建筑小区可按建筑小区设计小时热水量的 30%～35%进行估算。

4）热水循环水泵的选型：

（1）热水循环水泵一般选用高效、节能环保、低噪声的不锈钢管道泵；

（2）热水循环水泵的泵体耐压能力应大于热水系统的静水压力与循环水泵扬程之和；

（3）热水循环水泵应设同型号的备用泵。

5）热水循环水泵的控制：

（1）热水循环水泵一般安装在热水系统的回水管上，并位于相应系统水加热设备的附近；

（2）热水循环水泵前的热水回水管上应安装温度传感器，以便控制热水循环水泵的开启及关闭；

（3）热水回水温度低于热水供水温度 10℃时，热水循环水泵开启；热水回水温度高于热水供水温度 5℃时，热水循环水泵关闭，如此往复；

（4）热水循环水泵发生故障后应能自动开启备用泵进行工作。

8.5.4 加热（换热）设备房间位置的选定

1）位置应符合本书第 8.1.4 节和第 8.2.7 节的相关要求。

2）房间土建及环境要求：

（1）房间面积按本书第 8.2.9 节的原则确定；房间高度以加热（换热）设备顶部附件如安全阀的顶部距房间内建筑结构梁底的垂直净距应满足检修的要求确定，并不得小于 0.20m；

（2）如有起吊装置时，房间总高度应按设备、管道运输、安装、检修时能起吊和搬运的要求确定；

（3）房间位于地下层或楼上层时，应设置设备安装、运输、检修用的吊装孔和通道，一般宜与空调专业协调共用设置；

（4）房间应设置通风、供电和排水装置。

8.5.5 设计绘图

1）平面图放大图应以 1∶50 的比例绘制。

加热（换热）设备应按设计数量以下列要求进行平面布置：

（1）房间外形、轴线关系、地面（楼层）应与建筑专业提供的条件一致；

（2）建筑墙线、轴线、尺寸线、设备外形形状等以细实线绘制；

（3）设备背面外表面与墙面的净距离不应小于 0.50m；

（4）设备侧面外表面与墙面、加热设备外表面与加热设备外表面之间的净距不应小于 0.70m；

（5）设备正面（操作面）的通道宽度应满足检修时抽出加热盘管和交换加热设备运输的距离，但最小不应小于 1.50m；

（6）每台设备应为独立的基础，但热水系统的循环水泵可以共用一个基础。基础应采用 C20 混凝土浇筑；

（7）按图例绘制出房间内各种管道和附件等与设备的接管位置和关系，并对设备进行编号；

（8）标注设备外形尺寸、定位尺寸、管道管径。

2）剖面放大图以与平面放大图相同的比例绘制。

（1）剖面图应与剖切面可视内容相一致；

（2）剖面图应示出设备外形形状、各种管道和附件与设备的接管关系；

（3）应示出设备和管道上的阀门及安装高度，为方便人工操作阀门高度一般不应超 1.60m；

（4）设备及管道上的可视仪表的安装高度为保证读数准确，一般不应超过 2.0m。

3）平面图与剖面图中的设备与设备、设备与热源、设备进水管和出水管等之间的接管按图例以中粗线绘制。

4）绘图图样如图 8-11、图 8-12 所示。

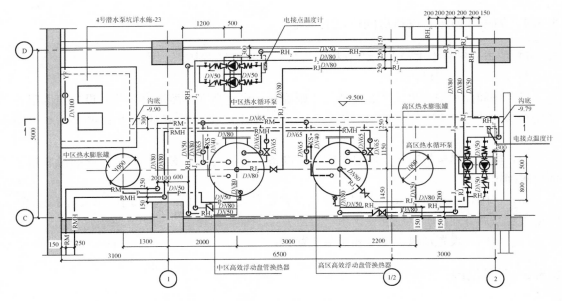

图 8-11 热交换间平面放大图

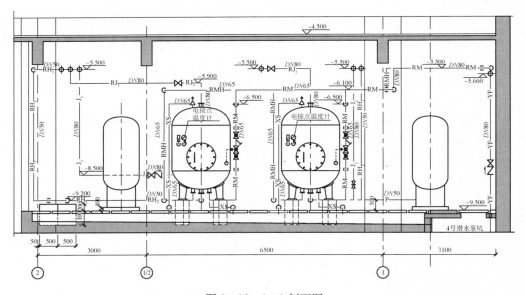

图 8-12 1-1 剖面图

8.6 游泳池、娱乐池及水疗池

8.6.1 机房组成内容

1) 均衡水池或平衡水池（需要时）单元；

2）循环水泵（含毛发聚集器、风泵等）单元；

3）池水过滤净化设备（含辅助过滤设施）单元；

4）消毒设备及水质平衡设备单元；

5）臭氧吸附过滤设备（采用臭氧消毒时）单元；

6）加热设备（含热泵、太阳能等）单元；

7）跳水池制波和安全气浪制备设备单元；

8）化学药品贮存单元；

9）变配电、水质检测及系统控制单元；

10）设备附件备品及维修用具贮存单元；

11）运输通道及设备设施检修空地。

8.6.2　机房位置的确定原则

1）应靠近游泳池、娱乐池及水疗池（按摩池），减少游泳池、娱乐池、水疗池（按摩池）等与机房间的管道长度。

2）应靠近有室外排水干管的一侧，以方便过滤设备反冲洗水的排除。

3）应靠近有热源供应管道及设施的一侧，以方便热源的引入。

4）应靠近室外有主道路的一侧，以方便设备、化学药品的运输。

5）应远离病房、旅馆客房、住宅、科研、教学等对环境噪声有严格要求的房间。

6）设备机房与其他设备机房同层设置时，应有明确的土建分隔，确保安全运行和方便管理。

8.6.3　机房设计的基本要求

1）不同游泳池、娱乐池及水疗池（按摩池）应分别设置。如有困难时，可集中设置，但不同用途的游泳池、娱乐池及水疗池（按摩池）的设备体系应分区设置。

2）机房的面积、高度应根据设备和设施的布置、操作要求、施工安装、维护检修及管理等因素计算确定。

（1）方案设计阶段：

①采用化学药品消毒时，宜按游泳池水面面积的15%～20%估算；

②采用臭氧消毒时，宜按游泳池水面面积的20%～30%估算。

（2）初步设计阶段：

①可根据设计确定的池水净化处理工艺流程和设计参数，咨询2～3个专业公司进行机房设计；

②从备专业公司的机房设计图纸中选用比较经济合理的机房面积作为本专业向建筑专业要求建筑面积的依据。

（3）机房高度一般不应低于3.0m。

3）机房设在地面层时，应设直接通向室外的设备运输入口。

4）机房设在地下层或地面以上楼层时，应符合下列要求：

（1）应设设备设施的垂直吊装孔，其尺寸应按设备不可拆除部分的最大尺寸确定；

（2）机房应有通向垂直吊装孔的运输通道，通道宽度应满足设备不可拆卸部分水平运输的要求；

（3）最大设备空载时的重量不超过结构的承载能力。

5）下列用房应为独立房间

（1）消毒设备（加药计量投加泵和药液桶、臭氧发生器等）；

（2）不同品种化学药品应分开贮存；

（3）跳水池制波、安全气浪制备设备；

（4）水质监测、设备系统运行控制及配电；

（5）备用品（包括更换附件、过滤介质、操作工具等）库。

8.6.4　机房设计的土建要求

1）消毒设备、化学药品贮存间的建筑要求：

（1）地面宜采用耐腐地面砖；

（2）墙面及顶板应采用耐腐抗水浸的涂料油漆。位于楼层内的机房墙面宜有减噪措施；

（3）门窗应采用耐腐蚀材料，门的下部应设进风百叶孔；

（4）地面排水沟内壁、沟底应采用耐腐砌砖或防水涂料饰面，沟顶应设耐腐蚀的塑料格栅盖板；

（5）排水沟宽度不宜小于0.3m、起点沟的深度不宜小于0.2m。

2）循环水泵、过滤器、加热器、备品备件库、运输通道等可采用水泥地面。

3）电气控制室和水质监测控制室应采用木质或塑胶类地面。

4）均衡水池一般采用钢筋混凝土建造，池内的壁与壁、壁与底板及顶板交接处为圆弧形或45°交接，不采用直角交接。池内表面要求平整密实，并涂刷无毒环氧树脂防腐，其厚度不小于3mm，且厚度要均匀及不得出现漏涂现象。

5）机房与通往游泳池、娱乐池、水疗池的管沟或管廊应设检修门和照明。

6）机房位于楼层时，结构应满足全部设备全负荷运行时的运行荷载要求。

8.6.5　机房设计的环境要求

1）循环水泵、过滤设备、换热设备、化学药品库房等用房的室内温度应为5～35℃，相对温度不应大于85%。

2）臭氧发生器用房的室内空气温度应为5～35℃，相对湿度不应大于60%，否则应另增设室内空调器。

3）电气及水质监测控制用房的室内空气温度宜为16～30℃，相对湿度不大于70%。

4）化学药品消毒间及其相应的药品库房应合并设独立的通风换气系统，并满足每小时的换气次数为4～6次。

5）臭氧发生器间应设独立的通风系统，每小时的换气次数不应少于8次。

6）除以上第5款和第6款专业房间外的其余工艺单元可以合用一个通风换气系统，并保证每小时换气次数不少于4次。

8.6.6 机房设计的供电要求

1）竞赛类和专业类游泳池的机房应有可靠且不间断的电力供应。

2）娱乐池类的滑道池的功能循环设备应有可靠且不间断的电力供应。

3）根据游泳池的用途、规模、使用要求，按下列原则确定系统的控制方式：

（1）季节性开放使用的游泳池的设备运行可采用人工控制。

（2）全天候开放使用的公共游泳池的设备运行采用半自动化控制，即除过滤设备的反洗采用人工操作外，水质监测均为自动控制。

（3）全天候开放使用的竞赛（含训练、专用池）类游泳池的池水净化系统转动设备的切换及相互间的连锁及故障报警等可采用全自动化池水净化系统设备的运行，也可以采用半自动化控制。

4）池水净化系统设备控制方式，不分人工控制、半自动化控制还是全自动化控制，其池水水质监测应采用全自动化监测与控制。

5）自动控制装置应预留与该建筑楼宇中央控制系统的接口。

6）池水净化系统及水质监测系统的控制内容、监测项目、控制功能及技术要求，应根据具体工程设计和国家现行行业标准《游泳池给水排水工程技术规程》CJJ 122、《公共浴场给水排水工程技术规程》CJJ 160 及《游泳池给水排水工程技术手册》的规定及论述向电气专业或专业承包公司提具体要求。

7）机房消毒设备间，如臭氧发生器间、液氯贮存及消毒间等应设相应气体在环境中含量的监测仪表及报警装置，且这些房间应选用耐腐蚀防爆型电气设备和装置。

8）机房应有良好的照明和事故照明措施。

8.6.7 机房设备及设施的布置原则

1）根据本书第 8.6.3 节第 5 款的要求，对机房按设备、设施功能特点进行单元分隔及分区：

（1）均衡水池（或平衡水池）应临近游泳池。多个娱乐池、水疗池合用一座均衡水池或平衡水池时，应尽量临近负荷中心处，以减少管道长度；

（2）循环水泵应靠近均衡水池或平衡水池或游泳池、娱乐池；

（3）过滤设备单元的位置如设有混凝剂辅助过滤装置时，应满足循环水泵出水管道至过滤器进水管口的管内水流时间不少于 10s 水与混凝剂混合反应的要求；

（4）消毒设备间与化学药品库房应临近，以方便化学药品取用、配制及通风换气系统的合用设计；

（5）化学药品种类不同且不兼容者，则还应按化学药品种类在药品库房内以不小于 1.0m 宽度的通道方式再进行分隔，其所需面积根据当地化学药品供应情况，药品有效成分衰减速度，按国家现行行业标准《游泳池给水排水工程技术规程》CJJ 122 及《公共浴场给水排水工程技术规程》CJJ 160 规定的周转量计算确定；

（6）系统及水质监测控制用房应向电气专业或专业设计供货商咨询后确定，一般进行正规竞赛用游泳池宜按 15～20m² 预分隔。

2）池水净化处理系统各处理设备单元的设备、装置布置应按设计确定的池水净化处理工艺流程和配置的设备数量如数按水流净化顺序,根据国家现行行业标准《游泳池给水排水工程技术规程》CJJ 122 及《公共浴场给水排水工程技术规程》CJJ 160 规定的间距进行布置。

8.6.8 设计制图

1) 游泳池、娱乐池、水疗池的池水净化系统应配置的设备、设施及相关装置可选性比较宽泛,设计单位不是决定单位,而只能提供建议,其决定权由建设单位(业主)招标确定,并由中标单位进行细化设计。

2) 设计单位的设计文件深度应达到设备、设施采购招标要求和专业公司进行细化设计的要求。设计文件应以文字或列表的方式明确如下各项要求:

(1) 设计技术参数:

①水质标准:国家级和世界级竞赛用游泳池、专业游泳池用国际泳联标准,其他游泳池用工程建设行业标准;

②池水循环:池水循环方式、循环周期、循环水泵(数量、材质、效率、能耗)应根据适用对象给出;

③池水过滤:过滤设备的型式(立式、卧式)、材质(碳钢、不锈钢、玻璃钢)、过滤介质(石英砂、硅藻土)、过滤速度等;

④池水消毒:消毒剂品种(氯制品、臭氧、紫外线等)、投加量、臭氧消毒方式(全流量全程式、全流量半程式、分流量全程式等)、安全措施;

⑤池水加热:加热方式(全流量、分流量)、加热设备(板式换热器、半容积式换热器、快速换热器)根据热媒性质(高温热水、高压蒸汽、太阳能热水等)及参数、热泵型式等确定;

⑥水质平衡设备:石英砂过滤设备应设置混凝剂投加设备、pH 值调整剂投加设备;

⑦池水循环净化处理系统设备运行自动化程度应根据使用性质确定;

⑧水质监测:在线监测内容、人工监测内容、仪器仪表监测精度要求;

⑨管材和附件:(溢流水槽格栅盖板、给水口、回水口、泄水口、吸污口、阀门等)材质及型式应按安全、可靠、耐久原则确定;

⑩跳水池水面制波、安全气浪、放松池、淋浴器等专用附属设施的技术参数、设施尺寸及数量要求应与体育工艺设计协商确定;

⑪洗净设施:凡公共游泳池均应设置浸脚消毒池、强制淋浴;

⑫亦可按本"基础知识"的表 6-10 的格式列出相关参数的要求。

(2) 设计图纸的绘制

①池水净化过滤系统工艺流程图(无制图比例要求)的图样如图 8-13 所示:

a. 按设计计算所需设备、设施及配套装置的数量按流程要求全数示出;

b. 按设计要求的系统控制、水质监测内容将仪表、仪器等全部如数示出;

c. 池水净化工艺流程图应标注各设备,设施及装置的技术参数。亦可列表表示。

②机房平面图

a. 按本书第 8.6.1 节和第 8.6.3 节的要求,对机房进行功能分区的规划和分隔。

b. 机房平面图的绘制方法按本书第 8.2.14 节的要求绘制。

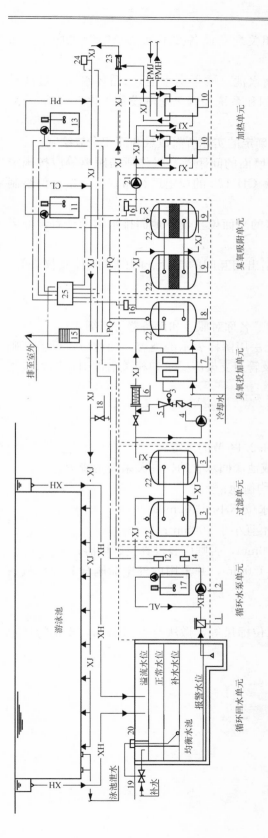

设备编号名称对照表

编号	设备名	编号	设备名
1	毛发聚集器	14	pH探测器
2	循环水泵	15	残余臭氧分解器
3	过滤器	16	臭氧监测器
4	臭氧投加泵	17	混凝剂投加器
5	臭氧投加水射器	18	水质监测取样口
6	静态臭氧混合器	19	补水阀
7	臭氧发生器	20	电子液位计
8	臭氧反应罐	21	增压泵
9	活性炭吸附式过滤器	22	放气阀
10	板式加热器	23	冷热水混合器
11	氯消毒剂投加器	24	温度探测器
12	氯探测器	25	水质监测控制器
13	pH调整投加器		

注意事项：1 设计人应按工程设计计算所得实际的设备、装置数量绘制池水净化工艺流程图。
2 水质监测控制要求由此单元人定。
3 如为露天泳池取消加热单元。
4 如过滤器选用硅藻土，则不设第17号设备。
5 如为全程式臭氧消毒工艺，不设9号设备，也可不设11号、12号设备。
6 如选用分流全程式臭氧消毒工艺，不设9号设备，不设臭氧消毒工艺，但应在6号设备之前增设流量控制阀及超越管至16号设备前。

图 8-13 逆流式全流量半程式臭氧消毒池水净化工艺流程图

183

    c. 根据设计计算所选用的设备、设施及相关配套设备按下列要求绘制机房平面布置图：

    a）应按池水净化处理系统工艺流程：均衡水池（或平衡水池）、循环水泵、过滤设备、消毒设备、加药装置、加热设备、水质监测和系统控制、配电设备、化学药品贮存、备件备品库等顺序进行排列；

    b）设备、设施、装置及库房等均按设计所确定的实际所需数量和面积全数绘制；

    c）设备、设施、装置之间的有效间距和与墙面的间距及其操作所需距离等应按国家现行行业标准《游泳池给水排水工程技术规程》CJJ 122 的规定进行布置，并按比例绘制出相关设备、设施等外形；

    d）根据设备、设施、装置、化学药品库房的平面位置设计地面排水沟的位置，如废水不能自流排出时，应设潜水排水泵坑；

    e）根据设备设施等相关管道接口位置绘制出相互间的接管、阀门、附件及仪表等，且管道应排列整齐；

    f）对设备和设施进行编号；

    g）在平面图图样的下部或侧部绘制设备编号名称对照表和设备器材明细表；

    h）在平面图图样的右下部加"附注"将无法用图样表示的内容，如材质、设备基础混凝土标号、水池防腐和人孔要求、水泵隔振及管道支架等要求和相关附件引用国家或当地标准图编号予以表示；

    i）平面图示例如图 8-14 所示。

    （3）机房剖面图

    ①剖面图的绘制方法和要求，详见本书第 8.2.14 节的规定。

    ②应将均衡水池或平衡水池与溢流回水管或池底回水管的标高关系表达清楚。

    a. 游泳池两侧壁的溢流回水管应分别接入均衡池；

    b. 游泳池溢流回水管管底应高出池内最高水位不小于 100mm；

    c. 池底回水管管底距池内最低水位的高度不宜小于 700mm；

    d. 均衡池补水管进水口应高出最高水位 200mm，否则应装设真空破坏器；

    e. 均衡池人孔应高出池顶盖板表面不小于 150mm，并采用内外壁涂刷食品级环氧树脂防腐层的铸铁盖板和盖底；

    f. 均衡池应采用多水位电控阀；

    g. 均衡池设溢水管、泄水管、通气管、水位标尺等，做法与本书第 8.3.3 条的规定相同。

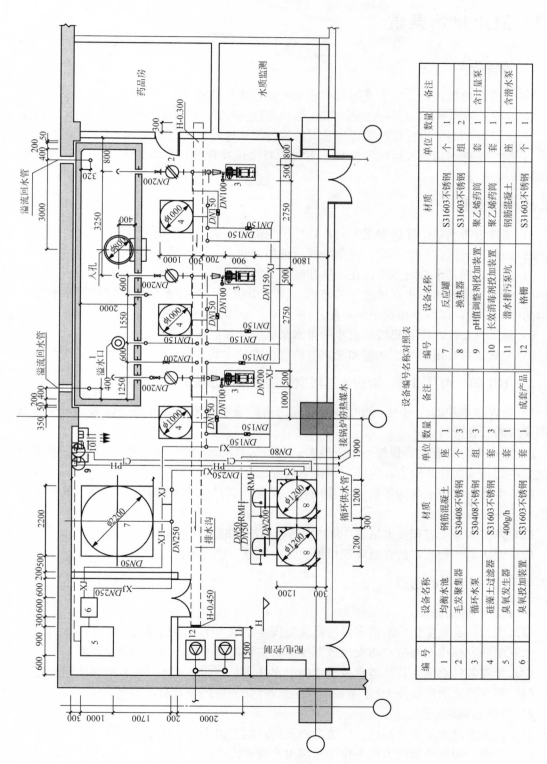

设备编号名称对照表

编号	设备名称	单位	数量	材质	备注
1	均衡水池	座	1	钢筋混凝土	
2	毛发聚集器	个	3	S30408不锈钢	
3	循环水泵	组	3	S30408不锈钢	
4	硅藻土过滤器	套	3	S31603不锈钢	
5	臭氧发生器	套	1	400g/h	
6	臭氧投加装置	套	1	S31603不锈钢	成套产品
7	反应罐	个	1	S31603不锈钢	
8	换热器	组	2	S31603不锈钢	
9	pH值调整剂投加装置	套	1	聚乙烯药筒	含计量泵
10	长效消毒剂投加装置	套	1	聚乙烯药筒	
11	潜水排污泵坑	座	1	钢筋混凝土	含潜水泵
12	格栅	个	1	S31603不锈钢	

图8-14 逆流式池水循环系统设备机房布置图

8.7 潜水排污泵坑

8.7.1 设置条件

1）建筑物内的污水、废水及雨水不能采用重力排至室外时；

2）生活粪便污水、厨房污水的潜水排污泵坑应分别设置、亦不得与废水或雨水合并设置；

3）人防区的潜水排污泵坑不得与非人防区的潜水排污泵坑合用；

4）消防电梯潜污排水泵坑因电梯上下气流对水位变化起伏影响较大，故不宜与其他潜污排水泵坑合用。

8.7.2 位置选择

1）应靠近排水集中处。如卫生间、各种设备机房、厨房、淋浴室等。

2）厨房用潜水排污泵不应设在烹炒间及细加工间。

3）消防电梯排水泵坑不应设在电梯井的正下方。

4）收集冲洗地面排水（如地下停车库、肉菜市场等）的排水泵坑应设在排水管或排水沟的中间位置，以减少地板垫层厚度。

5）地下汽车停车库收集坡道雨水的排水泵坑应设在坡道的末端。

6）应远离对环境卫生、防振和噪声有特殊要求的房间。

8.7.3 卫生间、肉菜市场、厨房及淋浴室等潜水排污泵坑的设置要求

1）应设在单独的房间内。同时本专业应向通风空调和电气工种提供设置通风换气及照明要求的配合资料。

2）潜水排污泵有效容积按不小于最大一台潜水泵 5min 的出水量和在 1h 内潜水泵启动次数不超过 6 次计算确定，但还应符合下列要求：

（1）生活污水排水坑为了防止杂质固化、腐化，其最大有效容积不得大于 6h 生活污水的平均小时流量；

（2）淋浴间泵坑容积按淋浴器 100% 同时开启使用的设计秒流量计算确定；

（3）消防电梯集水坑的有效容积根据"防火规范"规定不得小于 2.0m³。

8.7.4 潜水排污泵的选型

1）流量的确定原则：

（1）生活污水及生活废水潜水排污泵流量按本书第 8.7.3 节的规定选定。

（2）消防电梯排污泵按"防火规范"规定，按秒流量不小于 10L/s 选定水泵。

（3）排除各种水池（箱）溢水及泄水的潜水排污泵，应按水池（箱）的进水量选定。

（4）雨水排水潜污泵按 10 年重现期和集水时间 5min 的设计秒流量选定。

2）扬程的确定原则：

（1）应大于潜水泵提升高度、管道沿程及局部阻力损失和流出水头之和；

（2）管道沿程及局部阻力损失按潜水泵出水管水流速度不超过 2.0m/s 计算确定；

（3）流出水头一般宜按 0.03MPa 计。

3）数量的确定原则：

（1）每座污水潜水泵坑应按一用一备配置潜水排污泵；但地下汽车停车库地面冲洗排水坑，超过 2 座时可不设备用泵。

（2）雨水集水坑潜水排污泵的工作泵不宜少于 2 台，并按不同设计重现期确定开启潜水泵数量，其备用泵应按相同工作潜水泵型号配置一台。

（3）人防区的潜水排水泵坑除应设备用泵外，还应配置手摇泵。

4）潜水泵应选用抗腐蚀的材质。

5）功能确定原则：

（1）排除粪便污水、餐厨及含大块杂物和纤维的污水时，应选用带磨碎和冲洗装置的潜水排污泵；

（2）排除雨水、地面冲洗水时，应选用大通道潜水排污泵；

（3）建筑物内应选用带自动耦合装置的固定式安装的潜水排污泵；

（4）各类水池重力泄水不能全部泄空的部分采用移动式潜水排污泵。

6）运行控制要求

（1）应选自带控制柜（箱）装置；

（2）应根据设计水位自动开启和关闭水泵，以及故障、超水位报警；

（3）工作泵与备用泵应交替运行及故障自动切换运行。如为雨水排水宜按重现期分段水位投入并联运行；

（4）潜水泵应能就地手动开启和关闭。

7）潜水泵应有不间断的电力供应。

8）室外排水系统设置潜水泵坑时，应在潜水泵坑最近建筑物预留供电电缆线接口。

8.7.5　潜水泵坑材质及构造要求

1）潜水泵坑一般应为钢筋混凝土建造。坑壁之间、坑壁与池底之间不得采用直角交接，应采用 45°斜角或圆弧过渡。

2）坑内壁水泥砂浆粉面应密实光洁平整，并进行防腐涂料的喷涂，厚度由设计人定。

3）生活粪便污水、餐厨类污水应为封闭式潜水泵坑，坑盖板人孔应为耐腐蚀密闭防臭型人孔盖板，并符合下列要求：

（1）人孔盖板尺寸应根据潜水泵外形尺寸确定，一般宜选用 500mm×700mm。

（2）人孔盖板固定形式：

①顶板预留 500mm×700mm 直壁人孔口，降低顶板表面标高，利用地面垫层进行固定，如图 8-14（a）所示；

②顶板预留嵌入式人孔盖板的企口型洞口。如图 8-14（b）所示；

③图 8-15（a）、（b）中的 H 值，由结构设计定。

（3）污水潜水泵坑应设与大气相通的通气管，通气管管径不宜小于 100mm，材质应为耐腐蚀管材。

4）建筑物内的雨水泵坑及水泵房、空调机房、洗衣房等处如采用敞开式潜水泵坑时，应符合下列要求：

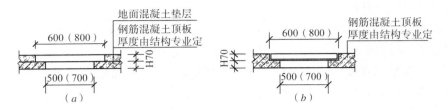

图 8-15 潜水坑入孔做法

（1）不得影响人员通行或车辆正常通行；

（2）地面坡度满足周围废水的排入；

（3）应设格栅盖板，并满足人员操作、维修的安全。

8.7.6 设计制图

1）潜水泵坑的图样一般应绘制比例为 1∶50 的平剖图放大图。

2）平面图应表示出下列内容：

（1）潜水泵坑与建筑轴线的定位尺寸和泵坑平面尺寸与定位尺寸；

（2）每台潜水泵的检修人孔在顶板上的位置及定位尺寸。人孔尺寸宜采用 500mm×700mm 或 600mm×600mm；

（3）泵坑进水管位置、立管编号及管件或排水沟至泵坑的进水处的位置、沟宽等定位尺寸；

（4）潜水泵出水管、通气管、液位控制管的定位尺寸；

（5）剖切线位置及剖切面编号；

（6）图样下方示出图名及比例。

3）剖面图应表示出下列内容：

（1）泵坑的高度、剖面尺寸、坑顶板表面标高、坑底标高。

（2）泵坑进水管或排水沟入口位置、管径或入口尺寸、进水方式及标高。

（3）泵坑内停泵水位、起泵水位、多台泵时各台泵的起泵水位、溢流报警水位标高或相对尺寸，各水位的确定原则如下：

①停泵水位亦称最低水位，应以潜水泵叶轮中心线加 50mm 确定；

②起泵水位按潜水泵电动机被水淹没 1/2 的高度确定；

③溢流报警水位按高出停泵水位 100mm 确定，但不得高于泵坑进水管管口；

④消防电梯排水泵坑的底应低于消防电梯坑底不小于 700mm。

（4）潜水泵位置及外形、导轨、潜水泵出水管位置及出水管上的阀门、止回阀及压力表等应设在泵坑的外面，并标注管径、阀门位置定位尺寸、排出管标高及穿墙轴线编号。

（5）在图的下方标注出潜水泵的技术参数。

（6）标出剖面图的剖面号及图示比例。

（7）单台潜水排污泵质量大于 80kg 时，其泵的正上方的梁或楼板上，应预留并示出起吊潜水排污泵的吊钩。

（8）排水沟与泵坑的入口处宜设格栅或采用侧排式地漏。

4）无法用图样表示的内容，如污废水温度及 pH 值的要求、泵的运行要求、泵坑内壁防腐要求、引用标准图等，应采用"附注"的形式以文字予以说明。

5) 绘图图样如图 8-16、图 8-17 所示。如选用标准图，可不绘制此图，但在建筑平面图中示出潜水泵坑进水管或进水口（含排水沟）及排出管位置。

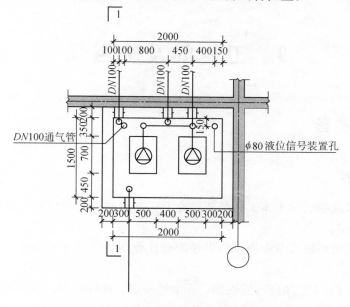

图 8-16 污水潜水泵坑平面图

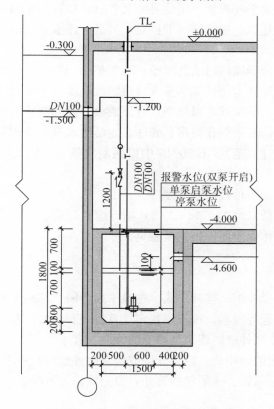

图 8-17 污水潜水泵坑剖面图

189

9 卫生间及洗浴间

9.1 设计准备

9.1.1 准备内容

1）卫生间及洗浴间的主体工种是建筑专业，其房间设置的位置、数量及洁具配置等均由建筑专业确定。

2）本专业接受到建筑专业提供的设计配合作业图后，应仔细阅读、核对建筑设计作业图的下列内容：

（1）索要结构专业卫生间的模板图，弄清结构梁、柱的位置、走向和大小尺寸与建筑分隔墙的关系；

（2）核对卫生洁具的平面布置、定位尺寸及管道井位置与结构梁是否有矛盾，特别是大型不规则形状的公共建筑，应特别仔细核对，弄清下排水卫生洁具排水管是否有垂直穿结构梁的现象；

（3）弄清建筑专业分隔墙的材质及墙厚、地面垫层的厚度，以便了解挂式热水器、洗脸盆、小便器、蹲便器冲洗水箱挂墙承重及管道暗设在墙内或垫层内的可行性及安全性；

（4）弄清结构梁、柱的尺寸，以便确定管道敷设标高和布管走向；

（5）核对卫生间的位置是否在厨房、餐厅、生活给水泵、变配间的上面。因为这些房间在《建筑给水排水设计规范》GB 50015 中以强制性条文规定是不允许有排水管道及给水管道穿越的；

（6）弄清卫生间有无吊顶及吊顶高度等。

3）若出现本款第（2）、（3）、（4）、（5）项问题时，应根据本专业总体系统需要，对建筑专业提供的配合工作作业图提出调整意见。

9.1.2 确定管井尺寸

根据立管数量、管径大小、排列方式、建筑平面分隔、结构梁和柱的布置形式、方便施工安装和便于维修管理等因素，按下列规定计算排列和布管，并确定管井尺寸：

1）管道外壁或保温层外壁距建筑装修后的墙面不宜小于 25mm；

2）管道与管道之间的净距离（以管外壁或保温层外壁计）不应小于 100mm；

3）需进入维修及更新管道或附件的管井，应为维修人员提供净宽不小于 600mm 的检修工作通道；

4）设有减压阀、报警阀、水表的管井，其附件及管道排列间距按相应的国家给水排水标准图或供货商提供的资料参数确定，并在管井内设密闭型排水地漏和独立的排水管道系统；

5）如与暖通专业共用管井时，应与该工种事前进行平面空间的分隔，以防止管道出现过多的交叉；

6）管井应在检修通道处留检修门。

9.1.3 本专业反提资料及后续工作

1）将本章第 9.1.2 条所排定的管井尺寸要求作为设计过程的配合资料，应反提给建筑工种要求其对原工作作业图进行调整。

2）根据建筑工种修改后的工作作业图进行本工种的管道设计。

9.2 卫生间设计

9.2.1 管道布置的基本要求

1）根据建筑工种最后确认的卫生间、洗浴间平面图进行本专业的管道布置。

2）无管道井时，各种管道的立管应布置在墙角处。污水立管应靠近排水量最大、杂质最多和污染最严重的排水点（如大便器、浴盆等）以方便及时将污水排走。同时也方便立管的隐蔽和增加卫生间的空间及环境的舒适感。

3）连接卫生洁具排水管的污水横管应尽量沿墙布置，最大限度减少污水立管的管道转弯，长度最短，以便尽快而通畅的将污水排走。

4）男女卫生间的给水管、排水管的横管应沿墙分开布置，以方便因管道检修、维护及更换管件、阀门时，不影响另一卫生间的使用。

5）卫生间的排水管与厨房的排水管应分开设置。开水间的排水管宜独立设置，但允许与洗手盆废水合用设置。

9.2.2 管道阀门的设置原则

1）男、女卫生间、淋浴间的引入管应分开设置。进入这些房间后的给水、热水的配水支管上应根据连接用水洁具或取水龙头的多少及检修时尽量缩小影响使用范围和减少放水量，在适当位置再增设检修阀门。

2）设有管井时，冷水、热水管的引出管上应装设阀门，大型卫生间还应在配水支管上装设阀门，以方便检修、减少卫生洁具的使用范围及减少泄放水量。

3）男、女卫生间、淋浴间的管道、阀门应分开设置。

4）暗装在墙槽内管道上的阀门，其阀柄应留在墙外。

5）供给住宅、公寓或旅馆客房等处的给水、热水管应在水表之前或配水管的起端及立管的接出管上的水表前设置阀门。

6）阀门的位置应位于地面以上 0.25～1.10m（蹲便器高水箱为 2.35m）处，以方便接管及操作。

7）设有局部热水供应的洗脸盆采用电热水器时，其给水进水管上应设置阀门和止回阀，出水管上应装设阀门。

9.2.3　排水管道附件的设置原则

1. 清扫口

1）连接 2 个及 2 个以上大便器或 3 个及 3 个以上其他卫生洁具的排水铸铁管的起点应设置清扫口。

2）连接 4 个及 4 个以上的卫生器具的排水塑料管的起点应设置清扫口。

3）管道转弯的转角等于 45°时，转弯后管道的起点应设置清扫口。

4）排水横管的直线长度超过《建筑给水排水设计规范》GB 50015 规定的长度时，根据横管管径按规定的长度增设清扫口。

5）设置要求：

（1）清扫口的设置位置要满足保洁人员和维修人员易于操作的要求，但不得设置在卫生间的出入门口处，以防造成人员出入的不安全；

（2）排水管应尽量在起点地面设置地面清扫口，其端部相垂直的墙面的距离不得小于 0.15m，以保证使用方便；

（3）排水管起点的清扫口设在楼板下时，其操作端与墙的距离不得小于 0.40m。

6）清扫口的选型：

（1）管道直径小于和等于 100mm 时，清扫口直径与管径相同，管径大于 100mm 时，清扫口的直径采用 100mm；

（2）清扫口材质：管道为铸铁管时，采用铜清扫口；管道为塑料管时，清扫口材质与塑料管材质相一致。

7）清扫口与排水管的连接：

（1）排水管起点的地面清扫口应尽量采用 2 个 45°组合弯头与横管管道连接。

（2）排水管中途设置的清扫口应尽量采用 2 个 45°组合弯头或 45°斜三通与排水管道采用与排水横管轴线向上倾斜 45°侧向连接。如侧接有困难，而采用与排水横管垂直连接时，则必须采用 45°斜三通接入排水管。

（3）排水横管上的清扫口无条件设在上一层地面时，则清扫口距楼板底的高度应确保必要的操作空间，其位置尽量位于次要房间内。

2. 地漏

1）卫生间地漏布置原则：

（1）地漏的位置应远离使用卫生间人员出入通道，防止地面积水给使用人造成伤害，但又要满足及时排除地面积水的要求；

（2）应能保证将汇流区域地面的冲洗水快速排走而不造成地面积水；

（3）污水池、浴盆、洗脸（手）盆、小便器、洗衣机及开水器等易向外溅水的卫生洁具及取水点的附近地面宜设地漏，且房间地面应以 $i=0.01$ 的坡度坡向地漏；

（4）卫生间地面排水地漏的使用频率较低，其水封易于蒸发，致使水封破坏，排水管中的污浊气体会通过地漏进入房间内，影响室内环境。所以应尽量减少地漏的设置数量。

2）设计中不得采用地漏代替排水管道上的清扫口的做法。

3）地漏的选型原则：

（1）洗衣机处的地漏采用洗衣机专用地漏；

（2）空调机房、管井、手术室、洁净车间等断续性排水的房间建议采用密闭式地漏；

（3）厨房、理发室、公共淋浴室等采用网框式地漏；

（4）排水沟至集水坑入口处建议采用侧排地漏；

（5）同层排水系统采用直埋式地漏；

（6）根据《建筑给水排水设计规范》GB 50015 的规定：设计应遵守"不得采用钟罩式地漏"及"地漏的水封高度不得小于 50mm"的要求。

4）地漏的材质：铸铁地漏、铜地漏、铸铝地漏、不锈钢地漏及塑料地漏等由设计人根据工程情况选定。但除不锈钢地漏外，其余材质的地漏格栅盖均应镀铬。

5）地漏位置一般由本专业确定，确定后应作为设计配合资料提供给建筑专业，以便他们进行房间的地面坡度设计。

3. 管件的选用原则

1）排水横管与横管的连接应采用斜三通、斜四通等顺水管件连接，不得采用正三通、正四通连接，以防对管内水流造成壅水。

2）埋地存水弯应采用"S"型存水弯，不得采用"P"型存水弯，以防回填土夯实过程造成接口松动或管材破裂产生渗水。

3）排水立管在底层或管道转换层与排水横管连接时，应采用 2 个 45°弯头的组合弯头与其横管侧向连接，这样对水力条件有利，可减少水跃横管内的水流波动。

4）卫生洁具需另外配置存水弯或水封盒时，其水封的有效高度不得小于 50mm。

5）排水立管应在距地面和每层楼层板面上 1.0m 高度处安装立管检查口。

9.2.4 排水系统通气管

1）设置通气管的目的：

（1）排水系统内水流动时会拖拽空气流动，使管内压力偏离大气压。通气管道可把压力变化控制在一定范围之内，以防止器具存水弯的水封被破坏；

（2）供排水系统能及时补入新空气，可以减少管道内污水及有害气体对管道腐蚀。

2）公共卫生间在下列情况下应设环形通气管：

（1）污水横支管上连接 6 个及 6 个以上大便器；同一排水横管连接大便器超过 15 个时，宜设两根环形通气管；

（2）污水横支管连接 4 个及 4 个以上卫生器具，且排水管长度超过 12m；

（3）卫生洁具设有器具通气管。

3）环形通气管的连接：

（1）在排水横支管起端两个卫生洁具之间的排水支管上垂直接出。

（2）器具通气管是在器具存水弯的出口端的排水管上垂直接出。

（3）连接本款第（1）、（2）两项接管的管道称环形通气管，该环形通气管应高出地板面上最高卫生洁具上边缘 0.15m，以 0.01 的上升坡度与通气立管相连接或直接接出屋面与大气相通。如有困难时，可在高出排水横支管不小于 0.30m 位置处以 0.01 的上升坡度及至管井内或通气立管处垂直向上至最高卫生洁具上边缘 0.15m 处与通气立管或排水立管的通气部相连接。

　　（4）结合通气管采用"H"形管件时，为确保分层进水管道闭试验，应在立管检查口之下与污水立管相连接。

9.2.5　卫生洁具选型

1. 卫生洁具的分类

　　1）按功能分：

　　（1）洗浴、洗涤器具：为人们清洁身体的浴池、淋浴房（器）、洗脸盆、洗手盆、净身盆、洗脚盆等用水容器；

　　（2）排泄污水污物的器具：为排除人体内排泄杂物的坐便器、蹲便器、小便器、倒便器、漱口盆和为排除各类实验室进行试验的污水或废水等的器具。

　　2）按使用人群分：

　　（1）成人用；

　　（2）儿童用；

　　（3）残疾人、病人用。

　　3）按排水方式分：

　　（1）隔层排水：卫生器具为下排水；

　　（2）同层排水：卫生器具为后排水。

2. 功能要求

　　1）卫生洁具每次冲洗时，洁具内壁应能完全冲洗干净，无留残余污物痕迹所形成的不洁气体外溢；

　　2）以少量的冲洗水量，将洁具内水封或存水弯内的存水全部更新为新水。并具滞后补水功能；

　　3）与洁具相连接的排水接管接口应严密，使排水系统内的污浊气体不能进入房间内；

　　4）洁具水封或存水弯的存水不得产生虹吸回流，以防造成污染事故；

　　5）洁具使用后冲洗水的虹吸排水噪声小。

3. 材质要求

　　1）浴盆、淋浴盘一般为搪瓷铸铁型、搪瓷钢板型、亚克力型及玻璃钢型。

　　2）坐便器、蹲便器、洗脸（手）盆、小便器、洗涤池等一般为陶瓷材质。洗涤池也可选用不锈钢材质。

　　3）污水池可选用成品陶瓷型或土建钢筋混凝土型。

　　4）与卫生洁具配套的配水及排水件和为残疾人服务的支撑装置及扶手等一般为铜镀铬或不锈钢材质。

　　5）卫生洁具表面应光滑、耐酸碱、耐磨损、不透水、不吸附污物，且便于清洁。

4. 选用原则

　　1）应遵守《建筑法》关于不得指定设备生产厂家的规定。

　　2）应符合国家现行行业标准《节水型生活用水器具》CJ 164—2002 和当地主管部门颁布的地方标准的规定。

　　3）自带水封的卫生洁具的水封高度不得小于 50mm。

　　4）卫生洁具的形式应与建筑物的建设标准、使用对象、当地的风俗习惯相协调；

（1）住宅、客房、病房、公寓等建筑物内的专用卫生间，一般宜选用坐便器、带淋浴喷头浴盆、台式洗脸盆、净身盆、淋浴房（可选）；

（2）办公、学校、体育场（馆）、影剧院、交通及民航客运站、军队营房等人员密集的公共建筑物内的公用卫生间，一般宜选用蹲式大便器（女卫生间宜有一具坐便器）（有特殊要求者例外）、壁挂式或立式小便器、台式或立式或壁挂式洗手盆，其给水配件应为非手触摸型；

（3）建筑物内的卫生间不应采用大便槽、小便槽替代卫生洁具。由于它们的干燥壁面较多、冲洗水不能完全冲洗到位和冲洗干净，致使滞留在壁面上的残留物产生强烈的臭气，影响室内的环境卫生。但这种便槽一般可用于室外独立式卫生间及临时性施工现场和群众集会场所的临时性室外卫生间。

5）清洁间应设污水池，无清洁间时，应在公共卫生间内设污水池。

9.3 公共洗浴室设计

公共浴室是为城镇、居民区、学校、营房、工厂、体育场馆、剧院等居民、员工、公务员、运动员、学生等服务的集中型洗浴室。

9.3.1 管道系统的设置

1）公共洗浴间的管道系统应将男女洗浴间管道分开设置。

2）公共洗浴间分层或分区设置时，管道系统也应分层或分区设置。

3）大型淋浴间的淋浴器数量超过 100 个时，为确保供水安全和水压稳定，防止局部管道出现故障影响大范围淋浴器使用时，应分组设置管道系统，以减少检修时排泄的水量。

4）住宅、旅馆客房、医院（含疗养院）病房洗浴间宜采用分流管道系统，以方便废水回收再利用或单独处理或中水的利用。

5）公共淋浴间的管道系统应与厨房、洗衣房、水疗池的管道系统分开设置，以确保系统压力平衡，防止淋浴间用水忽冷忽热现象。

6）学校、宿舍、工业企业生活间、营房等淋浴室允许采用恒温热水供水的单管供水系统。

9.3.2 给水及热水管道布置原则

1）公共淋浴间的淋浴器推荐成组并联式布置，以方便及时发现故障点并及时予以维修。

2）公共淋浴间的淋浴器超过 3 个时，其配水管应采用环形管道布置，以稳定供水压力。

3）采用冷热水双管供水的淋浴热水配水管应设热水循环管道，以防止使用时排出留存在管内的大量存水，达到节约用水和热能的作用，并确保使用者能够及时获得规定的水温。

9.3.3 淋浴供水水温的控制措施

1）双管式供水管道为防止热水管道滋生军团菌和保证淋浴开阀处冷热水的有效混合，热水供水温度不得低于 50℃，并同时采取如下措施：

（1）按下列规定控制配水管的水流阻力损失：

①每组淋浴器数量不超过 6 个时，每米配水管的水头损失不大于 300Pa；

②每组淋浴器数量超过 6 个时，每米配水管的水头损失不大于 350Pa；

③每组淋浴器的配水管宜采用相同的管径，且最小管径不得小于 25mm。

（2）每个淋浴器设置恒温平衡混水阀。

（3）住宅、旅馆客房、医院（含疗养院等）房间内的卫生间等，设置可调型恒温混水阀。

（4）村镇公共淋浴室采用设置冷热水箱的开式配水系统。

2）单管恒温热水设计要求：

（1）恒温水应根据管道长度、管道热损失和防烫伤等因素综合考虑，淋浴器开阀处温度应控制在 38～40℃范围内。

（2）单管恒温水系统设置冷热水混水器时，混水器的出水温度不应超过 42℃，以防烫伤洗浴者。

（3）为确保恒温水的水温符合使用者舒适度要求，防止使用时大量放水，每组冷热水混水器负担的淋浴器数量不宜超过 20 个。

（4）冷热水混水器应男女淋浴室分开设置。每个混水器的管道长度不宜超过 20m，以减少使用前的放水量。

9.3.4 公共淋浴室的排水

1）男女淋浴室的排水系统应分开设置，以方便管理和维修。

2）淋浴排水与卫生间大便器、小便器的排水应分开设置，减少对化粪池功能的冲击，保证化粪池的处理效果，以及有利于洗浴废水的回收利用。

3）推荐公共淋浴室采用排水沟排水方式：

（1）排水沟应靠近淋浴器开阀处沿墙设置，不得设置在入浴者的出入通道上，以防带有洗涤的淋浴水在排水沟盖板上滞留，给淋浴者带来安全隐患。

（2）排水沟的宽度不得小于 0.15m，确保排水沟起点有效水深不得小于 0.10m。

（3）排水沟的坡度不得小于 0.01。

（4）排水沟末端设水封集水坑时，水封高度不小于 150mm。

（5）排水集水坑应设活动拦截毛发及杂物的格网，排水沟内亦可设置网框式排水地漏与排水管连接。

（6）排水沟应设与地面相齐平的活动格栅盖板。格栅盖板材质应坚固牢靠和耐腐蚀，且表面应光洁、无毛刺和防滑，确保淋浴者的安全和排水通畅。

4）采用排水地漏时应符合下列要求：

（1）为了防止毛发堵塞排水管道和方便维护清扫，一般采用网框式地漏。

（2）不同直径地漏能负担的淋浴器数量宜按表 9-1 确定。

序号	淋浴器数量（个）	排水地漏直径（mm）	适用条件
1	1～2	50	无排水沟时
2	3	75	无排水沟时
3	4～5	100	无排水沟时
4	8	100	有排水沟时
5	>8	以水力计算确定地漏数量	有排水沟时

地漏选用表　　　　　　　　　　　　表 9-1

5）淋浴间的地面应有不小于 0.005 的坡度坡向排水沟或地漏。地漏位置应靠近淋浴器安装墙与分隔墙，不应设在正对淋浴喷头的下方的地面上，确保淋浴者的安全。

9.4　设计制图

9.4.1　制图要求

1）卫生间、淋浴间按现行国家标准《建筑给水排水制图标准》GB/T 50106 的规定，应绘制放大平面图及相对应的管道轴测系统图。

2）图样比例一般宜采用 1:50。

9.4.2　平面放大图的绘制顺序

1）对建筑专业提供的设计条件图按下列要求进行调整：

（1）将建筑外框墙线、卫生间及淋浴间内分隔墙线、轴线尺寸线改为细实线；

（2）删除与本专业无关或无用的门宽编号、门宽尺寸线及尺寸数，保留轴线编号及轴线尺寸；

（3）按工程项目绘制的图例要求调整卫生洁具的图例，并以细实线表示。

2）确定给水、排水、热水、废水立管位置：

（1）有管井时应设在管井内，定位时应考虑检修阀门位置方便检修；

（2）无管井时应靠近墙角处设置，并考虑立管上下层位置相一致，以及卫生器具至立管距离最短，转弯少，水流条件通畅；

（3）排水立管应尽量靠近大便器、浴盆等排水量大、污物杂质较多处。

3）管道布置除应符合本章第 9.2.1 节要求外，还应符合下列要求：

（1）从墙面向墙内方向：给水管在外，热水管在里；

（2）卫生器具排水横管应绘在建筑墙面之外，但应尽量靠近分隔墙布置，以增加卫生间的空间，但不宜靠近与卧室相邻的内墙。如有困难时，应采取减少水流噪声的隔声措施；

（3）卫生洁具背靠背布置时，其连接器具给水及排水管的横管应分开布置，以方便当一侧管道检修维护时，不影响另一侧卫生洁具的使用；

（4）管道较多或为保证器具排水横管至排水立管有良好的水流条件，排水横管允许远离建筑分隔墙；

（5）管道不得穿越卧室、衣柜、病房、风道及对噪声、防潮有严格要求的房间。

4）按本章第 9.2.3 节的规定布置排水管道清扫口和地面排水地漏。

5）按本章第 9.2.4 节的规定设置通气管。

6）管道连接：

（1）器具排水管应以 45°斜三通从水平方向接入排水横管；如水平方向连接有困难时，可采用 45°顺水三通与排水横管垂直连接；

（2）排水横管与横管的连接，应采用 45°顺水三通或 45°顺水四通管件，不得采用正三通及正四通管件；

（3）排水地漏、平面清扫口位于排水横管起始端时允许采用 90°弯头连接，如位于排水横管的中间管段时，可采用 45°顺水三通垂直或水平与排水横管连接；

（4）排水立管应采用 2 个 45°弯头或专用大转弯半径弯头与排出管及排水横管连接；

（5）通气管与排水管的连接应符合本章第 9.2.5 节第 3 款的规定。

7）对卫生洁具、清扫口、地漏及主管进行定位，并标注定位尺寸。定位线应以建筑墙线或建筑轴线为准。

8）标注管道管径。

9）标注地面标高：卫生间地面标高一般应比楼层地面标高低 20mm，以防管道漏水或冲洗地面时的废水淹没楼层其他房间。

10）如卫生间的洁具数量、布置、分隔适用于多楼层时，可用“$h-0.020$”表示卫生间的地面标高，h 表示楼层地面标高。

11）卫生间绘图图样如图 9-1 和图 9-2 所示。

9.4.3 轴测图的绘制

1）图样绘制要求：

（1）轴测图应按 45°正面斜轴测等测投影法绘制。

（2）轴测图应按与平面放大图相同的比例绘制。

（3）给水管道、排水管道、中水管道的轴测图应分开绘制。

（4）有热水供应时，给水管道与热水管道的轴测图宜合并一起绘制，方便混合配水件的表示。

2）图样绘制顺序：

（1）先绘制出立管，再按轴测关系绘出与立管相交的地面线；

（2）根据平面图的管道布置绘制卫生洁具与水平横管及立管接管关系的辅助地面线；

（3）根据辅助地面线绘出横管；

（4）根据卫生洁具的位置，在水平横管上按接管顺序和图例绘出洁具给水管及配水件（角阀、冲洗阀、水嘴等）形式，器具排水管的存水弯形式；

（5）根据平面图绘制水表、减压阀（含过滤器）、控制阀门；

（6）管道附件较密集处按比例不容易表示清楚时，该处可不按比例绘制，并以将接管关系表达清楚为准；

（7）管线较长，且无卫生洁具给水、排水管的接出或接入，可以断线，但应以轴线、标高等方式表示出空间关系；

（8）根据水力计算、结构梁底标高条件按国家标准《建筑给水排水制图标准》GB/T 50106 的规定标注管道管径、标高（或距该楼层地面标高）。

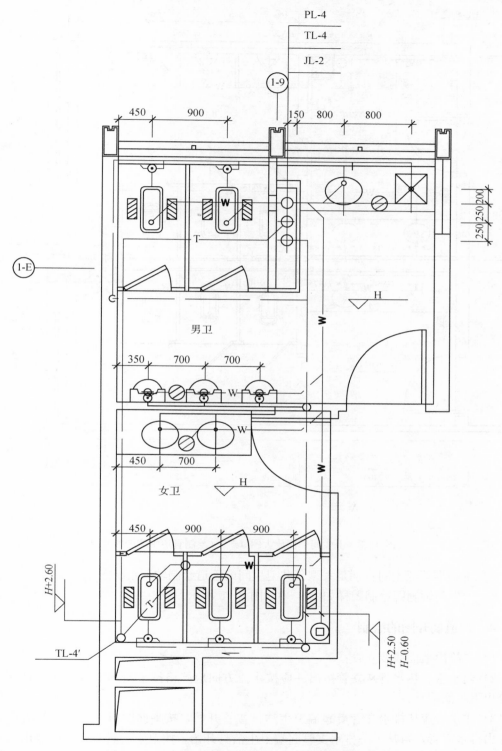

图 9-1 卫生间平面放大图（一）（绘制管道展开图时）

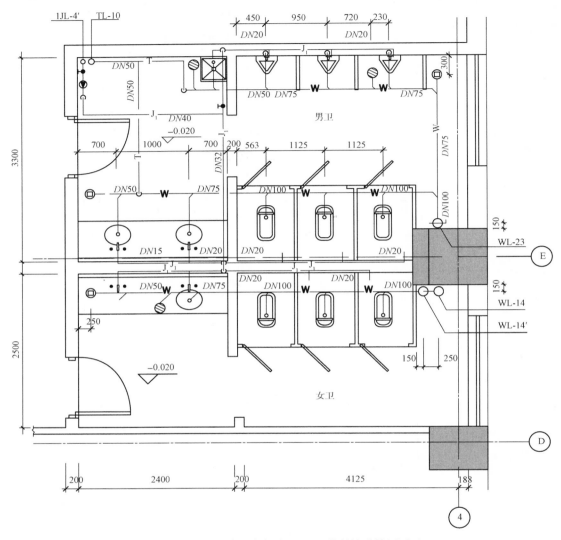

图 9-2 卫生间平面放大图（二）（绘制管道轴测图时）

3）本书推荐卫生间特别是大型公共卫生间的管道绘制轴测系统图。

4）卫生间轴测图绘制图样如图 9-3～图 9-5 所示。

9.4.4 管道展开图的绘制

1）先绘出地面线及立管；

2）给水管、热水管从立管接出并应按水流方向应严格按平面图上器具的接管顺序分别绘出卫生间洁具；

3）排水管应从排水支管最起端卫生洁具接管开始，按平面图卫生洁具水流方向，依次绘出排水立管，再从另一排水支管起端卫生洁具开始，按卫生洁具水流方向绘出与其相连的排水支管或立管；

4）卫生洁具的给水和排水附件形式应按图例画出并与接管相连；

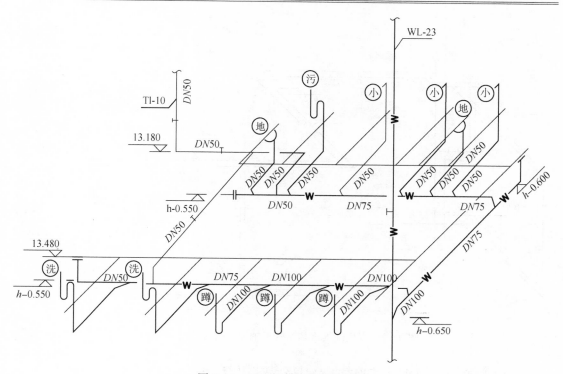

图 9 - 3　卫生间排水管道轴测图

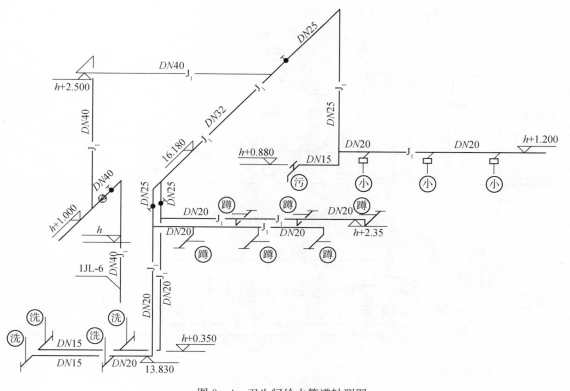

图 9 - 4　卫生间给水管道轴测图

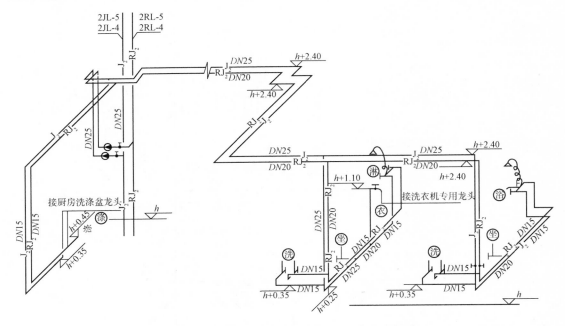

图 9－5　卫生间给水热水管道轴测图（合并绘制时）

5）给水排水接管点的卫生洁具形式宜按图例画出；

6）管道应标注出管径、标高（或安装高度）；

7）管道展开图的图样如图 9－6、图 9－7 所示；

8）住宅、客房等小型卫生间可采用此种绘制图样的方法。

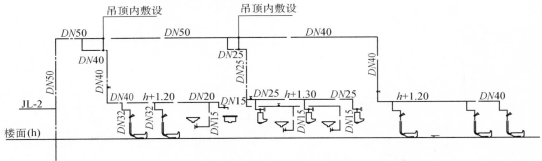

图 9－6　卫生间给水管道展开图

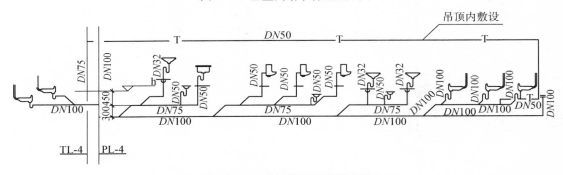

图 9－7　卫生间排水管道展开图

10 建筑室外给水排水工程

10.1 一般规定

10.1.1 建筑室外给水排水工程的涵义

1）室外建筑给水排水工程是指建筑小区及改建扩建、新建单体建筑外部周围的给水排水管道工程。通常称总平面图或总图。

2）建筑小区是：建筑小区如何定义目前在业界尚无统一的认识。本书认为建筑小区是指居住小区、各种开发区、各类校园区、体育中心、会议中心、影视基地、营房区、科研研发区及小型工厂厂区、厂矿职工生活区等。

3）建筑小区给水排水工程是指衔接建筑物内部给水排水工程与城镇给水排水工程之间的各种给水排水工程。

10.1.2 设计规范的应用

1）由于建筑小区尚无明确的定义，故在工程项目的设计中尚未有一本恰当的设计规范可供设计人员执行。

2）《建筑给水排水设计规范》GB 50015 中关于小区给水排水工程设计的内容比较简单，且未能全部涵盖建筑小区的区内各类建筑服务而需配置的给水排水工程。而《居住小区给水排水设计规范》CECS 57 - 1994 又未涵盖综合性小区（如体育中心、开发区、校园区等）的相关内容给设计带来诸多不便。

3）针对当前规范现实情况，建筑小区的给水排水工程总平面设计，应以《建筑给水排水设计规范》GB 50015、《室外给水设计规范》GB 50013、《室外排水设计规范》GB 50014 为准。并根据工程实际情况适当参考《居住小区给水排水设计规范》CECS 57 - 1994 进行设计。

10.2 设计要点

10.2.1 管道布置排列应符合的原则

1）应尽量与主要建筑外墙线或道路中心线相平行，并可在建筑物两侧布置管道。

2）从建筑物外墙起按管道埋深由浅至深的原则依次向道路方向排列，一般按下列顺序安排：

（1）通信或电力电缆：可充分利用与建筑物 0.5m 和 1.0m 净距的规定，以及埋较浅，不影响建筑基础和可节约占地范围。

（2）燃气管道：尽量布在建筑物的另一侧的空地或人行道下面，以防燃气泄漏与行车产生火花引起安全事故。燃气管道与其他管线的间距是强制条文，设计应予以关注。

（3）污水管道：从卫生角度考虑也宜尽量与给水管道分别布在道路两侧为宜。有困难时可同侧布置。由于建筑物排出管较多，尽量靠近建筑物。但不应与其他管道同沟布置。

（4）给水管道：可与燃气管布在同一侧的人行道或空地上。

（5）热力管道（沟）：城镇热力管由热力公司负责，小区热力管采用管沟时，为节约用地，各种给水管宜与其同沟布置。

（6）雨水管道：在小区用地有限以及雨水管维修概率小的条件下，可布置在道路中心线上。有利于雨水口的接入。

10.2.2 管道布置基本要求

1）埋地管道应尽量减少转弯和避免穿过溪流、水景等地段，而且不得竖向垂直分层布置；

2）尽量避免和减少相互交叉，并防止相互间可能产生的不利影响；

3）干管应靠近主要用水及排水建筑及连接支管最多的一侧；

4）与其他管道、管沟、道路、河溪等交叉时，应尽量按平面垂直交叉布置；

5）给水管道（含生活、消防、循环水等管道）可以与热力管同沟布置；

6）各种管道的平面净间距以不影响建筑物基础安全，检修时互不影响正常使用或损伤为原则进行确定，一般应符合表10-1的规定；

建筑小区埋地管与建筑物（构筑物）及相邻管道最小净距（m）　　表10-1

管道名称	建筑物（构筑物）外墙	给水管		污水管		雨水管		备注
		水平	垂直交叉	水平	垂直交叉	水平	垂直交叉	
给水管	1.5（3.0）	1	0.15	1.2	0.4	1.2	0.2	
污水管	1.5（2.5）	1.2	0.4	1.2	0.15	1.2	0.15	
雨水管	1.5（2.5）	1.2	0.2	1.2	0.15	1.2	0.15	
低压煤气管	2.0（2.5）	1	0.15	1	0.15	1	0.15	
中压煤气管	3	1	0.15	1.5	0.15	1.5	0.15	
直埋热力管	1.5	1	0.15	1	0.15	1	0.15	
热力管沟	1.5	1	0.15	1	0.15	1	0.15	
电力电缆	0.6	1	直埋：0.50 穿管：0.25	1	直埋：0.50 穿管：0.25	1	直埋：0.50 穿管：0.25	
通信电缆	0.6	1	直埋：0.50 穿管：0.15	1	直埋：0.50 穿管：0.15	1	直埋：0.50 穿管：0.15	
通信及照明电杆		0.5	—	1	—	1	—	
乔木中心				1.5	—	1.5	—	

注：1. 净距指管（保温层）外壁至相邻管外壁；设有套管时指套管外壁；

2. 括号内数字适用于管顶埋深于建筑物基础时的要求；

3. 低压燃气管指管内燃气压力不超过49kPa，中压燃气管指管内燃气压力为49～147kPa。

7）管道交叉要求：

（1）给水管与污水管交叉时，给水管应尽量敷设在污水管的上面，电力电缆的下面；与热力管同沟时，宜在热力管的下面；

（2）给水排水管道横穿暖气沟时，其管材应改为金属管材，且沟内不得出现管道接口，穿沟壁处应做好可靠的防水措施。

10.2.3 给水管道的布置原则

1）小区给水管为保证消防用水安全，应以环状管网沿主道路外侧布置，并力求管道布置均匀。建筑物引入管从该环管上接入。

2）小区各建筑物的支管可以布置成枝状，并布置排水支管的外侧，减少与排出管的交叉。

3）小区有大型公共建筑或高层建筑时，它的引入管应考虑从两个不同方向的小区环管上接入，确保供水安全。

4）小区建筑物内设有无负压（叠压）供水机组时，它的引入管应从小区环状管网单独接入，并远离建筑内其他引入管。

5）小区内二次加压给水管（消火栓、自动喷水、生活给水等）、中水管等亦应布置成环状形式。

10.2.4 排水管道的布置原则

1）根据城镇排水管的允许接管位置和小区建筑物的布局，先沿小区主道路外侧布置小区排水干管。

2）建筑小区排水支管应根据各栋建筑物的排出管位置布置在建筑与交通道间的地面下或道边缘绿地下面。

3）排水支管的布置应尽量减小建筑物排出管的长度、管道埋设和其他管道的交叉。

4）排水管道的布置应遵守减少转弯、缩短管长、充分利用地面自然坡度、减小埋深的原则。

5）城镇排水体制为合流制时，建议建筑小区仍以污水、雨水分流设置排水系统，以适用城镇排水系统的改造及污水处理设施的设置。

10.2.5 管道敷设应遵守的原则

1）管道埋深应在确保管内水流不被冰冻和不被外部行车荷载、震动及土壤沉陷损坏的前提下按下列要求确定：

（1）给水管应位于冰冻线以下 200mm，无冰冻土地区则管顶覆土厚度不宜小于 0.70m；

（2）排水管允许位于冰冻线以上 200mm 处，但管顶覆土厚度应保证不被行车及重物压坏。

2）管道交叉：

（1）给水管应尽量敷设在污水管上面，其垂直净距应符合表 10-1 的要求。

（2）给水管敷设在污水管下面时，给水管在两管的交叉点距污水管每侧 3.0m 范围内不得有接口。

3）各种管道平面排列和标高设计发生冲突时，应按下列原则处理：

（1）小直径管道让大直径管道；

（2）可弯曲管道让不可弯曲管道；

（3）新建管道让已建管道；

（4）临时性管道让永久性管道；

（5）压力流管道让重力流管道。

4）管道基础：

（1）压力流管道一般不做混凝土管道基础。但通过沼泽淤泥地区、沉陷土地区等应做垫层或混凝土枕基基础；

（2）重力流管道根据所用管材性质，按相关规范规定应做垫层或混凝土基础；

（3）压力流承插接口管道在垂直和水平转弯处，应根据管径、转弯角度、试压标准、接口形式或摩擦力等因素通过计算确定设置管道支墩，防止管道移位或脱口。

5）地下室顶板布管及顶板排水应符合下列规定：

（1）地下室顶板上面敷设管道时，覆土厚度能满足管道顶面厚度不小于 0.7m 及管内水流不发生冰冻要求时，可在地下室顶板面上布置管道。

（2）地下室顶板覆土厚度不满足上述（1）要求时，污水管应沿地下室顶板下建筑内敷设。

（3）地下室一般不考虑顶板土壤的渗透排水，由建筑专业与结构专业自行处理。本专业采用设置带格栅排水沟收集覆土层表面雨水，以减少地面雨水的渗透量。排水沟格栅的形式与建筑专业及业主协商确定。

10.2.6 给水排水构筑物

1）给水管网应按下列要求设置检修阀门及阀门井：

（1）环状管网的检修阀门数量可按关闭阀门后影响供水范围不超过 3 栋建筑物确定；

（2）建筑小区和建筑物引入管的水表之前应设阀门；

（3）供绿化取水的管道应设阀门、水表、倒流防止器或真空破坏器；

（4）管道最高点设放气阀井，最低点设泄水阀井；

（5）消防给水管道应按"防火设计规范"要求设置室外消火栓井；

（6）严寒地区的水表井、阀门井、地下消火栓井、洒水栓井等应采用保温型井盖。

2）排水管在下列情况下应设检查井：

（1）多根管道交接处和管道转弯处；

（2）管径和管道坡度改变处；

（3）雨水口连接管与雨水排水管连接处；

（4）污水管直线管段长度超过 30m 和雨水管直线长度超过 40m 的位置处；

（5）管道在检查井内采用管顶平接；

（6）检查井接管应保证水流转角等于或大于 90°。

3）排水管如遇到下列情况应设置跌水井：

（1）跌水高度超过 1.0m，且一次跌水高度不超过 6.0m；

（2）跌水高度超过 6.0m 时，应采用多井分散跌落；

（3）跌水井不得设置在管道转弯处；

（4）跌水井不得接入排水支管。

4）寒冷地区和严寒地区采用塑料检查井时，应注明塑料检查井为耐冻型塑料材质。

5）根据总图专业提供的建筑小区地面标高设计作业图，在下列部位设置雨水口：

（1）道路十字口能截流雨水处，并靠近道牙设置；

（2）道路、广场、停车场、绿地的低洼处、下沉式广场、庭院等也可采用线形成品排水沟收集雨水；

（3）水景场地适当位置处，视需要可设雨水口，也可设线形排水沟；

（4）建筑物外落雨水管处；

（5）建筑物主入口处尽量避免设置雨水口，如不可避免时，宜进行与地面颜色协调的处理（有要求时）；

（6）雨水口的泄水流量按表 10-2 确定；

雨水口的泄水流量 表 10-2

雨水口形式	雨水口材质	算子尺寸（mm）	泄水流量（L/s）			备注
			单算	双算	三算	
平算式	铸铁	750×450	15～20	35	50	
偏沟式			20	35	—	
联合式			30	50		
侧立式			10～15	—		

注：1. 表中数值为充分排水时的泄水流量，如有杂物堵塞时，泄水流量应酌减；

    2. 表中数值摘自北京市市政设计研究总院资料。

（7）雨水口间距一般不宜超过 30.0m，且管道深度不超过 1.0m；雨水口宜设置不少于 200mm 深度的沉砂空间；

（8）雨水口的材质：

①铸铁雨水口；

②树脂混凝土通水口；

③塑料雨水口；

④钢筋混凝土雨水口。

6）化粪池的设置原则：

（1）化粪池每日通过的污水量≤10m³，宜采用双格型化粪池；每日通过的污水量＞10m³ 时，应采用三格型化粪池；

（2）化粪池根据建筑小区每日的污水量、地形、排放条件等因素综合考虑集中设置或分散设置；

（3）化粪池应设在远离人们经常活动处，但应考虑化粪池通气管与室内污水系统通气管相连接的可能和化粪池的清掏方便；

（4）化粪池的人孔盖不分气候条件均应采用双层人孔盖，确保行人、行车的安全。

7）隔油池的设置原则：

（1）公共厨房的污水和经过隔油池处理的含油污的污水、有毒有害的实验室污水等不得排入化粪池，以防影响化粪池的腐化效果；

（2）隔油池应在靠近公共厨房附近道边较隐蔽的空地设置，以方便沉渣的清掏、运输和环境的保护。

8）建筑小区设置污水处理站时，应位于建筑小区的下风方向，并远离建筑物。但宜靠近处理后污水的排放地。

10.2.7 建筑小区雨水利用

1）采用直接利用时应符合下列要求：

（1）年降雨量小于及等于 400mm 的地区不应采用直接利用方式；

（2）应与屋面雨水回收利用相结合；

（3）回收系统根据回用水用途的水质要求按《建筑小区雨水利用工程技术规范》GB 50400 的规定确定。

2）间接利用一般采用地面入渗方式：

（1）地面采用渗透砖，减少地面径流量；

（2）道路面高出周边绿化地地面，使雨水径流流入绿化地。

10.3 设计深度

10.3.1 《设计文件编制深度》（2008 年版）规定内容

1）绘制各建筑物的外形、名称、位置、标高、道路及其主要控制点坐标、标高、坡向、指北针（或风玫瑰图）、比例。

2）绘制全部给排水管网及构筑物的位置（或坐标、或定位尺寸）；构筑物的主要尺寸及详图索引号。

3）对较复杂工程，应将一次给水管、排水管（雨水、污废水）、二次供水管道（消火栓给水管、自动喷水灭火给水管等）总平面图适当分开绘制，以便于施工（简单工程可以绘在一张图上）。

4）给水管注明管径、埋设深度或敷设的标高，宜标注管道长度，绘制节点图，注明节点组成结构、闸门井尺寸、消火栓井、消防水泵接合器井等尺寸、编号及引用详图。

5）排水管标注检查井编号和水流坡向，并标注管道接口处市政管网的位置、标高、管径、管长、水流坡向。

10.3.2 总图专业设计作业图应表示的内容

1）建筑小区用地红线界面位置、风玫瑰图或指北针；

2）建筑小区全部建筑物、构筑物的平面布置图；

3）建筑小区内道路布置图（包括绿化、铺砌地面、水景、环境等规划图）；

4）建筑小区室外地面、道路等设计地面标高（竖向等高线或控制标高点）；

5）建筑小区内各建筑物的定位坐标或定位尺寸，室内±0.000m 标高的绝对标高；

6）建筑小区分期建设的分界线；

7）新建建筑物与现有小区的关系；

8）建筑小区与城市道路的关系。

10.4　设计制图

10.4.1　制图规定

《建筑给水排水制图标准》GB/T 50106 及《总图制图标准》GB/T 50103 的规定：

1）建筑物、构筑物、道路的形状、编号、坐标、标高等应与总图专业图纸相一致。

2）给水、污水、雨水、热水、消防和中水等管道宜绘制在一张图纸上。如管道种类较多、地形复杂，在同一张图纸上表示不清楚时，可按不同管道种类分别绘制。

3）应按本图例绘制各类管道、阀门井、消火栓井、消防水泵接合器井、洒水栓井、检查井、跌水井、水封井、雨水口、化粪池、隔油池、降温池、水表井等，并按国家"制图标准"中的第 2.5 节的规定进行编号。

4）绘出城市同类管道及连接点的位置、连接点井号、管径、标高、坐标及流水方向。

5）绘出各建筑物、构筑物的引入管、排出管，并标注出定位尺寸。

6）图上应注明各类管道的管径、坐标和定位尺寸。

（1）用坐标定位时，标注管道弯转点（井）等处坐标，构筑物标注中心或两对角处坐标；

（2）用控制尺寸定位时，以建筑物外墙或轴线或以道路中心线为定位起始基线。

7）仅有本专业管道的单体建筑物局部总平面图，可从阀门井、检查井绘引出线，线上标注井盖表面标高；线下标注管底（排水）和管中心（给水）标高。

8）图面的右上角应绘制风玫瑰图，如无污染源时可绘制指针。

9）总图在图幅内应按上北下南方向绘制。根据现场地形或布局及图幅内图样情况，可向左或右偏转，但不宜超过 45°。

10）总图上的建筑物、构筑物应注写名称，名称宜直接标注在图上，当图样比例小或图面无足够位置时，也可编号列表编注在图内。当图形过小时，可标注在图形外侧附近处。

10.4.2　总平面图表达方式

1）建筑小区内管道种类较少，排水管宜采用管道平面布置与管道敷设标高表示在同一张图样中共同表达的方式，如图 10-1、图 10-2 所示，给水管标高采用加注说明的方式。

2）建筑小区内给水排水管道总类较多时，应以施工企业分工和方便施工为原则，按下列要求分类分开绘制，并在平面图中标注管道敷设标高。

（1）应先绘制本专业所有管道的汇总平面图，安排全部管道的排列顺序及相互定位，图样如图 10-3 所示。

（2）分开绘制管道总平面布置图时，可按下列原则确定：

①生活给水管道（含一次给水管、二次加压给水管、二次加压直饮水管）应绘制在同一张图样内，如图 10-4 所示。

②一次消防给水管、二次加压消防给水管（含消火栓给水管、自动喷水灭火系统给水管）应绘制在同一张图样内，参照图 10-4 绘制。

③仅有污水管、雨水管时可绘制在同一张图样内，如图 10-2 所示；如工程项目中管道种类多，而且采取在图样中标注各种管道敷设标高时，可分开绘制，如图 10-5、图 10-6 所示。

3）管道总平面布置图应以较浅颜色的方式保留总图专业设计条件图中的竖向标高线或控制点标高（含道路坡向线）。

4）给水管道节点图的绘制

(1) 独立绘制给水管道节点图一般不按比例绘制，以表示清楚为原则。表示方法如图 10-8 所示。

(2) 如给水管道为单独绘制总平面图时，则可在节点处以索引线引至图面附近较空处绘制该节点的组成。

(3) 给水节点应绘制节点管件、阀门、附件等的组成关系并注明管径。如为阀门井、水表井时，应注明井的尺寸。如在该图样图面某一位置集中绘制时，应注明节点或井的编号。

5）总平面图中排水管道绘制管道高程表时，可将各种管道绘制在同一张图纸内，表示方法如图 10-7 所示。管道敷设高程表应按管道类别分别绘制，管道高程表的格式如表 10-3 所示。

6）总平面图中给水排水管道绘制纵断面图时的绘制要求：

(1) 给水管道（含其他压力供水管道）纵断面图的绘制方法，应以建筑小区引入管经总水表按供水方向，先主管后支管的方式依次排列绘制。其图样如图 10-9 所示。

(2) 排水管道（污水及雨水管）纵断面图的绘制方法，以建筑小区的主排水管最起端的检查井开始，按排水方向的顺序依次绘制。排水支管亦按水流方向依次向主排水管的接管点绘制。其图样如图 10-10 所示。

(3) 图样格式中"自然地面"难以取值时，可与"设计地面标高"取值相同；图样中"水平距离"是指与所绘制管道交叉的其他管道（渠）、管沟、河道等距检查井（阀门井）的距离或并列管道相互之间的距离。

(4) 与所绘制管道交叉的管道在该管道上面时，标注交叉管管底标高；如在管道下面时，标注交叉管管顶标高。

(5) 绘制线型按下列要求确定：

①压力流管道原则上以单粗实线表示，当管径 $DN > 400$mm 时用双中粗线表示；

②重力流管道以双中粗实线表示；

③平面示意图中的管道均用中粗线按图例表示；

④除管道外的其他图线线型均以细实线绘制。

7）全部给水排水管道绘制在一张图样内，按下列要求绘制：

(1) 管道平面图如图样 10-2 所示。

(2) 给水管道应绘制如图样 10-8 所示的给水管道节点图。

①节点位置或编号与平面图一致；

图 10-1　检查井标高表示方法

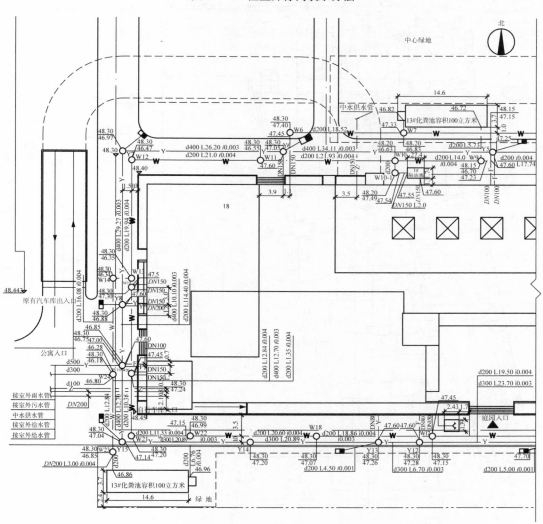

图 10-2　管道布置与标高同一张图绘制图样

211

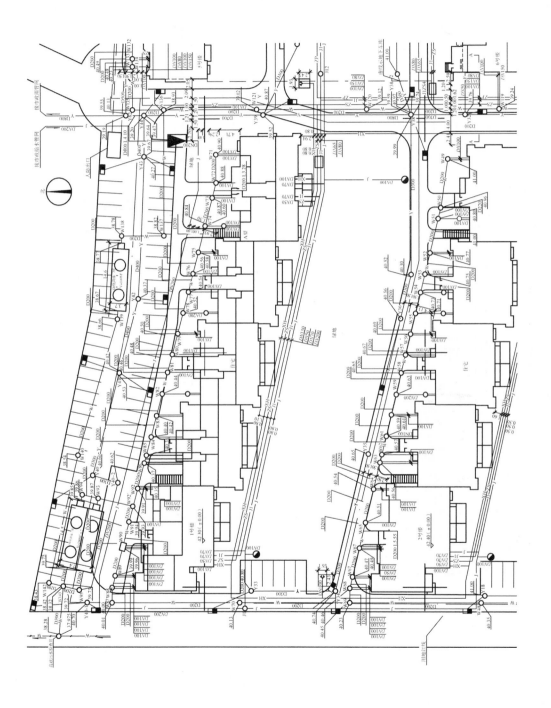

图 10 – 3　给水排水管道汇总平面图

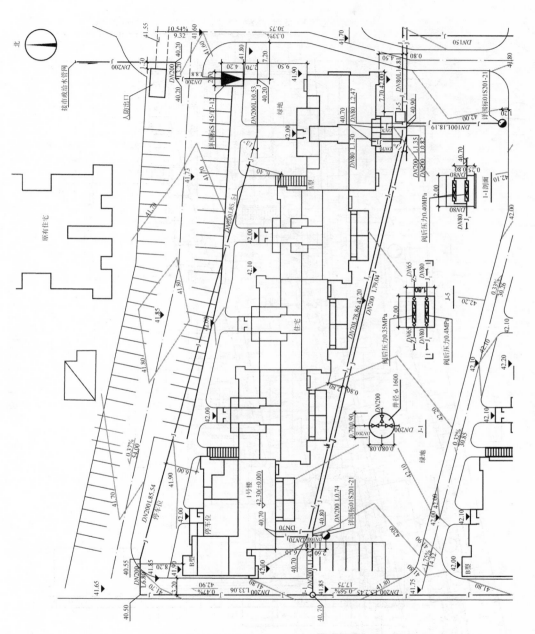

图 10-4　一次给水与二次给水平面图

213

图 10 - 5 污水管道平面图

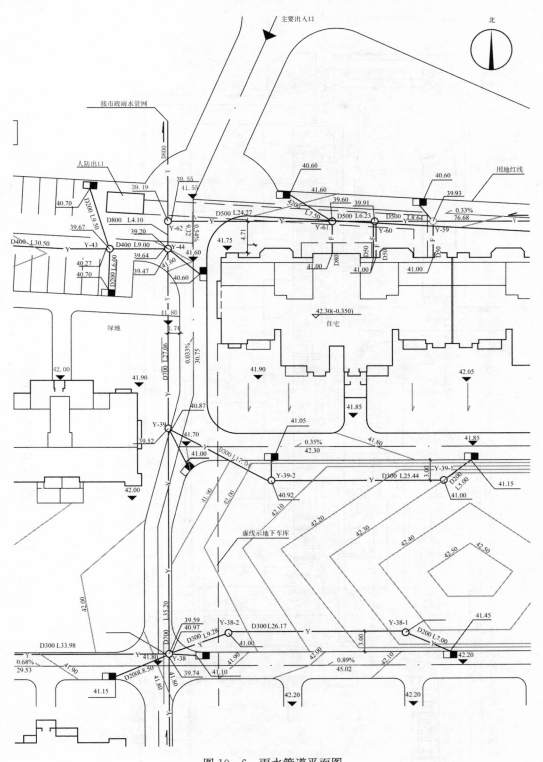

图 10-6　雨水管道平面图

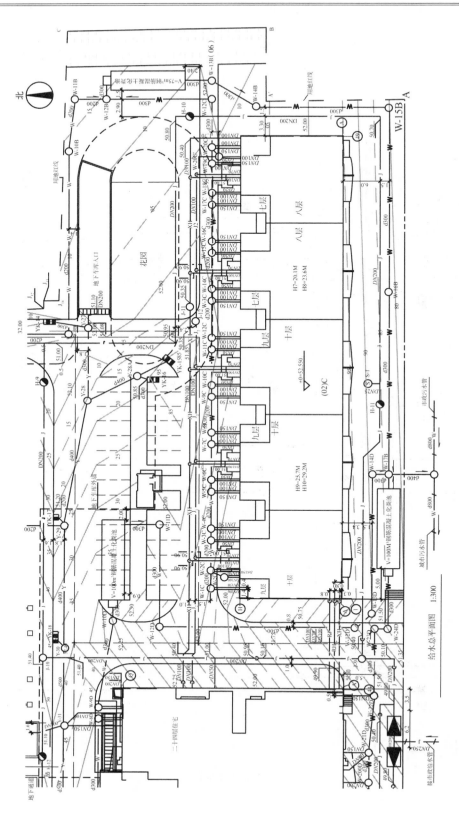

图 10－7　绘制总程高度表的管道平面图

②应按平面管道与建筑物（构筑物）的关系、管道走向绘制；

③节点图应示出平面形状、尺寸和节点组成（阀门与管件连接方式和定位尺寸等）；

④节点图应标注管径、管长或引用标准图图号；

⑤必要时节点图应绘制剖面图；

⑥管道节点图一般不按比例绘制；

⑦管道标高在附注中以文字形式注明，特殊部位以引线方式表示，如图 10-8 中各节点所示。

10.4.3　管道标高表达方式

管道标高有下列三种表达方式，选择哪一种方式，由设计人决定

1）在各种管道分开布置的总图中采用在检查井处标注管道敷设标高的方法。

（1）检查井前后管道管径无变化、水流无跌落时，按图 10-1（a）方式表示；

（2）检查井前后管道管径有变化或水流有跌落时，按图 10-1（b）方式表示；

（3）在同一检查井处可只标注一个地面标高，如图 10-1（b）所示；

（4）绘有地面竖向标高线的总平面图，上述第（2）、（3）项表示方法中可删除地面标高；

（5）此种表示管道敷设标高的方法为管道总平面布置图与标高在同一张图样中，具有直观、清晰、简明和读图方便的优点，也有利于施工企业的安装。本"基础知识"推荐此种方法。

2）管道敷设标高采用列"管道高程表"的方法：

（1）"管道高程表"的格式和应表达的内容如表 10-3 所示；

（2）不同管道的"管道高程表"应分别列表表示；

（3）"管道高程表"中的检查井编号应与总平面图中相应管道的编号相一致；

（4）此种表示管道敷设标高的方法因为要求将图样与标高分为两张图样，会给读图带来不方便。

3）管道敷设标高采用绘制管道纵断面图的方式表示：

（1）不同管道应分别绘制。

（2）绘制方法：

①给水管以建筑小区引入管为起点，按先干管后支管的顺序依次绘制，如图 10-9 所示。图中管道埋深应为管道外壁底，本图所注埋深未加管壁厚度。

②重力流管道以建筑小区主干管最起点的建筑物排出管为开始点，按水流方向将下游的管道按顺序依次绘制，然后再分别绘制排入主干管的支管，绘制图样如图 10-10 所示。图中管道埋深应为管道外壁底，本图所注埋深未加管壁厚度。

③纵断面的纵向比例应与平面图一致，竖向比例宜采用 1：50 或 1：100。

④与管道有交叉的管道、管沟、管路、构筑物等应于相应位置示出，交叉管道如位于管道上面标注管底或沟底标高；如位于管道下面，则标注管顶或沟顶标高。

⑤图中"水平距离"是指与所绘制管道有交叉的其他管道、管沟距阀门井、检查井及相互之间的距离。

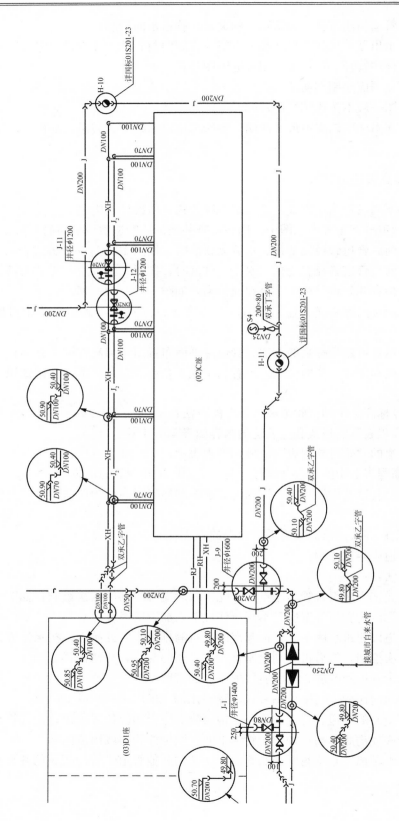

图 10－8　给水管道节点图

表 10 - 3

××××管道高程

序号	管段井号 起	管段井号 止	管径 (mm)	管长 (m)	坡度 (‰)	管底坡降 (m)	跌水高度 (m)	设计地面标高 (m) 起点	设计地面标高 (m) 止点	管内底标高 (m) 起点	管内底标高 (m) 止点	覆土深度 (m) 起点	覆土深度 (m) 止点	备注
28	YK-14	Y-27	300	4.07	8	0.033	—	52.000	52.000	51.000	50.967	0.700	0.733	
29	Y-27	Y-28	300	11.51	5	0.058	0.52	52.000	52.150	50.967	49.909 / 49.389	0.733	0.941 / 1.371	有跌水、变径
30	Y-28	Y-29	400	20.80	3	0.062	—	52.150	52.250	50.389	50.327	1.371	1.523	
31	Y-29	Y-30	400	19.73	3	0.059	—	52.250	52.380	52.327	50.268 / 50.168	1.523	1.712	有管道变径
32	Y-30	Y-31	500	12.19	2	0.024	—	52.380	52.430	50.168	50.144	1.712	1.786	
33	Y-31	Y-32	500	15.41	2	0.03	—	52.430	52.490	50.144	50.114	1.786	1.876	
34	Y-32	Y-33	500	19.00	2.5	0.048	—	52.490	52.540	50.114	50.066	1.876	1.974	
35	Y-33	Y-34	500	4.12	2.5	0.01	—	52.540	52.520	50.066	50.056	1.974	1.946	
36	Y-34	Y-35	500	19.05	2.5	0.048	—	52.520	52.450	50.056	50.008	1.946	1.942	

注: 表中覆土深度应以管顶计。

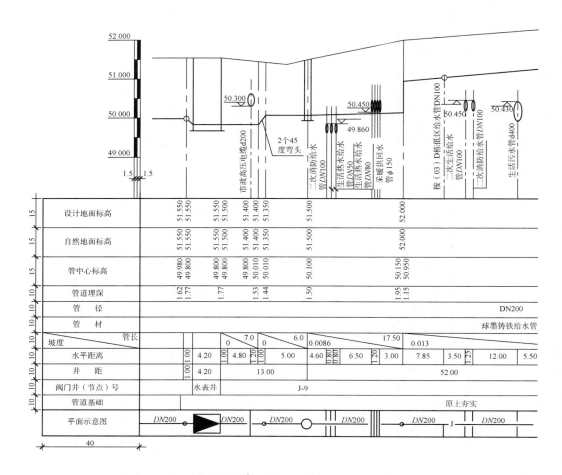

图 10-9　给水管道纵断面图　　（纵向 1∶500 竖向 1∶50）

　　⑥压力流管道以单粗线绘制；重力流管道以双中粗线绘制出管线大小，但在平面示意图中均以单中粗线绘制，其他图线均以细实线绘制。

　　（3）此种管道敷设标高的表示方法，不仅能直观、清晰的表示出该种管道的标号和管道走向，而且还能反映出与该管道相交叉管道的位置和标高。它适用于地形变化复杂的建筑小区，对于地形相对平坦的民用建筑小区，会增加设计制图的工作量，故目前较少采用。

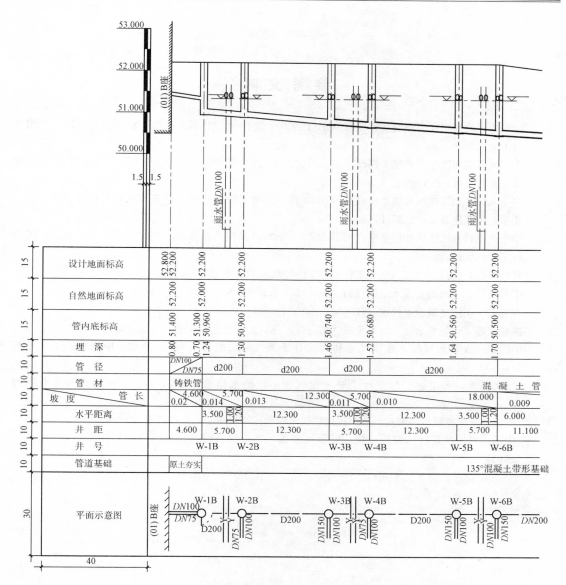

图 10-10 污水管道纵断面图 纵向 1:500 竖向 1:50

221

参 考 文 献

[1] 中华人民共和国住房和城乡建设部.GB/T50001—2010房屋建筑制图统一标准[S].北京:中国建筑工业出版社,2011.

[2] 中华人民共和国住房和城乡建设部.GB/T50106—2010建筑给水排水制图标准[S].北京:中国建筑工业出版社,2011.

[3] 中华人民共和国住房和城乡建设部.GB50015—2003(2009年版)建筑给水排水设计规范[S].北京:中国建筑工业出版社,2010.

[4] 中华人民共和国住房和城乡建设部.GB50555—2010民用建筑节水设计标准[S].北京:中国建筑工业出版社,2010.

[5] 住宅和城乡建设部颁布《建筑工程设计文件编制深度的规定》(2008年版)[建质(2008)216号]

[6] 王增长等.建筑给水排水工程(第五版)[M].北京:中国建筑工业出版社,2005.

[7] 卢安坚.美国建筑给水排水设计[M].北京:经济日报出版社,2007.

[8] 陈耀宗等.建筑给水排水设计手册(第一版)[M].北京:中国建筑工业出版社,1992.

[9] 中国建筑设计研究院.建筑给水排水设计手册(第二版)[M].北京:中国建筑工业出版社,2008.

[10] 姜文源等.水工业工程设计手册·建筑和小区给水排水[M].北京:中国建筑工业出版社,2000.

[11] 中国建筑标准设计研究院.全国民用建筑工程设计技术措施·给水排水(2009年版)

[12] 中国建筑标准设计研究院.民用建筑工程给水排水设计深度图样 (国家标准图集:S901~S902)

附录 A　工程建设程序

A.1　工程建设阶段划分

A.1.1　工程建设定义

1）建设工程是指土木工程、建筑工程、线路管道工程、设备安装工程和建筑装修工程。

2）建筑工程就是房屋建筑，它涵盖民用房屋建筑、工业厂房建筑、仓库建筑、建筑装修，以及与其相关的配套工程。如建筑结构工程、建筑给水排水工程、建筑供热通风工程和空调工程、建筑电气（含弱电、智能化）工程等。

A.1.2　工程建设阶段划分

工程建设是国家的基本建设，是发展国民经济的基础。因此，一项工程特别是重大工程项目要经过以下几个阶段：

1）编制工程项目设计任务书；

2）工程项目立项；

3）工程项目的可行性研究；

4）工程项目的勘察和设计；

5）工程项目的施工及安装；

6）工程项目所用设备材料的采购；

7）工程项目的设备运行、测试；

8）工程项目的竣工验收；

9）工程项目正式投入使用。

A.1.3　给水排水专业参与阶段

1）城镇供水和排水工程项目中，给水排水专业是主体专业，一般参与建设工程的全过程。

2）建筑工程项目中，建筑给水排水工程是配套工程。所以，它只参与建筑工程项目建设过程中的某几个阶段（如 A.1.2 条中第 3 项～第 8 项）的工作。

A.2 工程建设项目立项

A.2.1 工程建设项目立项申请

1）由行业主管部门、各级政府根据国民经济发展状况和社会发展需要提出工程建设的项目，并说明工程建设项目的用途、规模、标准、投资估算和工程建设年限等，向国家发展和改革委员会提出申请报告，报请批准。

2）国家发展和改革委员会进行汇总、综合评审，经国务院批准列入五年经济建设发展计划。

3）工程建设项目计划作为国民经济发展五年规划的内容之一，由全国人民代表大会审查批准方能实施。

A.2.2 工程项目立项报告的内容

1）建设项目的用途；

2）建设项目的规模；

3）建设项目的标准；

4）建设项目的地址；

5）建设项目的建设年限；

6）建设项目的资金额（估算）和来源等。

A.2.3 改造或扩建的工程项目还应补充的内容

1）现有工程已使用的年限；

2）改造或扩建原因；

3）改造或扩建的项目内容等。

A.3 工程项目可行性研究

建设单位（业主或代建部门）根据国家或政府主管部门批准的立项报告文件，组织相关管理人员和专业人员对拟建设的工程项目进行全面的、综合的技术经济调查研究，论证其是否可行，为国家投资决策提供依据。

可行性研究是在工程项目建设前期，对工程项目的一种考察和鉴定。

A.3.1 可行性研究应回答的问题

1）工程项目工艺、技术上是否可行；

2）经济上的效益是否显著，即市场需求状况；

3）财务上是否盈利；

4）需要多少物力和人力资源；

5）需要多长时间建成；

6）需要多少投资，是否能盈利；

7）能否筹集和如何筹集到资金。

A. 3. 2　可行性研究的深度

在国外一般分为以下四个阶段：

1）机会研究：包括地区研究、部门研究和资源研究三部分。鉴别在某地区、某产业部门及利用某种资源的投资机会。

机会研究一般要求时间短、费用少、内容比较粗略。

2）可行性初步研究：主要是针对具体工程项目机会研究的投资建议进行鉴别，即工程项目是否有前途；工程项目是否正确；有哪些关键问题；有无持续生命力；投资建议是否可行等。

3）可行性研究：对可行性初步研究肯定的建设项目进行全面深入的技术经济论证，始终要把最有效地利用资源和环境保护取得最佳经济效益放在中心位置。对各种可能的方案进行分析、比较，从而得出科学客观的结论，为投资决策提供重要依据。

4）辅助研究：也称功能研究，它不是可行性研究的一个独立阶段。主要用在大规模投资的工程项目中。研究内容只涉及某一个或某几个方面。

A. 3. 3　可行性研究的内容

1）总论：

（1）工程项目的必要性：工程项目提出的背景、项目内容、项目概念是否正确、是否有前途；

（2）研究工作的依据和范围。

2）工程项目规模和标准的合理性：

（1）国内外市场近期需求情况；

（2）国内现有工程项目生产能力的估计；

（3）销售预测、价格分析、产品竞争能力、进入国际市场的前景；

（4）拟建工程项目的规模、产品方案和发展方向的技术经济比较和分析。

3）资源、原材料、燃料及公用设施情况：

（1）经过储量委员会正式批准的资源储量、品味、成分以及开采、利用条件的评述；

（2）原料、辅助材料、燃料种类、数量、来源和供应可能；

（3）所需公用设施的数量、供应方式和供应条件。

4）项目地址方案和项目建设条件：

（1）项目建设的地理位置、气象、水文、地质地形条件和社会经济现状；

（2）建设条件：交通、运输及水、电、气的现状和发展趋势；

（3）项目建设地址方案比较与选择意见。

5）设计方案：

（1）工程项目的构成范围（指包括的主要单项工程）；

（2）工艺技术和设备选型方案比较；

（3）项目土建工程量估算和布置方案的初步选择；

（4）公用辅助设施和内外运输方式的比较和初步选择。

6）环境保护：

（1）建设工程项目地址周围的环境状况；

（2）建设工程项目产生的污染、对环境的影响，以及治理方案；

（3）资源、能源等的综合利用。

7）生产组织、劳动定员和人员培训（估计数）。

8）投资估算和资金筹措：

（1）主体工程占用资金和使用计划；

（2）与主体工程有关的外部协作配合工程的投资和使用计划；

（3）生产流动资金的估算；

（4）建设资金总计；

（5）资金来源，筹措方式。

9）产品成本估算。

10）经济效果评价。

注：各部门根据行业特点对可行性研究的内容可以进行适当增减。

A.3.4　可行性研究的实施

1）可行性研究实施单位：在我国一般采取项目主管部门向若干专业咨询公司、设计院发出邀请，由这些单位提出报价，从中选择资信优秀、报价合理的单位，经协商签订承包合同。

2）可行性研究的评估：可行性研究作为投资决策和筹措资金的依据，投资决策机构和资金供应单位要对其进行评估。

（1）我国大中型项目的可行性研究由国家发展和改革委员会委托中国国际工程咨询公司进行评估。

（2）发展中国家向国际金融机构筹措资金的项目，由贷款机构（如世界银行）或由他委托的咨询机构对可行性研究进行评估。

3）可行性研究的结论不论采纳与否，均为有偿服务。

A.4　编制设计任务书

A.4.1　设计任务书的作用

1）工程建设项目经可行性研究和技术经济论证，判定为是必要的和可行的，并经政府主管部门批准后，则可编制工程项目建设设计任务书。

2）设计任务书是制约工程项目建设过程的指导性文件，是工程建设的大纲，是确定建设项目和建设方案（包括建设依据、规模、布局及主要技术经济指标要求等）的基本文件和编制设计文件的依据。

3）对可行性研究报告所推荐的最佳方案进行深入细致的研究，落实各项建设条件和配合协作条件。

4）设计任务书经主管部门批准后，工程项目方算成立，才能依次进行工程项目的设计和其他准备工作。

A.4.2　设计任务书的内容

设计任务书的内容随着工程项目规模的大小、复杂程度而有所不同。民用工程建设项目的内容比工业工程建设项目要简单一些。本书仅就民用工程建设的设计任务书内容进行介绍，一般包括如下项目内容：

1）建设目的、依据。

2）建设地点、用地面积和界面划分。

3）建设规模和标准：

（1）建筑性质：如住宅、办公、旅馆、文化设施、体育设施、商业设施、教育设施及单一用途、综合用途等；

（2）建筑规模：如建筑面积、层数、高度等；

（3）城镇规划要求、环保现状和要求；

（4）建设标准：如建筑面积分配、建筑装饰、建筑设备配置、建筑造价等。

4）主要协作配合条件：

（1）设计体制：单一机构设计、联合体（中外联合、国内联合）设计；

（2）市政工程条件：供水、排水、供热、供气、供电、通信、道路、消防等。

5）控制造价、投资总额及资金来源。

6）职工定员控制数。

7）建设工期：

（1）设计阶段划分要求；

（2）设计进度要求。

8）经济效益指标。

A.4.3　实施机构

1）主管部门组织相关单位编制。

2）主管部门委托设计单位或专业咨询单位编制，并经主管部门批准方能实施。

3）编制工作均为有偿服务。

4）邀请的单位一般不应谢绝参加，更不能对邀请函置之不理。如对该任务不感兴趣，习惯做法是提出较高报价，自行落选。

A.5　工程勘察

工程勘察的任务是查明工程项目建设地点的地形地貌、地层土壤岩性、地质构造、水文条件等自然地质条件资料，并作出鉴定和综合评价。工程勘察的目的是为工程项目的选址（线）、工程设计和工程施工提供可靠的科学依据。

A.5.1　工程勘察的内容

1）工程测量：包括平面控制测量、高程控制测量、地形测量等，并绘制测量图。

2）水文地质勘察：包括水文地质测绘、钻探、抽水试验、水文地质参数计算、地下水资源评价和保护方案等详细资料。

3）工程地质勘察：一般分为选址（线）勘察、初步勘查、详细勘察和施工勘察。工作结束后应编制勘察报告，绘制各种图表。

4）工程勘察的内容。如项目地理位置、地形地貌、地质构造、不良地质现象、地层成长条件、岩石和土的力学性质、场地稳定性和适宜性、岩石和土的承载力、地下水影响、土的最大冻结深度、地震基本烈度、工程建设可能引起的工程地质问题、供水水量和水质、水源污染及发展趋势、不良地质现象和特殊地质现象的处理和防护等方面的结论、建议和措施等。并应符合国家颁布的相关工程勘察规范的规定。

A.5.2　工程勘察实施

1）工程勘察单位的确定：

（1）由建设单位或代理单位采取招标方式或议标方式确定；

（2）勘察单位必须具有主管部门核发的资质证和营业执照。

2）工程项目勘察应具有如下条件：

（1）取得当地主管部门的批准用地条件，办妥用地手续，设置界标；

（2）取得勘查工作的所需资金；

（3）建设单位明确勘察内容、时间要求。

3）建设单位与勘察单位签订发包承包合同。

A.6　工程设计

设计是基本建设的重要环节。在建设工程项目选址和设计任务书已经确定的情况下，建设工程项目在技术上是否先进，在经济上是否合理，在环境保护上是否可行等，设计将起着决定性的作用。设计文件是安排工程项目建设计划、设备材料采购和组织施工的依据。

A.6.1　设计内容和范围

1）总体规划设计；

2）单体建筑、单体工程设计；

3）工程项目设计概算；

4）工程设计的具体内容将在后续章节中表述。

A.6.2　工程项目设计实施

1）工程设计应根据工程规模、建设标准由具有相应资质的专业设计单位承担。

2）工程项目的设计一般实行招标、议标及直接委托等方式确定设计单位。

　　3）工程项目的设计工作为有偿服务。

A.7　设备和材料采购

　　工程项目所需要的设备和材料采购，是项目建设阶段需要进行的一项重要工作。我国实行改革开放政策以后，实行承包制。有力地提高了工程建设的工作效率和投资效益。

　　设备材料的采购工作，应在设计文件全部完成以后进行。

A.7.1　材料采购

　　1）建筑材料一般由工程项目施工承包单位实行包工包料，自行进行招标选择材料供应承包商。

　　2）材料供应承包商承包供应的材料，应按设计图纸要求的品种、数量配套供应。

　　3）材料供应计划由工程项目建设承包商与材料供应承包商协商确定，并签订供应合同。

　　4）特殊材料和进口材料，一般由工程项目建设业主负责采购。

A.7.2　设备采购

　　1）设备。对于民用建筑工程讲是指机电设备、大型专用设备、通用设备等，一般由工程项目建设业主单位负责采购。

　　2）建设业主根据工程具体情况，分别采取单项承包招标、单体设备采购招标及自行采购等方式进行设备采购。

　　3）设备采购计划应满足工程施工总承包商的施工进度要求。

A.8　工程施工

　　工程项目的施工就是要将设计的图样图纸变成实体物质产品，如办公楼、住宅、宾馆、商业大厦、学校等，使预期的功能得以实现。

　　工程施工是建设计划付诸实施的决定性阶段。

A.8.1　施工现场准备

　　施工现场准备阶段是为正式施工创造条件。

　　1）"三通一平"："三通"是指施工正式开始前施工现场要通路、通水、通电。这是最基本的条件。实际上还应有通电信。"一平"是指平整场地，拆除各种障碍物。

　　2）临时设施建设：是指施工单位的办公用房、临时宿舍、生活福利设施（如食堂、文化站、浴室等）、辅助生产设施（如设备材料库、机修车间、混凝土搅拌站等）、材料试验室，以及场内临时道路、管道、变电、照明及隔离围墙等。

A.8.2　建筑安装

　　建筑安装是指工程建设项目中永久性房屋建筑、构筑物的土建工程、建筑设备、生产设备的施工和安装。这是工程承包的主要内容。一般由土建施工单位做总包，若干个专业施工单位做分包，各方协作施工。

1. 土建工程

    1）土石方工程；

    2）基础打桩工程；

    3）砖石工程；

    4）混凝土及钢筋混凝土工程；

    5）木结构或金属结构工程；

    6）楼地面和装修工程；

    7）屋面工程；

    8）构筑物、道路及排水工程。

2. 建筑设备安装工程

    1）电气设备安装及其相应线路敷设工程；

    2）空调、通风、除尘、消声设备安装及相应管道安装工程；

    3）给水排水、供热供气设备安装及相应管道和附件安装工程；

    4）通信、声像、楼宇控制系统的设备及线路安装工程；

    5）消防灭火及火灾报警等设备及相应管道、线路安装工程；

    6）其他相关设备安装工程等。

3. 道路、绿化工程

    1）小区或厂区各种管道敷设工程；

    2）小区或厂区道路修筑工程；

    3）小区或厂区的园林绿化、景观工程。此项工程也可由工程项目建设业主另行委托专业工程单位施工，也可由总包单位分包给专业工程单位施工。

A.9　工程项目管理

工程项目管理是我国改革开放后引入的新兴的行业，服务对象是工程项目的建设单位。总的任务概括为有效地利用有限的资金和资源，以确保工程质量。

A.9.1　工程项目管理的内容

我国目前称这一工作为工程监理，也称为地盘管理，他代表建设单位与设计单位、施工单位打交道。主要工作内容：

1. 设计阶段

    1）提出设计要求；

    2）审查设计是否符合设计任务书及设计规范要求。

2. 施工阶段

    1）协助建设单位组织工程施工的招标工作，选择施工单位；

    2）协助建设单位安排施工合同，并监督执行；

    3）协助建设单位进行设备采购招标工作，选择设备供应承包商；

　　4）施工过程的施工质量检查、监督，进行工程质量控制；

　　5）参加工程质量验收。

A.9.2　工程项目管理实施

　　1）工程项目管理应由具有资质的专业咨询公司承担。

　　2）专业咨询公司的选择通过招标方式确定。

　　3）项目管理工作是有偿服务。

A.10　工程项目验收

　　工程质量验收是保证工程质量的一项重要措施。它包括设备验收、材料验收、施工安装过程验收、系统功能验收和竣工验收。

A.10.1　设备和材料检查验收

　　对工程项目中所采购的设备、材料的产品质量按设计要求、招标文件要求对规格、性能参数、数量、材质等进行核实验收。这部分验收工作由业主、监理、施工安装单位和供货商参加。

A.10.2　设备、管道安装验收

　　对设备和管道及相关配套附件、配件的安装位置准确性和数量进行外观检查，看其是否与设计和施工质量标准要求相一致。这部分验收由业主、监理、施工安装单位代表参加。

A.10.3　过程验收

　　过程验收的分项内容对给水排水专业而言是指构筑物、固定设施、管道系统各类阀门、埋地或埋入垫层内的管道等的验收。因为只有这个阶段的工作完成方能进入施工的下一道工序的施工，所以称之为过程验收。

A.10.4　设备单机测试验收

　　是指对本工程项目中所采购的成品设备，如水泵、风机、加药泵等转动设备的性能参数和质量进行单机运转检测，判断其是否满足设计和招标文件要求。

A.10.5　系统安装质量验收

　　是指本专业管道系统安装质量验收。外观质量验收本书第5.15节已有叙述。实际安装质量验收是指管道耐压和严密性能验收，即对管道进行水压、气压、闭水、通球及通水等验收。

A.10.6　系统功能验收

　　功能检测试验验收是指对给水排水工程系统全面运行的检测。系统功能检测应按设计

负荷进行实际全负荷的设备及配套设施（包括系统控制、系统操作、仪器仪表工作状态等）的多工种联动试运行和对系统进行全面调试，以达到设计要求，并提出系统投入实际使用后运行参数和设备运行操作规程。系统功能试验是判断系统可靠性的重要依据，是工程竣工验收前不可缺少的验收程序。该验收程序由承包商负责，除业主、监理、施工单位、主管部门代表参加外，设计人员一般应参加这个验收过程。

A.10.7　工程竣工验收

工程竣工验收是在上述各项验收完成并对验收中发现的问题进行纠正并符合工程质量要求之后进行的不可缺少的全面的检验工程质量的一道程序，是对工程进行全面的检查、检测，判断其是否符合国家工程质量标准的规定和要求，并对工程质量作出判定。所以，这也是保证工程质量的最后一道程序。

竣工验收由建设单位（业主）主持，业主、监理、施工单位、各相关主管部门和设计单位均应派代表参加。

附录 B 建设工程设计程序

B.1 设计方案招标

B.1.1 招标目的和要求

1）招标的目的是为计划建造的工程项目选择最优的设计单位。招标投标的原则是鼓励竞争，防止垄断。

2）招标投标是市场经济的一种竞争方式，是国际上广泛采用的分派建设任务的主要交易方式。因此，参加投标的企业单位应具有一定的技术实力、严格而有效的管理制度和经验、高效率的人力资源、良好的信誉及合理的价格，方有可能在投标竞争中获胜。

3）招标投标应遵守国家颁布的《建筑工程招标投标规定》的各项规定。

B.1.2 设计招标方式

1）公开招标：由招标单位通过媒体、网站、刊物发布招标通告，凡符合规定条件的设计承包单位都可自愿参加。这种招标方式叫公开招标。

公开招标可以使招标单位有较大的选择范围，有利于开展竞争、打破垄断、促使投标单位提高工程质量、缩短工期和降低成本。但招标单位审查投标者资格、标书的工作量较大，招标费用也较多。

2）有限招标：由招标单位向自己熟悉的或经预先选择的数目有限（一般不少于 3 个）的设计单位发出邀请信，要求他们参加建设项目的投标竞争。这种招标也叫选择性招标，确切地说叫"邀请招标"。

邀请招标是指招标单位或经营代理招标的咨询机构，都在以往招标过程中建立起了邀请对象的候选者名录，以便在需要的时候向其中适当的对象发出邀请，不仅提高了工作效率，而且也节省了费用。当然，这种候选者名录不应该是固定不变的，而应随时了解候选者动态，如信誉变化、投标成败等情况，并注意发现新的候选者，据此定期修订候选者名录，以保持候选者名录的有效性。

3）邀请协商：由建设单位或代理机构直接邀请某一设计单位进行协商，达成协议后将工程项目委托给这一家设计单位去完成，而不通过公开或选择性招标这个阶段。这实际上是邀请招标的一种形式。

这种形式适用于：①工程项目规模不大，功能单一，且不易分割；②项目性质特殊，如需专门经验及特殊设备，或为了保持专利等；③建设单位拟开发某种新技术，需要设计单位从开始就要参加合作等。当然被邀请对象是设计质量好、工期短、信誉好，且是长期合作共事，并建立了相互信赖的良好关系者。

B. 1. 3　招标程序

1. 准备阶段

    1）向主管部门申请并被批准招标；

    2）编制招标文件。

2. 招标阶段

    1）发布招标通告或发出邀请招标函；

    2）对投标单位进行资格审查；

    3）向合格投标单位发售或发送招标文件；

    4）组织招标单位踏勘工程项目现场；

    5）解答投标单位对招标文件提出的疑点；

    6）接受投标单位密封报送的投标文件；

    7）当众开标；

    8）评标或议标：组织专家审查投标标书，确定中标单位；

    9）宣布中标单位；

    10）向中标单位发送中标通知书；

    11）招标单位与中标单位签订发包承包设计合同。

B. 1. 4　招标文件编制的主要内容

    1）投标须知。

    2）经批准的设计任务书及有关文件的复制件。

    3）建设项目说明

    （1）项目名称、地址、现场条件；

    （2）项目内容、性质、规模、标准、项目组成；

    （3）设计范围；

    （4）设计质量要求：深度、图纸内容、图幅规格、图纸份数；

    （5）设计进度。

    4）投标起止日期；开标日期和地点。

    5）合同的主要条件。

    6）提供设计资料的内容、方式、时间，以及设计文件的审查方式。

    7）组织现场踏勘和解释招标文件、回答问题的时间、地点。

B. 1. 5　设计投标

    1）按招标通知时间向发标单位报送"投标申请书"。其内容：

    （1）单位名称、地址、负责人姓名、勘察设计证书编号；

    （2）开户银行账号；

    （3）单位性质和隶属关系；

    （4）单位简况：①成立时间；②近期主要设计工程业绩；③技术人员构成及数量；

④技术装备；⑤专业构成等。

2）编制投标文件，主要内容为：

（1）设计方案总说明：①方案理念；②配套专业构想；③先进技术应用。

（2）投资估算及经济分析；

（3）设计进度及人员配备、设计收费；

（4）设计图纸：①总体规划布置；②单体项目平面图、立面图及主要剖面图；③彩色透视效果图。

（5）项目模型。

3）标书加盖单位及其负责人的印鉴，并按规定时间将投标文件密封后送招标单位。

4）方案设计注意要点

（1）符合国家有关方针、政策，节地、节能、节水、节材及控制面积在招标文件规定以内或相接近；

（2）使用功能切合实际、安全适用，符合招标文件的要求并力求进一步提高，消防、安全疏散等处理方案要予以足够重视；

（3）技术先进、造型新颖，选用新工艺、新设备、新材料，尤其要在建筑造型上下功夫，力争有所创新；

（4）建筑标准恰当，主次分明，投资估算基本上能控制在或接近招标文件规定的投资额范围内，经济效益好。如招标文件规定的投资额不合理，应予以充分说明；

（5）设计周期、设计收费等是提高竞争力很重要的一环。

B. 1. 6 评标和决标

1）确定评标专家组成评标专家委员会。

2）开标后，应在规定时间内进行评标，其重点为：

（1）设计方案优劣：①建筑艺术水平；②功能是否满足使用要求；③技术是否先进；④工艺是否合理；⑤经济效益好坏。

（2）设计进度快慢；

（3）设计费报价高低；

（4）设计资历：①业绩；②信誉；③人员配备等。

3）根据以上要求，提出综合评标报告，并推荐候选中标单位。

4）确定中标单位：

（1）重大项目由承办单位将"综合评标报告和推荐的候选中标单位"按规定报请上级单位批准；

（2）一般项目由评标单位自主决定；

（3）其他单位或个人不应对招标单位的决策进行干预。

5）决标后，招标单位应按规定在一个月内向中标单位发出中标通知书，并由双方签订设计合同。

B. 1. 7 建筑工程项目设计合同

1）签订设计合同的条件

（1）设计方案中标通知。没有招标阶段的项目，应有建设单位上级主管部门的立项或可行性研究批准文件。

（2）设计任务书。

（3）设计基础资料。

2）设计合同内容：

（1）项目名称、地址；

（2）设计内容、范围；

（3）设计阶段的划分；

（4）设计质量要求；

（5）设计基础资料提供时间；

（6）设计进度；

（7）设计文件份数；

（8）不同设计阶段设计费支付额度；

（9）违约责任及仲裁。

3）建设单位提供设计基础资料的主要内容

（1）建设项目建设许可文件（即上级单位批准的立项报告）；

（2）设计任务书（内容详见本书附录 A.4 节）；

（3）工程项目可行性研究报告；

（4）中标（或批准）设计方案及补充要求；

（5）工程项目建设地区的规划和市政工程（给水、雨水排水、污水排水、中水给水、热力网等）现状或规划的条件。

B.2　设计单位接收

B.2.1　设计单位接受建设项目设计任务应具备的条件

1）政府建筑主管部门批准的建设项目申请报告和相关文件。

2）上级建设主管部门批准的建设项目的可行性研究报告。一般项目允许无此文件。

3）上级建设主管部门批准的建设项目的设计任务书。

B.2.2　签订设计承包合同

1）签订工程项目设计合同应具备本书附录第 B.1.7 节、第 B.2.1 节的要求；

2）工程项目设计合同应有双方主管负责人签字和加盖单位"合同专用章"。

附录 C 工程设计标准规范

C.1 标准规范的特点和作用

C.1.1 标准、规范的概念

1）标准就是用来衡量各种专业技术水平和活动的客观准则，也就是统一认识、统一行动，在一定时间和一定范围内人们应该共同遵守的准则。

2）标准化就是为在一定范围内获得最佳的秩序，对实际的或潜在的问题制定共同的和重复使用的规定的活动。标准化的特征是"通过制订、发布和实施标准达到统一"。标准化的目的是"获得最佳秩序和社会效益"。

C.1.2 标准、规范的特点

1）政策性强：

（1）工程建设规范具有高度的政策性，由于工程建设本身投资大、资源消耗多，建设的好坏直接并长期影响到生产或使用的合理性和人身安全。

（2）工程建设规范是进行工程建设勘察、规划、设计、施工及验收等的重要技术依据。

（3）工程建设规范是贯彻国家技术政策、经济政策在工程建设领域的具体化，即在获得经济效益的同时，更应取得显著的社会效益和环境效益。

2）与自然环境关系密切：我国幅员辽阔、南方北方、东部西部差异较大，所以工程规范必须考虑它的适用范围，所作的定性和定量指标、参数等受地域性自然环境条件的影响等问题。

C.1.3 标准、规范的作用

1）为科学管理奠定了基础；

2）促进经济全面发展和提高经济效益；

3）推广新技术、新成果、促进技术进步；

4）促进自然资源合理利用、保持生态平衡、维护人类当前和长远利益；

5）为组织现代化生产创造了前提条件和组织手段；

6）合理发展产品品种、提高企业应变能力；

7）保证产品质量、维护消费者利益、提高产品市场竞争能力；

8）消除贸易障碍、促进国内外技术交流及发展；

9）保障人们身体健康和生命安全。

C.1.4　标准、规范的分类

1. 按属性分

1）强制性标准、规范：属于技术法规性文件，必须严格贯彻执行；

2）推荐性标准、规范：原则上亦应贯彻执行，但在不违反国家政策和保证质量、人民生命财产安全的情况下允许根据当地具体情况适当变通。

2. 按性质分

1）技术标准、规范；

2）经济标准、规范；

3）管理标准、规范。

3. 按使用对象分

1）基础标准、规范：如《标准化工作导则》GB/T 1.1—2009；

2）方法标准、规范：如制图标准；

3）安全卫生标准、规范：如"饮用水卫生标准"；

4）环保标准、规范：如污水排放标准等；

5）综合标准、规范：如建筑给水排水设计规范等；

6）质量标准、规范：如产品标准、工程验收规范等。

4. 按涵盖内容分

1）通用标准、规范：具有较多全面的技术规定，在工程建设领域，都应该贯彻执行的标准规范，如本专业的《建筑给水排水设计规范》GB 50015、《室外给水设计规范》GB 50013、《室外排水设计规范》GB 50014、《建筑设计防火规范》GB 50016 等。

2）专用规范：单项技术内容的标准规范，如《住宅设计规范》GB 50096、《自动喷水灭火系统设计规范》GB 50084、《建筑与小区雨水利用工程技术规范》GB 50400 等。

C.1.5　工程建设标准、规范

1）工程建设标准、规范是为了在工程建设领域内获得最佳秩序，对各类建设工程的勘察、规划、设计、施工、安装、验收、运营维护及管理活动和结果需要协调统一的事项制定的共同的、重复使用的技术依据和准则。

（1）工程建设标准、规范是以科学技术、科学实验和实践经验综合成果为基础、以保证工程建设的安全、质量、环境和公众利益为核心，以促进最佳社会效益、经济效益、环境效益和最佳效率为目的进行编制；

（2）它是以参加编制全体人员协调一致为编制原则；

（3）它是由一个公认机构审查批准方能发布实施；

（4）工程建设标准是我国工程建设的重要技术基础；

（5）工程建设规范涉及范围广泛。如城乡规范、城镇建设、房屋建筑、交通运输、水利、电力、通信、采矿冶炼、石油化工、轻工、林业、农牧渔业等各个行业和领域。

2）产品标准

（1）它是对产品结构、规格、质量和检验方法所作的技术规定；

（2）它是在一定时期和一定范围内具有约束力的技术准则，是产品生产、质量检验、选购验收、使用维护和洽谈贸易的技术依据。

3）国际标准

国际标准是由国际标准化组织（ISO）、世界卫生组织（WHO）等组织制订的标准。

C.2 标准规范的编制原则

C.2.1 基本原则

贯彻执行国家、行业、地方的有关法律、法规和方针政策、密切结合自然条件，合理利用资源、充分考虑使用和维修的要求，做到技术先进、经济合理、安全适用。

1）技术先进：它是指标准规范中规定的指标、参数和要求，应当是反映了科学、技术和建设经验的先进成果，它是平均先进水平，是科学技术转化为生产力的桥梁，有利于促进科学技术进步，促进工程质量的不断提高。

2）经济合理：它是衡量技术可行性的重要标志和依据，任何先进技术的推广应用，都受到经济条件的制约，真正先进的经验或技术，首先都应满足在同等条件下是比较经济的。

3）安全适用：它是判断先进技术在经济合理条件下的最低尺度。

C.2.2 基本要求

1）应以行之有效的生产、建设经验和科学技术的综合成果为依据，对需要进行科学测试和验证的项目，要纳入计划、组织实施、并写出成果报告，对经过鉴定、评审或实践检验确认是成熟的技术和经济上合理的科研成果，方可纳入标准规范。

2）积极采用新技术、新工艺、新设备、新材料，并纳入标准规范，但这些新的内容都应具有完整的技术文件，实践证明是行之有效的。

3）要积极采用国际标准，但应对其经过认真分析、论证或经过测试验证，符合我国国情的方可纳入标准规范。

4）要与有关方面协调一致，共同确认。

5）与现行相关标准规范进行协调以防重复或矛盾。

C.3 标准规范的编制程序

C.3.1 编制阶段的划分

1）申请阶段；

2）计划下达阶段；

3）准备阶段；

4）编写规范、标准征求意见稿阶段；

5）征求意见和预审阶段；

6）送审阶段；

7）报批阶段。

C. 3. 2　各阶段的工作内容和要求

1）申请阶段：任何部门、单位或个人均可根据生产实践和科学技术发展需要，向归口技术标准化技术委员会提出制定或修订规范、标准的项目立项申请。

2）计划下达阶段：标准化技术委员会汇总所有规范、标准立项项目名录及申报理由，经充分讨论，提出具体立项可行性，报请主管部门审批。凡批准的项目均以主管行业部门的部文发布。

3）准备阶段：

（1）经批准立项的项目，主编单位与主管部门签订合同；

（2）成立规范、标准编制组，并制定规范、标准工作大纲；

（3）召开编制组成立暨第一次编制组工作会议：由归口单位领导宣布编制组人员名单；讨论工作大纲和任务分工。

4）编写规范、标准征求意见稿阶段：

（1）调查研究和丰富资料；

（2）对技术参数进行测试验证；

（3）重大专题论证；

（4）完成征求意见稿的编写；

（5）召开第二次编写组成员会议，讨论、修改、完善和确认征求意见稿文本。

5）征求意见阶段：

（1）向主管标准化技术委员会申请征求意见稿征求意见：

①上报规范、标准征求意见稿文本和电子文件；

②上报规范、标准征求意见预审会专家名单和会议时间。

（2）获得主管标准化技术文员会批准：

①上传中国工程建设标准化网站进行网上征求意见；

②向全国设计、科研、高等院校、相关专家寄送文字本征求意见函询，征求意见。

（3）召开规范、标准征求意见稿专家预审会索取专家审查意见。

6）送审阶段：

（1）整理汇总网上函询和预审会等专家对征求意见稿的意见、建议，并提出处理意见；

（2）对专家提出的重大意见进行论证或再次测试试验；

（3）根据对相关专家意见处理，对征求意见稿进行修改，并完成送审稿初稿；

（4）召开编制全体人员第三次工作会议，讨论、修改、完善送审稿初稿。最终形成正式送审稿和编制说明文本；

（5）向主管标准化技术委员会上报送审稿、编制说明和审查会专家建议名单、会议时间、申请召开审查会；

（6）根据标委会同意召开送审稿审查会的函，向参加审查会专家寄送送审稿文本；

（7）组织规范、标准送审稿会议。

　　7）报批阶段：

　　（1）根据审查会专家意见对规范、标准送审稿进行修改，形成最终的报批稿和编制说明；

　　（2）按主管部门关于规范、标准报批材料的要求，准备各项报批材料；

　　（3）向主管标委会申请报送报批稿，并附各项报批材料；

　　（4）根据主管标委会关于同意规范、标准报批函，向主管部门报送规范、标准报批稿及相关各项材料文本及电子文本。

　　8）至此，规范、标准的编制工作方为完成。

C. 4　标准规范的层次和编号

C. 4. 1　标准规范的层次划分

　　根据国家技术监督局的规定精神，工程建设标准、规范分为下面四个层次：

　　1）国家标准、规范；

　　2）行业标准、规范；

　　3）地方标准、规范；

　　4）企业标准、规范。

C. 4. 2　标准规范的层次要求

　　国家标准、规范的技术水平是国家在该领域的平均先进水平，为了促进技术的发展，各层标准规范应遵守下一层次高于上一层次的要求：

　　1）企业标准、规范的技术要求应高于地方标准规范的要求；

　　2）地方标准、规范的技术要求应高于行业标准规范的要求；

　　3）行业标准、规范的技术要求应高于国家标准规范的要求。

C. 4. 3　工程建设标准、规范的编号

1. 国家标准、规范及编号

　　1）强制性规范：GB 50001—2010、GB 50151—2010、……。

　　2）推荐性规范：GB/T 50001、GB/T 50002、……。

2. 行业标准、规范及编号

　　1）城镇建设行业标准、规范及编号如下：

　　（1）强制性规范：CJJ 001—200X、CJJ 002—200X、……。

　　（2）推荐性规范：CJJ/T 001—200X、CJJ/T 002—200X、……。

　　2）城镇建设行业产品标准的编号如下：

　　（1）强制性标准：CJ 001—2010、CJ 002—2012、……。

　　（2）推荐性标准：CJ/T 001—2010、CJ/T 002—2012、……。

　　3）建筑工程行业标准规范和编号如下：

　　（1）强制性规范：JGJ 001—200X、JGJ 002—200X、……。

　　（2）推荐性规范：JGJ/T 001—200X、JGJ/T 002—200X、……。

　　（3）城镇建设和建筑工程这两个行业标准规范都由行业标准规范编号和标准规范备案编号两个编号组成。

3. 地方标准、规范

　　由于我国幅员辽阔、南方北方、东部西部差异较大，发展也不平衡，国家标准规范、行业标准规范难以具体规定，各地区、省市建设主管部门可以根据当地实际情况制定适合本地区、省市实际情况的工程标准、规范，其编号如下：

　　DBJ＊＊＊＊＊

　　地方工程建设标准规范的备案编号与工程建设行业标准的备案编号相同。

4. 企业标准

　　各生产企业为某一产品制订的质量标准。

5. 协会标准

　　工程标准化协会是将国家标准规范、行业标准规范中未涉及或规定过于笼统的某些技术问题作出的较为详细的规定，该标准规范属于推荐性质，供设计施工单位根据工程项目具体情况选择应用的标准规范，这也是我国标准规范体系的特殊情况的标准规范。其编号如下：CECS：XXX—2008、……。

C. 4. 4　建筑给水排水应遵守的常用工程建设类标准及规范

1. 国家标准规范

　　1）房屋建筑制图统一标准 GB/T 50001—2010；

　　2）建筑给水排水制图标准 GB/T 50106—2010；

　　3）生活饮用水卫生标准 GB 5749—2006；

　　4）煤炭工业污染物排放标准 GB 20426—2006；

　　5）地表水环境质量标准 GB 3838—2002；

　　6）建筑给水排水设计规范 GB 50015—2003（2009 年版）；

　　7）室外给水设计规范 GB 50013—2006；

　　8）室外排水设计规范 GB 50014—2006（2011 年版）；

　　9）建筑设计防火规范 GB 50016—2006；

　　10）人民防空地下室设计规范 GB 50038—2005；

　　11）高层民用建筑设计防火规范 GB 50045—1995（2005 年版）；

　　12）自动喷水灭火系统设计规范 GB 50084—2001（2005 年版）；

　　13）汽车库、修车库、停车场设计防火规范 GB 50067—1997；

　　14）建筑灭火器配置设计规范 GB 50140—2005；

　　15）住宅设计规范 GB 50096—2011；

　　16）人民防空工程设计防火规范 GB 50098—2009；

　　17）泡沫灭火系统设计规范 GB 50151—2010；

　　18）二氧化碳灭火系统设计规范 GB 50193—1993（2010 年版）；

　　19）铁路旅客车站建筑设计规范 GB 50226—2007（2011 年版）；

　　20）建筑中水设计规范 GB 50336—2002；

21）民用建筑太阳能热水系统应用技术规范 GB 50364－2005；

22）地源热泵系统工程技术规范 GB 50366－2005（2009 年版）；

23）气体灭火系统设计规范 GB 50370－2005；

24）建筑与小区雨水利用工程技术规范 GB 50400－2006；

25）住宅建筑规范 GB 50368－2005；

26）民用建筑节水设计标准 GB 50555－2010；

27）二次供水设施卫生规范 GB 17051－1997；

28）中小学校设计规范 GB 50099－2011。

2. 行业标准规范

1）建筑工程行业标准规范

（1）档案馆建筑设计规范 JGJ 25－2010；

（2）体育建筑设计规范 JGJ 31－2003；

（3）宿舍建筑设计规范 JGJ 36－2005；

（4）图书馆建筑设计规范 JGJ 38－1999；

（5）托儿所、幼儿园建筑设计规范 JGJ 39－1987；

（6）疗养院建筑设计规范 JGJ 40－1987；

（7）文化馆建筑设计规范 JGJ 41－1987；

（8）商店建筑设计规范 JGJ 48－1988；

（9）综合医院建筑设计规范 JGJ 49－1988；

（10）电影院建筑设计规范 JGJ 58－2008；

（11）汽车客运站建筑设计规范 JGJ 60－1999；

（12）饮食建筑设计规范 JGJ 64－1989；

（13）博物馆建筑设计规范 JGJ 66－1991；

（14）办公建筑设计规范 JGJ 67－2006；

（15）特殊教育学校建筑设计规范 JGJ 76－2003；

（16）汽车库建筑设计规范 JGJ 100－1998；

（17）老年人建筑设计规范 JGJ 122－1999；

（18）殡仪馆建筑设计规范 JGJ 124－1999；

（19）看守所建筑设计规范 JGJ 127－2000；

（20）剧场建筑设计规范 JGJ 57－2000；

（21）旅馆建筑设计规范 JGJ 62－1990；

（22）民用建筑绿色设计规范 JGJ/T 229－2010。

2）城镇建设行业标准规范

（1）建筑排水塑料管道工程技术规程 CJJ/T 29－2010；

（2）建筑给水聚乙烯类管道工程技术规程 CJJ/T 98－2003；

（3）埋地聚乙烯给水管道工程技术规程 CJJ 101－2004；

（4）管道直饮水系统技术规程 CJJ 110－2006；

（5）游泳池给水排水工程技术规程 CJJ 122－2008；

（6）建筑排水金属管道工程技术规程 CJJ 127－2009；

（7）埋地塑料排水管道工程技术规程 CJJ 143—2010；

（8）建筑给水复合管道工程技术规程 CJJ/T 155—2011；

（9）二次供水工程技术规程 CJJ 140—2010；

（10）公共浴场给水排水工程技术规程 CJJ 160—2011；

（11）建筑排水复合管道工程技术规程 CJJ/T 165—2011。

3. 地方标准规范（略）

4. 企业标准规范（略）

5. 中国工程标准协会标准规范（略）

6. 其他行业标准（如建材、机械、石化、化工、电力等）（略）